Physik 9

Jahr	Schülername	Klasse
20 15	Christoph Meinel	9a
20 16/17	Elster Tim	9c
20	Felix Ohnesorg	9a
20 19/20	Benedikt Maiser	9b
20 ..		
20 ..		

Lehrmittelverwaltung Schmuttertal-Gymnasium Diedorf

Tipps zum Buch

Kapiteleinstiegsseiten

Diese Seiten führen zum Thema hin und sollen neugierig machen.
Durch die Farbigkeit kannst du die einzelnen Kapitel zusätzlich voneinander unterscheiden und dich beim Blättern schneller orientieren.

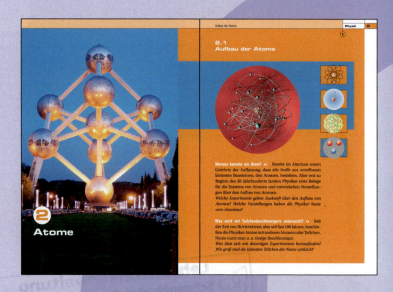

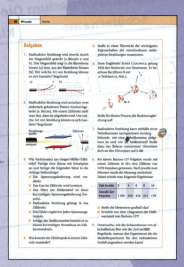

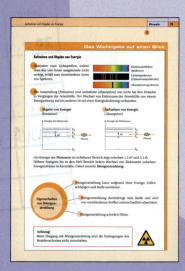

Physik in Natur und Technik

Auf diesen Seiten wird gezeigt, wie physikalische Begriffe und Gesetze auf Erscheinungen aus der Natur, der Technik und dem Alltag angewendet werden können. An typischen Beispielen wird vorgeführt, wie Problemstellungen gelöst und Fragen beantwortet werden können.

Aufgaben

ermöglichen es dir, dein Wissen anzuwenden und zu testen.

 Aufgaben, die mithilfe eines Computers gelöst werden können

* knifflige Aufgaben

Das Wichtigste auf einen Blick

Diese Seiten findest du am Ende jedes Kapitels. Sie stellen das Wesentliche in systematischer und übersichtlicher Form dar.

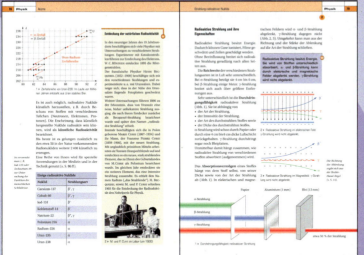

Inhaltsseiten

Diese Seiten vermitteln dir – unterstützt durch **Merksätze**, Tabellen und Übersichten – physikalisches Grundlagenwissen über wichtige Begriffe, Gesetze, Erscheinungen und Zusammenhänge.

Ergänzendes und Vertiefendes
bietet zusätzliche Informationen.

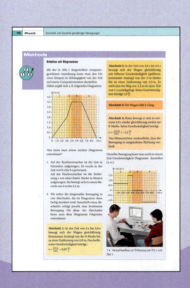

Methoden

Für die Physik charakteristische Denk- und Arbeitsmethoden zeigen dir, wie du bei bestimmten Tätigkeiten (z. B. Interpretieren, Voraussagen, Lösen von Aufgaben) schrittweise vorgehen kannst.

Projekte

Es werden hier interessante Fragen aufgeworfen, die du in der Gruppe bearbeiten kannst. Außerdem kannst du eigene Projektideen entwickeln.

Experimente

Diese Seiten regen dich zum selbstständigen Experimentieren, Probieren und Überprüfen eigener Ideen an.

Physik

Lehrbuch für die Klasse 9
Gymnasium Bayern

Herausgeber:
Prof. Dr. habil. Lothar Meyer
Dr. Gerd-Dietrich Schmidt

DUDEN Schulbuchverlag

Herausgeber
Prof. Dr. habil. Lothar Meyer
Dr. Gerd-Dietrich Schmidt

Autoren
Dr. habil. Barbara Gau
Prof. Dr. habil. Lothar Meyer
Claudia Ried
Ferdinand Hermann-Rottmair
Dr. Gerd-Dietrich Schmidt
Claudia Steffen

Redaktion Prof. Dr. habil. Lothar Meyer
Gestaltungskonzept Simone Hoschack
Umschlag Britta Scharffenberg
Layout Manuela Liesenberg, Susanne Raake
Grafik Heribert Braun, Claudia Kilian, Manuela Liesenberg, Jens Prockat, Susanne Raake
Titelbild Autobahn A8 in Langzeitbelichtung, mauritius images/imagebroker.net

www.duden-schulbuch.de

Dieses Werk enthält Vorschläge und Anleitungen für Untersuchungen und Experimente. Vor jedem Experiment sind mögliche Gefahrenquellen zu besprechen. Beim Experimentieren sind die Richtlinien zur Sicherheit im naturwissenschaftlichen Unterricht einzuhalten.

Hinweis Experimente: Achtung! Unsere Experimente sind sorgfältig ausgewählt und getestet, sodass bei ordnungsgemäßer Durchführung nichts passieren kann. Ggf. sollte Hilfestellung durch Erwachsene erfolgen. In jedem Fall schließen Verlag und Autoren jegliche Haftung aus.

1. Auflage, 4. Druck 2014

Alle Drucke dieser Auflage sind inhaltlich unverändert und können im Unterricht nebeneinander verwendet werden.

© 2007 Duden Paetec GmbH, Berlin
© 2013 Cornelsen Schulverlage GmbH, Berlin

Das Werk und seine Teile sind urheberrechtlich geschützt. Jede Nutzung in anderen als den gesetzlich zugelassenen Fällen bedarf der vorherigen schriftlichen Einwilligung des Verlages. Hinweis zu den §§ 46, 52a UrhG: Weder das Werk noch seine Teile dürfen ohne eine solche Einwilligung eingescannt und in ein Netzwerk eingestellt oder sonst öffentlich zugänglich gemacht werden.
Dies gilt auch für Intranets von Schulen und sonstigen Bildungseinrichtungen.

Das Wort **Duden** ist für den Verlag Bibliographisches Institut GmbH als Marke geschützt.

Druck: Mohn Media Mohndruck, Gütersloh

ISBN 978-3-8355-3059-1

PEFC zertifiziert
Dieses Produkt stammt aus nachhaltig bewirtschafteten Wäldern und kontrollierten Quellen.
www.pefc.de

Inhaltsverzeichnis

1 Elektrik 8

1.1 Magnetisches und elektrisches Feld 9

- Magnete und ihre Eigenschaften 10
- Magnetfelder stromdurchflossener Leiter 12
- Kraft auf einen stromdurchflossenen Leiter im Magnetfeld 14
- Die Lorentzkraft 15
- Elektrisch geladene Körper und elektrische Ladung 16
- Das elektrische Feld 17
- Kräfte auf frei bewegliche Ladungsträger
  im elektrischen Feld 18
- **Physik in Natur und Technik**
  Der Elektromotor 19,
  Der Lautsprecher 20,
  Die Elektronenstrahlröhre 21
- **Experimente:** Magnete und magnetisches Feld 25
- **Experimente:** Elektrische Ladungen und elektrisches Feld 26
- **Aufgaben** 27
- **Das Wichtigste auf einen Blick** 31

1.2 Elektromagnetische Induktion 32

- Das Induktionsgesetz 33
- Die Richtung des Induktionsstroms 35
- Wirbelströme 35
- Der Wechselstromgenerator 37
- Der Transformator 40
- **Physik in Natur und Technik**
  Ein universelles Netzgerät 42,
  Gleich- oder Wechselspannung? 44,
  Eine Lampe mit Spätzündung 45
- **Experimente:** Elektromagnetische Induktion 48
- **Aufgaben** 49
- **Das Wichtigste auf einen Blick** 53

2 Atome 54

2.1 Aufbau der Atome 55

- Überall Atome 56
- Abschätzen der Größe von Atomen 56
- Der Streuversuch von RUTHERFORD 58
- Ein modernes Bild vom Atom 59

- Nuklide und Isotope 60
- Streuexperimente mit hochenergetischen Teilchen 61
- **Aufgaben** 63
- **Das Wichtigste auf einen Blick** 64

2.2 Aufnahme und Abgabe von Energie 65

- Spektren – oder was ein Atom erzählt 66
- Vorgänge im Atom 67
- Röntgenstrahlen 69
- **Physik in Natur und Technik**
  Die Spektralanalyse 71,
  Röntgenstrahlung in der Medizin 73
- **Aufgaben** 74
- **Das Wichtigste auf einen Blick** 75

2.3 Strahlung radioaktiver Nuklide 76

- Natürliche und künstliche Radioaktivität 77
- Radioaktive Strahlung und ihre Eigenschaften 79
- Nachweis von radioaktiver Strahlung 80
- Halbwertszeit beim Zerfall radioaktiver Stoffe 81
- Biologische Wirkungen der radioaktiven Strahlung
  und Strahlenschutz 82
- **Physik in Natur und Technik**
  Der Nulleffekt 85,
  Versuch mit einem Isotopengenerator 85,
  Radioaktive Nuklide in Medizin, Technik und Biologie 86
- **Aufgaben** 90
- **Das Wichtigste auf einen Blick** 93

2.4 Kernumwandlungen 94

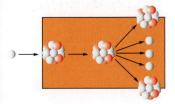

- Die Kernspaltung 95
- Die Kernfusion 97
- Kräfte und Energien im Atomkern 97
- Energiebilanz bei der Kernspaltung 99
- Energiebilanz bei der Kernfusion 100
- **Physik in Natur und Technik**
  Energie bei Kernspaltung und Kernfusion 102,
  Kernkraftwerke 103
- **Aufgaben** 105
- **Das Wichtigste auf einen Blick** 107

3 Kinematik und Dynamik geradliniger Bewegungen 108

3.1 Darstellung von Bewegungsabläufen in Diagrammen 109

- Bewegung eines Körpers 110
- Die Geschwindigkeit 111
- Zeit-Ort-Diagramm und Zeit-Geschwindigkeit-
  Diagramm für gleichförmige Bewegungen 112
- Beschleunigte Bewegungen 115
- Zeit-Ort-Diagramm und Zeit-Geschwindigkeit-
  Diagramm für beschleunigte Bewegungen 116
- **Physik in Natur und Technik**
  Mit dem Auto unterwegs 118,
  Ein etwas anderer Fahrplan 119,
  Beschleunigung bei einem Pendel – nicht konstant,
  aber regelmäßig 120,
  Ein Überholvorgang 121
- **Experimente:** Untersuchung von Bewegungen 123
- **Aufgaben** 124
- **Das Wichtigste auf einen Blick** 127

3.2 Darstellung von Bewegungsabläufen
mithilfe von Gleichungen 128

- Das newtonsche Grundgesetz 129
- Kräfte und Bewegungen 130
- Die Bewegungsgesetze 130
- Bewegungsgesetze, Bewegungsfunktionen
  und Bewegungsdiagramme 132
- Experimentelle Überprüfung von Bewegungsgesetzen 134
- Gewichtskraft und freier Fall 135
- **Physik in Natur und Technik**
  Abstand halten! 136,
  Ein Gurt ist Pflicht 137,
  Mit Weitsicht überholen 138,
  Kräfte bei Verkehrsunfällen sind gewaltig 139,
  Die Fallbeschleunigung 140
- **Projekt:** Gefahren im Straßenverkehr bei Bremsvorgängen 142
- **Physik-Klick:** Verarbeiten von Messwerten
  mit einem Computer 146
- **Experimente:** Untersuchung von Bewegungsabläufen 148
- **Aufgaben** 149
- **Das Wichtigste auf einen Blick** 152

4 Profilbereich NTG 153

4.1 Elektrotechnik 154

- Windkraftanlagen – von Windmühlen abgeschaut 154
- Fotovoltaik 155
- Kraftwerke im Vergleich 156
- Elektrische Geräte im Haushalt 158
- Laser in CD-Playern 160

4.2 Halbleiter und Mikroelektronik 161

- Elektronik in allen Lebensbereichen 161
- Leitung in Halbleitern 162
- Halbleiterwiderstände 163
- Untersuchungen an Halbleiterwiderständen 164
- Halbleiterdioden 166
- Leuchtdioden 169
- Transistoren 170
- Sensoren 173

4.3 Medizintechnik und Neurobiologie 174

- Messung des Pulses 174
- Messung des Blutdrucks 175
- Ultraschalldiagnostik 175
- Kernspintomografie 177

Dein Grundwissen im Überblick 178

Register 182

Methoden

- Arbeit mit Modellen 13
- Beschreiben des Aufbaus eines technischen
  Geräts und Erklären seiner Wirkungsweise 19
- Erklären physikalischer Erscheinungen 44
- Voraussagen physikalischer Erscheinungen 45
- Das Experiment – eine Frage an die Natur 47
- Präsentieren von Informationen 88
- Arbeiten mit Diagrammen 114
- Interpretieren eines Diagramms 117
- Interpretieren einer Gleichung 131
- Die galileische Methode 134
- Lösen physikalisch-mathematischer Aufgaben 137
- Hinweise für die Arbeit in Projekten 141

Ergänzendes und Vertiefendes

- Das Modell Feldlinienbild 11
- Kräfte zwischen stromdurchflossenen Leitern 14
- Lorentzkraft und Polarlichter 15
- Experimentelle Untersuchung elektrischer Felder 17
- Wie groß sind Kräfte und Beschleunigungen bei Elektronen? .. 18
- Fernsehbildröhren 22
- Elektrofilter gegen Staub 23
- Teilchenbeschleuniger 24
- Die Entdeckung der elektromagnetischen Induktion 36
- Gleichspannung und Wechselspannung,
  Gleichstrom und Wechselstrom 39
- Das Mikrofon 41
- Stromverbundnetze 43
- Magnetspeicher 46
- Wie kommt es zu dunklen Linien im Sonnenspektrum? 68
- WILHELM CONRAD RÖNTGEN 70
- Sternspektren 72
- Entdeckung der natürlichen Radioaktivität 78
- Dynamische und statistische Gesetze 82
- Altersbestimmung mit Kohlenstoff und Blei 89
- Die erste ungesteuerte Kettenreaktion 95
- Die Entdeckung der Kernspaltung 96
- Kernfusion in der Sonne 101
- Wie lange leuchtet unsere Sonne noch? 102
- So schnell sind Tiere, Menschen, Autos und Raketen 113
- Bewegungen im Sport 122
- Bewegungen mit Anfangsgeschwindigkeit und Anfangsweg 133

1 Elektrik

1.1 Magnetisches und elektrisches Feld

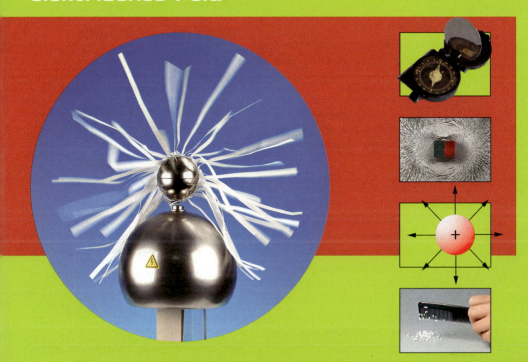

Elektrisch geladen ▸▸ Wenn man frisch gewaschene, trockene Haare mit einem Plastikkamm frisiert, kann es passieren, dass sie „zu Berge stehen". Ähnliches stellt man fest, wenn man eine geriebene Folie über die Haare hält oder wenn man einen geriebenen Kamm über Styroporkügelchen bringt.
Wie ist diese Erscheinung zu erklären?

Unsichtbare Kräfte ▸▸ Legt man auf einen ringförmigen Magneten aus einem Fahrraddynamo ein Stück Pappe und bringt vorsichtig Eisenfeilspäne darauf, dann ordnen sich die Eisenfeilspäne in bestimmter, charakteristischer Weise an, obwohl sie den Magneten nicht berühren.
Wie kommt das? Mit welchem Modell kann man die Erscheinung beschreiben und erklären?

Magnete und ihre Eigenschaften

Magnete werden heute vielfältig genutzt: als Haftmagnete, für Türverschlüsse, als Kompassnadeln.

Wie du aus Erfahrung weißt, haben sie eine besondere Eigenschaft: Sie ziehen Körper aus bestimmten Stoffen an.

> **M** Magnete sind Körper, die andere Körper aus Eisen, Nickel oder Cobalt (ferromagnetische Stoffe) anziehen.

Körper, die diese magnetische Eigenschaft auf Dauer oder über sehr lange Zeit besitzen, nennt man **Dauermagnete** oder **Permanentmagnete**.

Dauermagnete werden heute meist aus speziellen Legierungen (Eisen-Nickel, Eisen-Aluminium, Eisen-Neodym) hergestellt. Dabei nutzt man aus, dass Körper aus Eisen, Nickel und Cobalt selbst magnetisch werden, wenn man sie in die Nähe eines starken Magneten bringt.

Bringt man einen Magneten in die Nähe ferromagnetischer Stoffe, dann stellt man fest: Die Anziehung ist nicht an allen Stellen des Magneten gleich stark.

Gleichnamige Magnetpole stoßen sich ab.

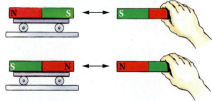

Ungleichnamige Magnetpole ziehen sich an.

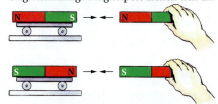

2 ▶ Kräfte zwischen Magneten

Die Stellen, an denen die stärksten anziehenden Kräfte wirken, nennt man Pole.

> **M** Jeder Magnet hat mindestens zwei Pole, einen Nordpol und einen Südpol.

Auch wenn man einen Magneten zerteilt, hat jeder Teil wieder zwei Pole, einen **Nordpol** und einen **Südpol.** Das ergibt sich aus dem Aufbau eines Magneten (Abb. 1b). Darüber hinaus gibt es auch keramische Magnete, die mehr als ein Polpaar besitzen. Solche Magnete verwendet man z. B. bei Fahrraddynamos.

1 ▶ Unmagnetisiertes (a) und magnetisiertes (b) Eisen im Modell

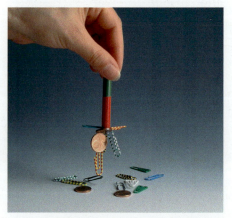

2 ▶ An den Polen eines Magneten sind die magnetischen Kräfte am größten.

Magnetisches und elektrisches Feld | Physik | 11

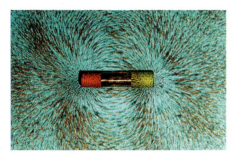

1 ▸ Eisenfeilspäne im magnetischen Feld eines Stabmagneten

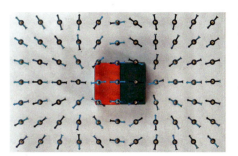

2 ▸ Kleine Magnete richten sich in einem Magnetfeld längs der Feldlinien aus.

Beachte: Nordpole von Magneten sind meist rot markiert, Südpole grün.

Den Raum um einen Magneten, in dem auf andere Magnete oder auf Körper aus ferromagnetischen Stoffen Kräfte ausgeübt werden, bezeichnet man in der Physik als **magnetisches Feld** oder **Magnetfeld**.

Ein magnetisches Feld lässt sich durch das Ausrichten magnetischer Körper (z. B. kleiner Magnetnadeln) oder durch Kräfte auf Körper aus ferromagnetischen Stoffen nachweisen. Legt man auf einen Magneten eine Glasplatte oder ein Blatt Papier und streut darauf Eisenfeilspäne, dann richten sich die Eisenfeilspäne in bestimmter Weise aus. Es ergibt sich ein typisches Bild (Abb. 1).

Zeichnet man anstelle der Ketten aus Eisenfeilspänen Linien, so erhält man ein **Feldlinienbild** dieses Felds (Abb. 3).

> **M** Ein magnetisches Feld lässt sich mithilfe eines Feldlinienbilds veranschaulichen. Das Feldlinienbild ist ein Modell des Felds.

Das Modell Feldlinienbild

Jedes Modell ist eine Vereinfachung der Wirklichkeit, so auch das Feldlinienbild eines Magnetfelds. Es wurde so gebildet, dass es in wichtigen Eigenschaften mit der Wirklichkeit übereinstimmt, in anderen nicht. Aus einem Feldlinienbild ist z. B. erkennbar,
- in welcher Richtung Kräfte auf kleine Magnete wirken, die sich im Magnetfeld befinden, und
- an welchen Stellen das Magnetfeld stärker oder schwächer ist.

Die Grenzen dieses Modells bestehen darin, dass das Magnetfeld
- im gesamten Raum um einen Magneten vorhanden ist und nicht nur in einer Ebene,
- auch zwischen den Feldlinien existiert und
- keine Aussage über die absolute Stärke des Magnetfeldes gemacht werden kann.

Als Richtung der Feldlinien ist die Richtung der Kraft auf den Nordpol eines kleinen Probemagneten festgelegt. Der Abstand der Feldlinien ist ein Maß für die Stärke des magnetischen Felds. Haben die Feldlinien in einem Bereich den gleichen Abstand voneinander und verlaufen sie parallel zueinander, so ist die Stärke des Magnetfelds dort überall gleich groß. Ein solches Feld wird als **homogenes Feld** bezeichnet.

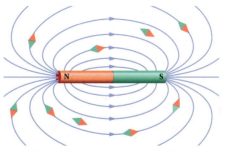

3 ▸ Feldlinienbild eines Stabmagneten: Die Feldlinien verlaufen vom Nord- zum Südpol.

Bei einem Stabmagneten ist die Stärke des Felds an verschiedenen Stellen unterschiedlich. Das Feld ist inhomogen.

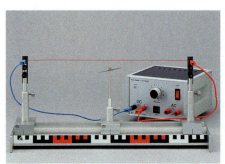
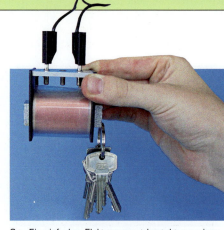

1 ▸ Eine Magnetnadel wird in der Nähe eines stromdurchflossenen Leiters abgelenkt.

3 ▸ Ein einfacher Elektromagnet besteht aus einer stromdurchflossenen Spule mit Eisenkern.

Magnetfelder stromdurchflossener Leiter

H. C. OERSTED fand die magnetische Wirkung des elektrischen Stroms.

1820 entdeckte der dänische Physiker HANS CHRISTIAN OERSTED (1777–1851), dass eine Magnetnadel in der Nähe eines stromdurchflossenen Leiters abgelenkt wird (Abb. 1). Ein solcher Leiter wirkt wie ein Magnet (Abb. 2). Besonders stark ist die magnetische Wirkung, wenn der Leiter als Spule aufgewickelt ist und einen Eisenkern enthält. Man nennt eine solche stromdurchflossene Spule mit Eisenkern einen **Elektromagneten** (Abb. 3).

ähnliche Form wie das Magnetfeld eines Stabmagneten. Die Feldlinien sind geschlossen. Auch einem Elektromagneten kann man einen Nordpol und einen Südpol zuordnen. Mit der Änderung der Polung ändert sich ihre Lage.

> **Um stromdurchflossene, gerade Leiter und bei stromdurchflossenen Spulen existiert ein Magnetfeld.**

> **Die Stärke des Magnetfelds einer stromdurchflossenen Spule ist umso größer,**
> - **je größer die Stromstärke in der Spule ist,**
> - **je größer die Windungszahl der Spule ist und**
> - **je kürzer die Spule ist.**
>
> **Ein Eisenkern in der Spule verstärkt das Magnetfeld erheblich.**

Schaltet man den Strom ab, hört die magnetische Wirkung auf. Das Magnetfeld einer stromdurchflossenen Spule kann mithilfe eines Feldlinienbilds veranschaulicht werden (Abb. 4). Es hat eine

Im Innern einer Spule bzw. in einem Eisenkern verlaufen die Feldlinien parallel und in gleichem Abstand voneinander. Die Stärke des Magnetfelds ist gleich groß (Abb. 4). Das Magnetfeld ist homogen.

Zeigt der Daumen der rechten Hand von plus nach minus, so geben die gekrümmten Finger die Richtung der Feldlinien an.

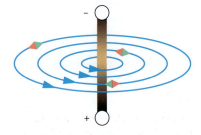

2 ▸ Feldlinienbild um einen stromdurchflossenen, geraden Leiter

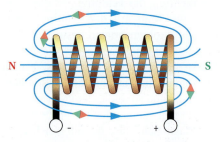

4 ▸ Feldlinienbild innerhalb und um eine stromdurchflossene Spule

Methode

Arbeit mit Modellen

Aus dem alltäglichen Leben und auch aus dem bisherigen Physikunterricht kennst du bereits viele unterschiedliche Modelle. So ist ein Spielzeugauto ein Modell für einen richtigen Pkw. Eine Modelleisenbahn sieht ähnlich aus wie eine tatsächliche Eisenbahn. Ein Globus ist ein Modell für unsere Erde. Vergleicht man das jeweilige reale Objekt mit dem entsprechenden Modell, dann zeigt sich:

> Ein Modell ist eine Vereinfachung der Wirklichkeit.
> Zwischen einem realen Objekt (Pkw, Erde) und seinem Modell gibt es Gemeinsamkeiten, aber auch Unterschiede.

Im bisherigen Physikunterricht hast du u. a. folgende Modelle kennengelernt:
- Modell Lichtstrahl
- Modell der Elektronenleitung
- Wasserstrommodell als Analogiemodell für elektrischen Strom
- Teilchenmodell
- Atommodell

Du weißt auch schon: Es ist möglich, von einem realen Objekt unterschiedliche Modelle zu entwickeln. Modelle für den Strom in einem elektrischen Stromkreis sind das Modell der Elektronenleitung und das Wasserstrommodell.

Ein Modell kann gegenständlich sein. Es kann aber auch aus einem System von Aussagen bestehen, so wie das beim **Teilchenmodell** der Fall ist:
1. Alle Stoffe bestehen aus Teilchen.
2. Die Teilchen befinden sich in ständiger, ungeordneter Bewegung.
3. Zwischen den Teilchen wirken Kräfte.

Modelle gibt es nicht nur für reale Objekte, sondern auch für die Entstehung von Luftströmungen (Wind), für das Zustandekommen einer Sonnenfinsternis oder für die Form des Magnetfelds der Erde.

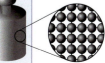

In der Physik und damit auch im Physikunterricht werden Modelle in vielfältiger Weise genutzt:
- Modelle dienen zur Veranschaulichung des Aufbaus oder der Struktur von realen Objekten.
- Modelle eignen sich gut zum Verdeutlichen der räumlichen Beziehungen zwischen realen Objekten.
- Mit Modellen kann die Wirkungsweise von technischen Geräten erklärt werden.
- Modelle helfen beim Verstehen von Erscheinungen und Vorgängen in Natur und Technik.
- Mit Modellen lassen sich Erscheinungen und Vorgänge beschreiben und erklären sowie Vorhersagen treffen.

Homogenes Magnetfeld	Inhomogenes Magnetfeld
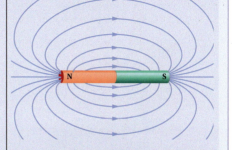	
Feldlinien verlaufen parallel und in gleichem Abstand voneinander.	Die Feldlinien verlaufen nicht parallel zueinander. Sie haben unterschiedlichen Abstand.

Kraft auf einen stromdurchflossenen Leiter im Magnetfeld

Befindet sich ein stromdurchflossener Leiter in einem Magnetfeld, so wird auf diesen Leiter eine Kraft ausgeübt (Abb. 1). Die Ursache dafür besteht in Folgendem: Auf bewegte Ladungsträger in einem Magnetfeld wird eine Kraft ausgeübt, also auch auf bewegte Elektronen in einem elektrischen Leiter oder in einer Elektronenstrahlröhre (s. S. 21).
Allgemein gilt:

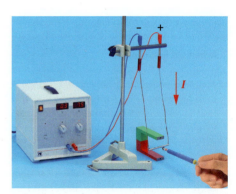

1 ▸ Auf einen stromdurchflossenen Leiter wirkt im Magnetfeld eine Kraft.

Liegt der Leiter parallel zu den Feldlinien, dann wirkt keine Kraft.

> Ⓜ Auf stromdurchflossene Leiter wirkt in einem Magnetfeld eine Kraft senkrecht zum Stromfluss und senkrecht zur Richtung des magnetischen Felds.

Die Richtung der Kraft auf stromführende Leiter ergibt sich nach der **Rechte-Hand-Regel (UVW-Regel).**

> Ⓜ **Rechte-Hand-Regel (UVW-Regel):**
> Daumen: Stromrichtung von + nach – (Bewegungsrichtung positiver Ladungsträger, Ursache U)
> Zeigefinger: Richtung des Magnetfelds vom Nord- zum Südpol (Vermittlung V)
> Mittelfinger: Richtung der Kraft (Wirkung W)
>
>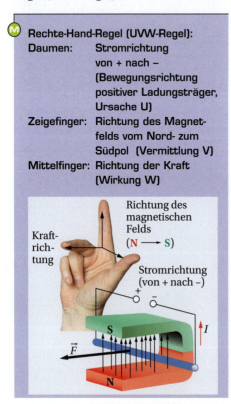

Die Erscheinung, dass auf einen stromdurchflossenen Leiter in einem Magnetfeld eine Kraft ausgeübt wird und damit der Leiter in Bewegung gesetzt werden kann, wird als **elektromotorisches Prinzip** bezeichnet.
Dabei wird elektrische in mechanische Energie umgewandelt. Genutzt wird das elektromotorische Prinzip bei Elektromotoren (s. S. 19–20) und bei elektrischen Messgeräten, z. B. bei Drehspulinstrumenten.

Kräfte zwischen stromdurchflossenen Leitern

Bringt man in das Magnetfeld eines stromdurchflossenen Leiters einen zweiten stromdurchflossenen Leiter, so wirkt auf diesen eine Kraft.
Die Richtung der Kraft kann mit der Rechte-Hand-Regel bestimmt werden.
Bei gleicher Stromrichtung ziehen sich die Leiter an, bei entgegengesetzter Stromrichtung stoßen sie sich ab.

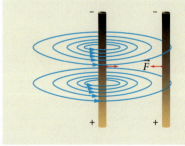

Die Lorentzkraft

Bewegen sich geladene Teilchen, z. B. Elektronen, senkrecht zu den magnetischen Feldlinien, so wird auf sie eine Kraft ausgeübt. Diese Kraft wird als **Lorentzkraft** bezeichnet. Benannt ist sie nach dem niederländischen Physiker HENDRIK ANTOON LORENTZ (1853–1928).

> Die Lorentzkraft ist die Kraft, die auf einzelne bewegte, elektrisch geladene Teilchen in einem Magnetfeld wirkt.

Unter der Voraussetzung, dass die Bewegung der elektrisch geladenen Teilchen senkrecht zur Richtung des Magnetfelds verläuft, ist der Betrag der Lorentzkraft umso größer,
- je größer die elektrische Ladung des Teilchens ist,
- je größer seine Geschwindigkeit ist und
- je stärker das Magnetfeld ist.

Die Richtung der Lorentzkraft kann mithilfe der Rechte-Hand-Regel (s. S. 14) bestimmt werden. Sie wirkt immer senkrecht zu den Feldlinien und zugleich senkrecht zur jeweiligen Bewegungsrichtung.

Daraus kann man einige Folgerungen ableiten, die für Anwendungen von Bedeutung sind:
- Da die Lorentzkraft immer senkrecht zur Bewegungsrichtung wirkt, ändert sich durch sie nur die Richtung der Geschwindigkeit, nicht aber der Betrag der Geschwindigkeit der geladenen Teilchen.
- In einem homogenen Magnetfeld ist der Betrag der Kraft konstant. Die geladenen Teilchen bewegen sich demzufolge auf kreisförmigen Bahnen.
- Die Kräfte auf positiv bzw. negativ geladene Teilchen gleicher Ladung sind entgegengesetzt gerichtet, haben aber bei gleicher Geschwindigkeit und gleicher Stärke des Magnetfelds den gleichen Betrag.

Bewegen sich geladene Teilchen parallel zu den Feldlinien des Magnetfelds, so wirkt auf sie keine Kraft.

Für Elektronen und Protonen beträgt die negative bzw. positive Ladung
$Q = 1{,}602 \cdot 10^{-19}\ C$

> **Lorentzkraft und Polarlichter**
>
> Treten geladene Teilchen schräg in ein Magnetfeld ein, so spielt für die Lorentzkraft nur die Komponente der Geschwindigkeit senkrecht zu den Feldlinien eine Rolle. Die andere Geschwindigkeitskomponente bewirkt, dass die Kreisbahn „auseinandergezogen" wird und eine spiralförmige Bahn entsteht (Abb. 3).
> Solche spiralförmigen Bahnen treten auf, wenn Sonnenwind, der vor allem aus Elektronen und Protonen besteht, in das Erdmagnetfeld eintritt. Elektronen bewegen sind dann auf Spiralbahnen längs der magnetischen Feldlinien des Erdmagnetfelds, stoßen bei ihrer Bewegung in großer Höhe mit Gasmolekülen zusammen und regen diese zum Leuchten an. Wir sehen ein Polarlicht.

Die unterschiedlichen Farben der Polarlichter hängen von der Energie der Elektronen und der Art der getroffenen Gasmoleküle ab.

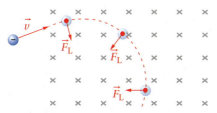

1 ▶ Bewegung von Elektronen (Das Magnetfeld zeigt in die Zeichenebene hinein.)

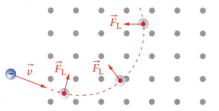

2 ▶ Bewegung von Elektronen (Das Magnetfeld zeigt aus der Zeichenebene heraus.)

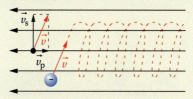

3 ▶ Bewegung von Elektronen schräg zu den magnetischen Feldlinien

Elektrisch geladene Körper und elektrische Ladung

Aus dem bisherigen Physikunterricht weißt du bereits, dass alle Körper aus Atomen bzw. Molekülen aufgebaut sind. Atome wiederum bestehen aus einer Atomhülle, in der sich elektrisch negativ geladene Elektronen befinden, und dem Atomkern (Abb. 2). Der Atomkern enthält u. a. elektrisch positiv geladene Protonen und ist damit positiv geladen.
Die positive Ladung eines Protons ist genauso groß wie die negative Ladung eines Elektrons. Man nennt diese Ladung **Elementarladung**. Sie beträgt:

$$Q = 1{,}602 \cdot 10^{-19} \text{ C}$$

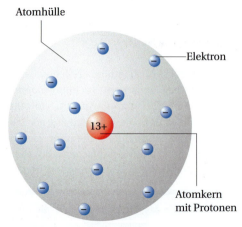

2 ▸ Modell eines Aluminiumatoms

Wie stark ein Körper positiv oder negativ geladen ist, wird durch die Größe **elektrische Ladung** beschrieben.

elektrisch neutraler Körper

negativ geladener Körper

positiv geladener Körper

Demzufolge ist ein Atom, das die gleiche Anzahl positiver Ladungen im Kern und negativer Ladungen in der Atomhülle hat, elektrisch neutral. Auch ein Körper, der insgesamt genauso viele Elektronen wie Protonen hat, ist nach außen ungeladen. Durch Reiben zweier Körper aneinander oder durch elektrochemische Vorgänge, wie sie in Batterien vor sich gehen, können Ladungen voneinander getrennt werden und dabei Elektronen von einem Körper auf einen anderen übergehen. Dann gilt:

> Ⓜ **Körper mit Elektronenüberschuss sind negativ geladen. Bei einem positiv geladenen Körper herrscht Elektronenmangel.**

> Ⓜ Die elektrische Ladung eines Körpers gibt an, wie groß sein Elektronenüberschuss oder sein Elektronenmangel ist.
> Formelzeichen: Q
> Einheit: 1 Coulomb (1 C)

Die Einheit 1 C ist nach dem französischen Naturforscher CHARLES AUGUSTIN DE COULOMB (1736–1806) benannt.
Zum Nachweis von Ladung kann man ein **Elektroskop** nutzen (s. S. 26). Die beiden metallischen Blättchen des Elektroskops werden beim Berühren mit einem geladenen Körper gleichnamig aufgeladen und stoßen dann einander ab.
Auch die beiden Pole einer elektrischen Quelle sind unterschiedlich geladen. Zwischen ihnen besteht eine Spannung. Verbindet man die Pole über einen Widerstand mit elektrischen Leitern, so fließt in dem geschlossenen Stromkreis ein Strom. Dabei gilt bei einem konstanten Strom für die Stromstärke:

$$I = \frac{Q}{t}$$

Die Spannung zwischen den Polen gibt an, wie stark der Antrieb des elektrischen Stroms ist.

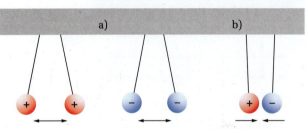

1 ▸ Es erfolgt Abstoßung, wenn beide Körper gleichnamig geladen sind (a). Es erfolgt Anziehung, wenn beide Körper ungleichnamig geladen sind (b).

Das elektrische Feld

Im Raum um einen elektrisch geladenen Körper werden auf andere elektrisch geladene Körper Kräfte ausgeübt. Diesen Raum nennt man **elektrisches Feld**.

> Ein elektrisches Feld existiert im Raum um einen elektrisch geladenen Körper. In ihm werden auf andere elektrisch geladene Körper Kräfte ausgeübt.

Ein elektrisches Feld lässt sich durch Kräfte auf elektrisch geladene Körper nachweisen. Bringt man z. B. kleine, negativ geladene Kugeln in die Nähe einer anderen, positiv geladenen Kugel und zeichnet die jeweils wirkenden Kräfte ein, dann erhält man das in Abb. 1 dargestellte Bild. Werden anstelle der einzelnen Kraftpfeile durchgehende Linien gezeichnet, so erhält man ein **Feldlinienbild** des betreffenden Felds (Abb. 2, 3, 4).

> Ein elektrisches Feld lässt sich mithilfe eines Feldlinienbilds veranschaulichen. Das Feldlinienbild ist ein Modell des elektrischen Feldes.

Als Richtung der Feldlinien ist die Richtung von + nach – festgelegt. Die Dichte der Feldlinien, d. h. ihr Abstand voneinander ist ein Maß für die Stärke des elektrischen Felds.

Experimentelle Untersuchung elektrischer Felder

Feldlinien lassen sich experimentell veranschaulichen, wenn sich Grießkörnchen in Öl in einem elektrischen Feld befinden (Abb. 5). Unter der Wirkung des elektrischen Feldes richten sich die Grießkörnchen in Richtung der Feldlinien aus.

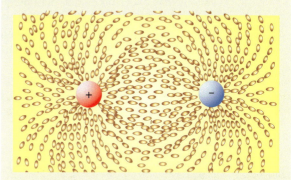

5 ▶ Grießkörnchen im elektrischen Feld zwischen zwei unterschiedlich geladenen Kugeln

Bei Plasmakugeln kann man interessante Leuchterscheinungen beobachten. Dabei spielen elektrische Felder eine Rolle.

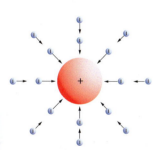

1 ▶ Kräfte auf geladene Körper um eine geladene Kugel

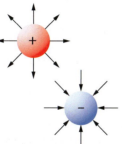

2 ▶ Elektrisches Feld um eine geladene Kugel

3 ▶ Elektrisches Feld zwischen geladenen Platten

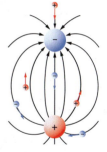

4 ▶ Elektrisches Feld zwischen geladenen Kugeln

Kräfte auf frei bewegliche Ladungsträger im elektrischen Feld

Befinden sich frei bewegliche Ladungsträger, z. B. Elektronen, in einem elektrischen Feld, so wirkt auf sie eine Kraft. Wir betrachten nachfolgend nur homogene Felder. Das sind Felder, die überall gleich stark sind. Im Feldlinienbild verlaufen die Feldlinien parallel und haben überall den gleichen Abstand voneinander (Abb. 1).

Bringt man frei bewegliche Ladungsträger in ein solches homogenes Feld, dann wirkt auf sie eine konstante Kraft, die umso größer ist,
- je stärker das Feld ist und
- je größer die Ladung der Ladungsträger ist.

Die frei beweglichen Ladungsträger werden in Feldrichtung bzw. entgegengesetzt zu ihr beschleunigt (Abb. 1)

Tritt ein frei beweglicher Ladungsträger mit einer bestimmten Geschwindigkeit senkrecht zu den Feldlinien ein (Abb. 2), so wirkt auf ihn ebenfalls eine konstante Kraft. Sie bewirkt, ähnlich wie bei einem waagerecht abgeworfenen Ball, eine Ablenkung.

Für den Zusammenhang zwischen Kraft, Masse und Beschleunigung gilt das newtonsche Grundgesetz: $F = m \cdot a$

Durchläuft ein Elektron eine Spannung von 1 V, dann beträgt seine Energie $\Delta E = Q \cdot U$. Mit $Q = 1{,}6 \cdot 10^{-19}$ C und $U = 1$ V erhält man: $\Delta E = 1{,}6 \cdot 10^{-19}$ J Diesen Wert nennt man ein Elektronenvolt (1 eV).

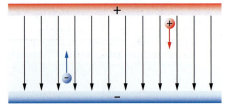

1 ▸ Kräfte auf frei bewegliche Ladungsträger in einem homogenen elektrischen Feld

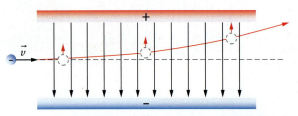

2 ▸ Bewegung von freien Elektronen, die senkrecht zu den Feldlinien in ein elektrisches Feld eintreten

Wie groß sind Kräfte und Beschleunigungen bei Elektronen?

Die Gewichtskraft einer Tafel Schokolade beträgt etwa 1 N. Ein Kilogramm Äpfel hat eine Gewichtskraft von etwa 10 N.
Die Beschleunigung eines Pkw beim Anfahren liegt meist zwischen 1 m/s² und 5 m/s². Lässt man einen Stein fallen, so beschleunigt er infolge seiner Gewichtskraft mit 9,81 m/s². Das sind gut vorstellbare Größen. In welchen Größenordnungen bewegen sich aber die Kräfte und Beschleunigungen bei Elektronen in einem elektrischen Feld?
Besteht zwischen zwei Platten (Abb. 1) ein Abstand von 10 cm und liegt zwischen den Platten eine Spannung von 1 V an, dann beträgt die Kraft auf ein Elektron:

$$F = 1{,}6 \cdot 10^{-18} \text{ N}$$

Das ist eine unvorstellbar kleine Kraft. Bedenke dabei aber: Im mikrophysikalischen Bereich haben wir es mit völlig anderen Verhältnissen als in unserem Erfahrungsbereich zu tun.
Kennt man die wirkende Kraft und die Masse eines Elektrons, dann kann man mithilfe des newtonschen Grundgesetzes die Beschleunigung des Elektrons berechnen. Die Masse eines Elektrons ist sehr klein. Sie beträgt $m = 9{,}1 \cdot 10^{-31}$ kg.
Die Umstellung der Gleichung $F = m \cdot a$ nach der Beschleunigung a ergibt:

$$a = \frac{F}{m}$$

Setzt man die oben angegebene Kraft und die Masse eines Elektrons ein, so erhält man:

$$a = \frac{1{,}6 \cdot 10^{-18} \text{ N}}{9{,}1 \cdot 10^{-31} \text{ kg}}$$

oder in anderer Schreibweise

$$a = \frac{1{,}6 \cdot 10^{31} \text{ N}}{9{,}1 \cdot 10^{18} \text{ kg}}$$

$$a = 1{,}8 \cdot 10^{12} \frac{\text{m}}{\text{s}^2}$$

Die Ergebnisse zeigen: Im mikrophysikalischen Bereich treten Werte auf, die wir aus unserem Erfahrungsbereich nicht kennen.

Physik in Natur und Technik

Der Elektromotor

Elektromotoren (Abb. 1, 2) werden heute in sehr vielen Geräten und Anlagen zum Antrieb genutzt. Einige dieser Motoren werden mit Gleichstrom betrieben, andere mit Wechselstrom.
Wie ist ein Gleichstrommotor aufgebaut?
Wie funktioniert ein Gleichstrommotor?

Ein Gleichstrommotor dient zur Umwandlung von elektrischer Energie in Bewegungsenergie, genauer: in Rotationsenergie. Es wird eine Drehbewegung hervorgerufen, die zum Antrieb von Geräten und Anlagen verwendet werden kann.

Den prinzipiellen Aufbau eines Gleichstrommotors zeigt Abb. 1. Die wesentlichen Teile sind ein feststehender **Feldmagnet** (Stator), ein drehbar gelagerter **Anker** (Rotor), der **Kommutator** (Polwender) und die Kohlebürsten, über die die Stromzufuhr erfolgt. Der Anker besteht im einfachsten Fall aus einer drehbar gelagerten Leiterschleife. In der Praxis verwendet man komplizierter aufgebaute Anker (s. S. 20), die einen gleichmäßigen Lauf des Motors gewährleisten.
Bei der Wirkungsweise wird genutzt, dass auf einen stromdurchflossenen Leiter im Magnetfeld eine Kraft wirkt (s. S. 14).

2 ▶ Elektromotor (aufgeschnitten)

Methode

Beschreiben des Aufbaus eines technischen Geräts und Erklären seiner Wirkungsweise

1. Gehe vom Verwendungszweck des technischen Geräts aus!

2. Beschreibe die Teile des Geräts, die für das Wirken physikalischer Gesetze wesentlich sind!
Lasse dabei die technischen Details des Geräts unberücksichtigt!

3. Führe die Wirkungsweise des Geräts auf physikalische Gesetze zurück!
Beachte dabei auch die Bedingungen für die Gültigkeit der Gesetze!

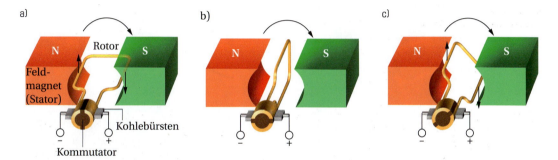

1 ▶ Wirkungsweise eines Gleichstrommotors: Auf Teile der stromdurchflossenen Leiterschleife im Magnetfeld wirkt ein Kräftepaar und ruft eine Drehbewegung hervor.

Das Magnetfeld besteht zwischen den beiden Polen des Feldmagneten. Über die Kohlenbürsten fließt der Strom durch die Leiterschleife. Auf die beiden Drahtstücke, die sich senkrecht zum Magnetfeld befinden, wirken nach der UVW-Regel Kräfte in der auf S. 19, Abb. 1a, angegebenen Richtung. Dieses Kräftepaar bewirkt eine Drehbewegung der Leiterschleife.

Bei senkrechter Stellung der Leiterschleife (S. 19, Abb. 1b) ist die Gesamtkraft null. Die Leiterschleife bewegt sich aber aufgrund ihrer Trägheit weiter. Zugleich wird in dieser Stellung durch den **Kommutator** (Polwender) dafür gesorgt, dass der Strom in der Leiterschleife seine Richtung ändert. Er fließt so, dass die Kräfte auf die Leiterschleife in der gleichen Richtung wie bei Abb. 1a wirken und damit die Drehbewegung in der gleichen Richtung fortgesetzt wird (S. 19, Abb. 1c). Dieser Vorgang wiederholt sich ständig.

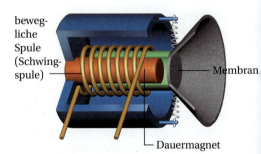

3 ▸ Aufbau eines Lautsprechers

Der Lautsprecher

Lautsprecher finden wir nicht nur in Lautsprecherboxen (Abb. 4). Sie sind auch in Kopfhörern oder in Handys eingebaut.
Wie ist ein solcher Lautsprecher aufgebaut? Wie funktioniert er?

Den prinzipiellen Aufbau eines elektrodynamischen Lautsprechers zeigt Abb. 3. Am Lautsprecher kommt der in elektrischen Strom unterschiedlicher Stärke umgewandelte Schall an. Dieser Strom durchfließt die Schwingspule. Diese wird dadurch selbst zum Magneten. Je nach der Stromstärke bewegt sie sich mehr oder weniger tief in das Magnetfeld des Dauermagneten hinein. Die mit ihr verbundene Membran schwingt im gleichen Rhythmus und strahlt damit die in Form von Stromschwankungen ankommenden Informationen als Schall ab.

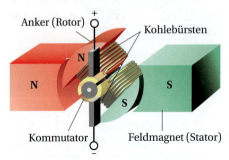

1 ▸ Einfacher Gleichstrommotor mit Doppel-T-Anker

2 ▸ Durch kompliziert aufgebaute Anker wird ein gleichmäßiger Lauf gewährleistet.

4 ▸ Für tiefe und hohe Töne nutzt man speziell konstruierte Lautsprecher.

Die Elektronenstrahlröhre

In Fernsehgeräten, bei Computerbildschirmen oder in Oszillografen sind Elektronenstrahlröhren zur Bilderzeugung eingesetzt. Diese Röhren werden nach ihrem Erfinder, dem Physiker KARL FERDINAND BRAUN (1850–1918), auch **braunsche Röhren** genannt (Abb. 2).
Beschreibe den prinzipiellen Aufbau und erkläre die Wirkungsweise einer Elektronenstrahlröhre!

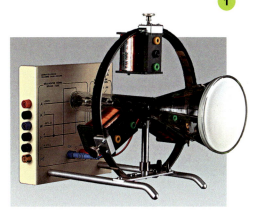

2 ▸ Einfache braunsche Röhre

Elektronenstrahlröhren dienen der Erzeugung von Bildern, z. B. in Fernsehgeräten oder in Oszillografen.
Prinzipiell besteht eine Elektronenstrahlröhre aus einem System zur Erzeugung eines Elektronenstrahls, einem Ablenksystem und einem Leuchtschirm (Abb. 1). Mit Heizung, Katode, Anode und Wehneltzylinder wird ein Elektronenstrahl erzeugt, der sich durch die Anode hindurch weiterbewegt. Aus der Katode, einem glühenden Metalldraht, treten Elektronen aus. Sie werden durch das elektrische Feld zwischen Katode und Anode beschleunigt. Der Wehneltzylinder, benannt nach dem deutschen Physiker ARTHUR WEHNELT (1871–1944), dient dabei der Steuerung der Intensität des Elektronenstrahls. Durch das Ablenksystem wird der Elektronenstrahl horizontal und vertikal so abgelenkt, dass er an einem bestimmten Punkt auf den Leuchtschirm auftrifft. Dort bringt er die Leuchtschicht an der inneren Seite des Schirms zum Leuchten.
Bei **Oszillografenbildröhren** erfolgt die Ablenkung des Elektronenstrahls im Ablenksystem durch elektrisch unterschiedlich geladene Platten (Skizze unten). Zwischen diesen Platten existiert ein elektrisches Feld, in dem auf Ladungsträger Kräfte ausgeübt werden.

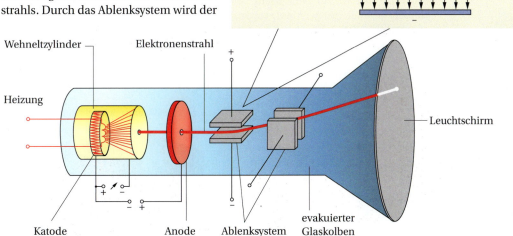

1 ▸ Aufbau einer Oszillografenbildröhre mit elektrischer Ablenkung: Es wird ein scharf gebündelter Elektronenstrahl erzeugt und durch elektrische Felder abgelenkt.

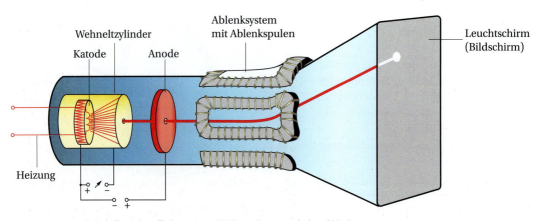

1 ▶ Aufbau einer Elektronenstrahlröhre mit magnetischer Ablenkung

In einer **Fernsehbildröhre** besteht das Ablenksystem aus stromdurchflossenen Spulenpaaren, die außen auf die evakuierte Glasröhre aufgesetzt sind (Abb. 1). Durch ein solches stromdurchflossenes Spulenpaar wird ein magnetisches Feld erzeugt, durch das sich der Elektronenstrahl bewegt. Auf die bewegten Ladungsträger des Elektronenstrahls, die Elektronen, wirkt in diesem Magnetfeld eine Kraft senkrecht zur Bewegungsrichtung und senkrecht zur Richtung des magnetischen Feldes. Die Richtung der Ablenkung kann man mithilfe der Rechte-Hand-Regel (s. S. 14) bestimmen. Dabei ist die Stromrichtung zu beachten.

Durch das eine Spulenpaar wird der Elektronenstrahl auf diese Weise horizontal, durch das andere Spulenpaar vertikal abgelenkt. Mit Veränderung der Stromstärken in den Ablenkspulen wird die Stärke des Magnetfeldes und damit die Größe der Ablenkung des Elektronenstrahls beeinflusst.

Fernsehbildröhren

Bedeutende Beiträge zur Entwicklung von Fernsehbildröhren leistete MANFRED VON ARDENNE (1907–1997), der viele Jahre lang in Dresden ein Forschungsinstitut leitete. In Schwarzweißbildröhren ist ein Strahlerzeugungssystem enthalten. Für den Aufbau eines Fernsehbilds wird der Elektronenstrahl in 625 Zeilen 50-mal je Sekunde über den Bildschirm von oben nach unten geführt, wobei in jeder Zeile 833 Bildpunkte zum Leuchten angeregt werden.

Farbbildröhren enthalten drei Strahlerzeugungssysteme. Ein farbiger Bildpunkt des Fernsehbildes entsteht dann durch die Mischung der Grundfarben Rot, Grün und Blau. Jeder dieser Farbpunkte wird durch einen der drei Elektronenstrahlen angesteuert (Abb. 3).

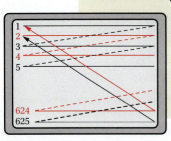

2 ▶ Bewegung des Elektronenstrahls über den Bildschirm

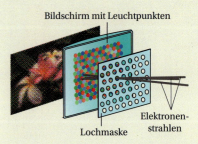

3 ▶ Prinzip einer Farbbildröhre

Elektrofilter gegen Staub

Staub gibt es überall: in Wohnungen, in Betrieben und im Freien.
Auch in Kohlekraftwerken entsteht viel Staub in Form von Asche. Gelangt diese Asche mit dem Rauch ins Freie, belastet sie die Umwelt stark. Deshalb versucht man, in Entstaubungsanlagen die Asche aufzufangen und zu entsorgen. Das Herzstück einer Entstaubungsanlage ist ein Elektrofilter (Abb. 1, 2).
Wie kann die Wirkungsweise eines Elektrofilters erklärt werden?

Ein Modellversuch macht das Prinzip eines Elektrofilters deutlich (Abb. 3): In der Mitte eines positiv geladenen Metallzylinders ist ein negativ geladener Draht gespannt. Lässt man Rauchgase aufsteigen, dann setzen sich die Rußteilchen am Zylinder ab.
Elektrofilter in Entstaubungsanlagen bestehen aus zwei Platten, die positiv geladen sind (Abb. 1).
Zwischen diesen Platten befindet sich ein Draht, der so stark negativ geladen ist, dass er Elektronen versprüht. Diese Elektronen setzen sich auf den Staubteilchen des Rauchgases fest, das durch den Filter geleitet wird. Dadurch werden die Staubteilchen selbst negativ geladen. Die negativ geladenen Staubteilchen werden von den positiv geladenen äußeren Platten angezogen, denn zwischen dem Draht und den geladenen Platten existiert ein elektrisches Feld. In diesem elektrischen Feld wirken Kräfte auf die negativ geladenen Staubteilchen. Die Staubteilchen lagern sich an den positiv geladenen Platten ab. Mithilfe eines Klopfwerkes wird der angelagerte Staub abgeschüttelt, in einer Auffangvorrichtung gesammelt und entsorgt.

In modernen Kohlekraftwerken liegt der Abscheidegrad der Entstaubung bei über 99 %. Der Staub wird in einem geschlossenen System in Silos befördert, um von dort als Zuschlagsstoff in der Bauindustrie verwendet zu werden. Pro Stunde fallen etwa 10–15 Tonnen Staub an.

2 ▸ Elektrofilter in einem Kraftwerk

1 ▸ Aufbau eines Elektrofilters

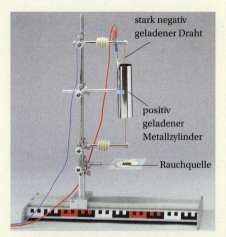

3 ▸ Modellversuch zur Entstaubung

Teilchenbeschleuniger

Die Objekte, die beschossen werden, nennt man Target (engl., Zielscheibe).

Viele Erkenntnisse über die Struktur der Materie wurden in den letzten Jahren mithilfe von Beschleunigern gewonnen. Das **Grundprinzip** bei Beschleunigern besteht darin, dass geladenen Teilchen (Elektronen, Protonen, Ionen) auf große Geschwindigkeiten gebracht werden. Dann werden sie auf andere Teilchen oder Stoffe gelenkt und lösen dort Wechselwirkungen aus. Diese werden in Detektoren registriert und dann ausgewertet. Damit kann man Erkenntnisse über die Grundbausteine der Materie gewinnen. Wichtige Arten von Beschleunigern sind **Linearbeschleuniger, Zyklotrone** und **Synchrotrone**.

Linearbeschleuniger sind so aufgebaut, dass geladene Teilchen eine Reihe von röhrenförmigen Elektroden durchlaufen. Durch elektrische Felder zwischen diesen Elektroden werden sie beschleunigt (s. Abb. links).
Ein **Zyklotron** besteht aus einer flachen Kammer mit zwei halbkreisförmigen Dosen, die sich in einem Hochvakuum befinden (Abb. unten). Die Dosen sind mit einem Hochfrequenzgenerator verbunden, sodass zwischen ihnen ein veränderliches elektrisches Feld besteht. Sie werden von einem konstanten, homogenen Magnetfeld senkrecht durchsetzt.
Die von einer Teilchenquelle T ausgehenden geladenen Teilchen werden durch das Magnetfeld umgelenkt, im elektrischen Feld zwischen den Dosen beschleunigt, wieder umgelenkt usw. Schließlich werden sie durch eine Elektrode E herausgelenkt und stehen dann für Experimente zur Verfügung.
Um eine weitere Steigerung der Geschwindigkeit und damit der Energie von geladenen Teilchen zu erreichen, kann man elektrische und magnetische Felder in großen Beschleunigerringen anordnen. Man spricht dann von einem **Synchrotron**. Eine der größten Anordnungen dieser Art ist das Deutsche Elektronen-Synchrotron (DESY) in Hamburg. Das Bild oben zeigt die Abmessungen der unterirdischen Anlagen PETRA (**P**ositron-**E**lektron-**T**andem-**R**ing-**A**nlage) mit 2,3 km Länge und HERA (**H**adron-**E**lek**t**ron-**R**ing-**A**nlage) mit 6,3 km Länge.
In solchen Anordnungen werden Elektronen bzw. Protonen durch die Magnete M umgelenkt und durch elektrische Felder E beschleunigt (Abb. unten). Durch Ablenkmagnete A kann der Teilchenstrom in Experimentierhallen ausgelenkt und auf ein Target geschossen werden. Mit Detektoren werden die Wechselwirkungen registriert.

Elektronenquelle

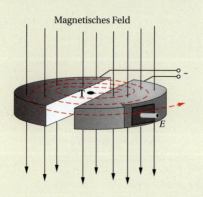

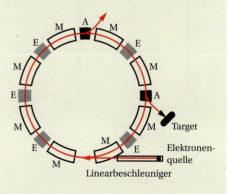

Experimente

Magnete und magnetisches Feld

Experiment 1
Untersuche, in welchem Abstand eine Büroklammer von einem Stabmagneten merklich angezogen wird!

Durchführung:
Führe den Versuch unter verschiedenen Bedingungen durch!
Auswertung:
a) Beschreibe die Versuchsdurchführung!
b) Formuliere das Versuchsergebnis in einem Merksatz!

Experiment 2
Wickle mehrere Male einen isolierten Draht um einen Kompass und halte die Enden des Drahtes an die Pole einer Batterie!
Auswertung:
Beschreibe deine Beobachtungen! Erkläre!

Experiment 3
Führe Untersuchungen mit einem Kompass durch!
a) Bestimme möglichst genau die Himmelsrichtung, in die die Eingangstür deines Wohnhauses zeigt!
b) Bestimme die Himmelsrichtung, in der von deiner Wohnung aus gesehen deine Schule liegt!
c) Bringe einen Kompass einmal oben und einmal unten in unmittelbare Nähe eines eisernen Heizkörpers oder eines eisernen Zauns. Beschreibe und erkläre!

Experiment 4
Untersuche experimentell die maximale Tragfähigkeit eines Magneten!
Präsentiere Versuchsaufbau, Durchführung und Auswertung deinen Mitschülern!

Experiment 5
Untersuche, wovon die Stärke eines Elektromagneten abhängt!
Vorbereitung:
a) Stelle aus einer Spule und einem Eisenkern einen Elektromagneten her, indem du die Spule an eine elektrische Quelle anschließt!
b) Baue den Versuch entsprechend der Abbildung auf!

Körper aus Eisen

Durchführung:
a) Schalte die elektrische Quelle ein! Beginne mit einer kleinen Spannung!
b) Wähle an der elektrischen Quelle eine größere Spannung! Die maximale Spannung wird vom Lehrer vorgegeben.
Auswertung:
Beschreibe deine Beobachtungen! Formuliere das Ergebnis des Experiments in einem Merksatz!

Experiment 6
Untersuche mithilfe von Eisenfeilspänen die Magnetfelder verschiedener Magnete!
Vorbereitung:
Lege ein Blatt Papier, Eisenfeilspäne im Streuer und verschiedene Magnete bereit!
Durchführung:
Lege das Blatt Papier auf den Magneten! Streue vorsichtig Eisenfeilspäne darauf! Durch leichtes Anstoßen des Papiers richten sich die Eisenfeilspäne aus. Achtung: Die Eisenfeilspäne dürfen nicht in direkten Kontakt mit dem Magneten kommen!
Auswertung:
Skizziere das jeweilige Feldlinienbild und interpretiere es!

Experimente

Elektrische Ladungen und elektrisches Feld

Experiment 1
Führe Untersuchungen mit einem einfachen Elektroskop durch!

Vorbereitung:
a) Beschreibe den Aufbau eines Elektroskops und erkläre seine Wirkungsweise!
b) Als Hilfsmittel für deine Untersuchungen benötigst du stabförmige Körper aus Kunststoff, Hartgummi, Glas, Holz und Metall, zum Reiben ein Tuch und ein Fell.

Durchführung:
Reibe den jeweiligen Körper kräftig! Bringe ihn dann mit dem Elektroskop in Berührung!

Auswertung:
a) Erfasse deine Beobachtungsergebnisse! Erkläre sie!
b) Begründe, weshalb man mit einem Elektroskop nicht nachweisen kann, ob ein Körper positiv oder negativ geladen ist!

einfaches Elektroskop

Experiment 2
Mit einer Glimmlampe kann man nachweisen, ob ein Körper positiv oder negativ geladen ist.

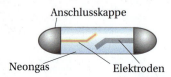

Anschlusskappe

Neongas   Elektroden

Fasst man die eine Anschlusskappe mit der Hand an und berührt mit der anderen einen geladenen Körper, dann leuchtet das Gas um die Elektrode auf, die mit dem negativ geladenen Körper verbunden ist.

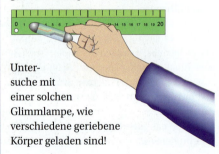

Untersuche mit einer solchen Glimmlampe, wie verschiedene geriebene Körper geladen sind!

Experiment 3
Nähere einen geriebenen Kunststoffstab einem Elektroskop und entferne ihn wieder, ohne dass das Elektroskop berührt wird!

Beschreibe deine Beobachtung! Erkläre sie mit deinen Kenntnissen!

Experiment 4
Reibe mit einem leichten Tuch kräftig einen Stab aus Hartgummi, Kunststoff oder Glas!

Lege dann das Tuch so über den Stab, wie es das Foto zeigt! Beschreibe und erkläre!

Experiment 5
Probiere aus! Beschreibe und erkläre die Versuchsergebnisse!

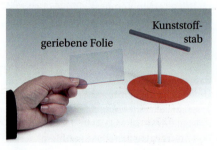

geriebene Folie   Kunststoffstab

Aufgaben

1. Wenn ein Stabmagnet aus Eisen zerbrochen wird, hat jeder Teil wieder einen Nordpol und einen Südpol. Erkläre!

2. Begründe, warum sich eine frei drehbare Magnetnadel stets in Nord-Süd-Richtung einstellt!

3. Die Erde besitzt ein weit ausgedehntes, aber schwaches Magnetfeld.
   a) Stelle deine bisherigen Kenntnisse über das Magnetfeld der Erde zusammen! Präsentiere sie!
   b) Interpretiere das Feldlinienbild des Erdmagnetfelds!

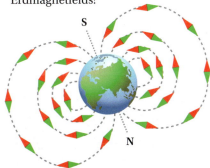

   c) Erkunde, welche Besonderheiten das Magnetfeld der Erde besitzt!
   d) Manchmal findet man eine andere Darstellung des Erdmagnetfelds.

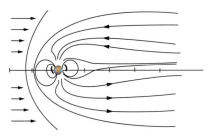

   Wie kommen solche unterschiedlichen Darstellungen zustande?
   e) Erkunde, ob auch andere Planeten ein Magnetfeld besitzen!

4. Ein Kompass zeigt dir nur dann die richtige Richtung an, wenn die Nadel nicht durch andere magnetische Kräfte als die des Erdmagnetfeldes beeinflusst wird. Wodurch können Fehler bei der Richtungsbestimmung mit einem Kompass entstehen? Begründe!

5. Du willst herausfinden, ob in einem bestimmten Raum ein magnetisches Feld vorhanden ist. Diskutiere Möglichkeiten!

6. Die Fotos zeigen, wie sich Eisenfeilspäne unter dem Einfluss von zwei Haftmagneten ausrichten. Zeichne im Heft die Feldlinienbilder dieser Magnetfelder! Interpretiere diese Feldlinienbilder!

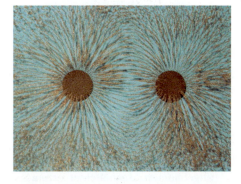

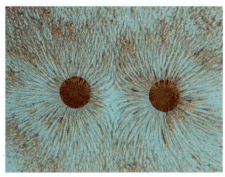

7. Das Foto zeigt Eisenfeilspäne im Magnetfeld eines Magneten, wie er in Fahrraddynamos verwendet wird.

Interpretiere das Feldlinienbild!

8. Bei einem Hufeisenmagneten erhält man das im Foto gezeigte Bild.

Zeichne auf dieser Grundlage im Heft das Feldlinienbild eines Hufeisenmagneten!

9. Durch welche Anordnungen könnten die abgebildeten Magnetfelder erzeugt worden sein? Begründe!

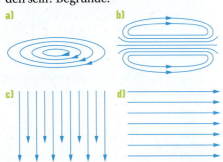

10. Im Magnetfeld eines Hufeisenmagneten befindet sich ein stromdurchflossener Leiter. Du kannst die Stromrichtung und die Feldrichtung verändern.

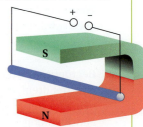

a) Skizziere nach dem Muster die vier möglichen Fälle!

b) Bestimme mit der UVW-Regel jeweils die Richtung der Kraft auf den Leiter! Zeichne die Kraft ein!

11. Elektronen und Protonen treten in verschiedener Weise in homogene Magnetfelder ein.
Übernimm die Skizzen in dein Heft, zeichne den weiteren Bahnverlauf ein und begründe ihn!

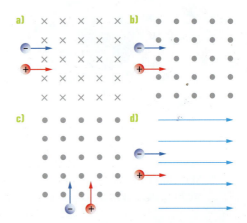

12. Beschreibe den Aufbau und erkläre die Wirkungsweise eines einfachen Gleichstrommotors!

13. Bereite ein Referat zum Thema „Magnete und ihre Anwendung in der Technik" vor! Gehe dabei auf den Aufbau und die Nutzung sowohl von Dauermagneten als auch von Elektromagneten ein!
Nutze für die Vorbereitung Lehrbücher, Nachschlagewerke und das Internet!

14. Das Foto unten zeigt eine Elektronenröhre. Elektronen treten senkrecht nach oben aus. Wegen eines Füllgases in der Röhre ist ihre kreisförmige Bahn (Bildmitte) sichtbar.
Sie kommt durch ein Magnetfeld zustande, das von großen Spulen erzeugt wird.

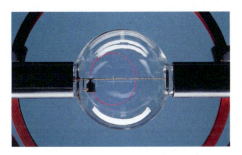

Welche Aussage kann man über die Richtung und die Stärke des Magnetfelds ableiten?

15. In jedem Herbst machen Tausende von Zugvögeln auf den Feldern und Wiesen Deutschlands Rast, bevor sie zu ihrem Flug in den Süden aufbrechen.
Erkunde, wie sich Vögel auf diesen langen Strecken orientieren!

16. Wichtige physikalische Größen, die du im Physikunterricht bereits kennengelernt hast, sind die elektrische Ladung, die elektrische Stromstärke, die elektrische Spannung und der elektrische Widerstand. Stelle in einer Übersicht zusammen:
- Physikalische Bedeutung der Größen
- Formelzeichen und Einheiten sowie die Physiker, nach denen die Einheiten benannt sind
- Messgeräte für die Größen
- Zusammenhänge zwischen den Größen

17. Nenne und erläutere Beispiele aus Natur, Technik und Alltag für die Ladungstrennung durch Reibung!
Wo ist eine Ladungstrennung erwünscht, wo unerwünscht?

18. Eine positiv geladene Kugel wird einem Elektroskop genähert (s. Abb.).
   a) Was kann man beobachten, wenn man die Kugel nähert bzw. entfernt?
   b) Erkläre!

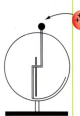

19. Ein Körper hat eine negative Ladung von 0,1 C. Wie groß ist der Elektronenüberschuss auf diesem Körper?

20. Ein Körper hat eine positive Ladung von 0,5 C. Wie viele Elektronen müssen auf ihn übergehen, damit er elektrisch neutral wird?

21. Eine Kugel ist nach außen zunächst elektrisch neutral. Mithilfe eines Bandgenerators wird sie aufgeladen. Dabei gehen $3,1 \cdot 10^{10}$ Elektronen auf die Kugel über.
   a) Wie ist die Kugel dann geladen?
   ***b)** Wie groß ist die Ladung der Kugel?

22. Auf Fernsehgeräten, besonders auf dem Bildschirm, sammelt sich schnell viel Staub. Wie ist das zu erklären?

23. In einem Stromkreis sind eine Glühlampe und ein Widerstand in Reihe geschaltet. Die Stromstärke und die Spannung am Widerstand werden gemessen.
   a) Zeichne den Schaltplan!
   b) Die Stromstärke beträgt 20 mA. Welche Ladung tritt in jeder Sekunde durch einen Leiterquerschnitt hindurch? Wie viele Elektronen sind das?
   c) Das Voltmeter zeigt 4,8 V an. Wie groß ist der Widerstand des Bauteils?

24. Ergänze im Heft die fehlenden Größen!

I	0,4 A	15 mA			1,2 A
Q			0,06 C	1 800 mAh	80 Ah
t	5 min			30 min	

25. Worin besteht der Unterschied zwischen einem elektrischen Feld und dem Feldlinienbild dieses Feldes?

26. Die Skizze zeigt das elektrische Feld zwischen einer Platte und einer Spitze.
   a) Interpretiere dieses Feldlinienbild!

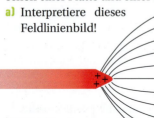

   b) Welche Aussage kann man aus dem Feldlinienbild über die Stärke des Felds in der Nähe der Spitze bzw. in der Nähe der Platte treffen? Begründe!

27. Die Skizzen zeigen die Feldlinienbilder zwischen gleichnamig und ungleichnamig geladenen Kugeln.

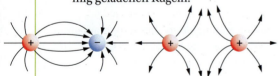

   a) Welche Kräfte wirken zwischen gleichnamig bzw. zwischen ungleichnamig geladenen Kugeln?
   b) Wie könnte man diese Kräfte mit dem Modell Feldlinienbild deuten?

*28. Empfindliche elektronische Geräte oder auch manche Räume müssen von äußeren elektrischen Feldern abgeschirmt werden. Wie kann man das erreichen?

29. Du weißt bereits: Die Spannung U ist der Quotient aus der Änderung der potenziellen Energie und der Ladung:
$$U = \frac{\Delta E}{Q}$$
Zwischen zwei 20 cm voneinander entfernten Platten liegt eine Spannung von 1 V an. Elektronen bewegen sich von der einen zur anderen Platte.

   a) Welche Energie erreicht ein Elektron, wenn die Anfangsenergie null war?
   b) Wie groß ist dann die Geschwindigkeit eines Elektrons? Seine Masse beträgt $9{,}1 \cdot 10^{-31}$ kg.

30. Protonen ($m = 1{,}67 \cdot 10^{-27}$ kg) werden in einem homogenen elektrischen Feld aus der Ruhe heraus beschleunigt. Die beschleunigende Kraft beträgt $1{,}6 \cdot 10^{-16}$ N. Die Beschleunigung kann mit dem newtonschen Grundgesetz berechnet werden.
   a) Wie lautet das newtonsche Grundgesetz?
   b) Wie groß ist die Beschleunigung der Protonen im elektrischen Feld?
   c) Vergleiche diesen Wert mit der Beschleunigung eines Pkw, der aus dem Stand in 8,7 s eine Geschwindigkeit von 100 km/h erreicht!

31. Wird ein Elektronenstrahl nicht abgelenkt, so trifft er in der Mitte eines Bildschirms auf. Die Bilder zeigen abgelenkte Elektronenstrahlen (roter Fleck).

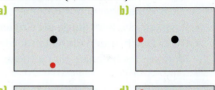

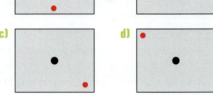

Gib an, wie Ablenkplatten oder Spulen wirken müssen, um die jeweilige Ablenkung zu erreichen!

Das Wichtigste auf einen Blick

Magnetisches und elektrisches Feld

Ein **magnetisches Feld** existiert im Raum um Dauermagnete und stromdurchflossene Leiter.
- Im magnetischen Feld wirken Kräfte auf ferromagnetische Stoffe, andere Magnete sowie auf stromdurchflossene Leiter.
- Magnetfelder lassen sich mit dem Modell Feldlinienbild veranschaulichen.

Ein **elektrisches Feld** existiert im Raum um elektrisch geladene Körper.
- Im elektrischen Feld wirken Kräfte auf elektrisch geladene Körper.
- Elektrische Felder lassen sich mit dem Modell Feldlinienbild veranschaulichen.

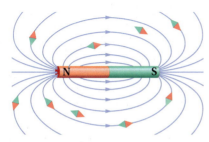

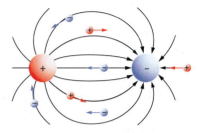

Die Feldlinien verlaufen von Nord nach Süd. Die Richtung der Feldlinien gibt an, wie sich kleine Magnetnadeln im Feld ausrichten.

Die Feldlinien verlaufen von + nach -. Die Richtung der Feldlinien gibt die Richtung der Kraft auf einen positiv geladenen Körper an.

Auf geladene Teilchen bzw. stromdurchflossene Leiter wirkt in einem Magnetfeld eine Kraft senkrecht zum Stromfluss und senkrecht zur Richtung des magnetischen Felds (Lorentzkraft F_L, Rechte-Hand-Regel).

Auf frei bewegliche Ladungsträger wirken in einem elektrischen Feld Kräfte, die eine Beschleunigung bewirken.

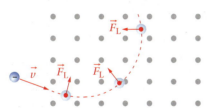

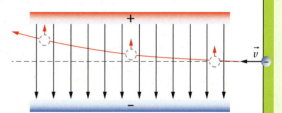

Anwendungen: Elektromotor, Lautsprecher, Fernsehbildröhre

Anwendungen: Oszillograf, Teilchenbeschleuniger

1.2 Elektromagnetische Induktion

Generator als Energiequelle ▸▸ Die elektrische Energie, die in Batterien oder Akkumulatoren gespeichert ist, reicht oft nicht aus, um elektrische Geräte und Anlagen zu betreiben. Erst mithilfe von Generatoren, wie sie in Kraftwerken eingesetzt werden, kann ausreichend elektrische Energie bereitgestellt werden.
Wie sind Generatoren aufgebaut und wie funktionieren sie?

Netzadapter zwischen Steckdose und Gerät ▸▸ Tragbare elektronische Geräte wie CD-Player oder Walkman werden gewöhnlich mit Batterien betrieben. Die Betriebsspannung eines CD-Players beträgt z. B. 6 V. Er kann jedoch auch über einen Netzadapter an 230 V angeschlossen werden. Im Adapter befindet sich ein Transformator, der die Netzspannung auf die erforderliche Betriebsspannung heruntertransformiert.
Worauf beruht die Wirkungsweise von Transformatoren?

Das Induktionsgesetz

Bewegt man einen elektrischen Leiter senkrecht zu den Feldlinien in einem Magnetfeld, so entsteht im Leiter ein Stromfluss, bedingt durch die Lorentzkraft auf die Elektronen im Leiter (Abb. 2). Zwischen den Enden des Leiters entsteht eine Spannung, die **Induktionsspannung** U_i genannt wird. Man sagt auch, es wird eine Spannung **induziert.** Der Vorgang heißt **elektromagnetische Induktion.**

Größere Spannungen werden induziert, wenn anstelle des Leiters eine Spule tritt (Abb. 3). Das Magnetfeld kann sowohl durch einen Dauermagneten als auch durch einen Elektromagneten erzeugt werden.
Induktionsspannungen entstehen unter verschiedenen Bedingungen (Abb. 1). Einerseits wird durch das Hin- und Herbewegen eines Magneten oder eines Elektromagneten vor einer Spule eine Spannung induziert (Abb. 1 a, b).

Andererseits entsteht eine Spannung, wenn man den Magneten vor der Spule dreht. Dabei bleibt es gleich, ob man den Magneten oder die Spule bewegt. Wesentlich ist die Relativbewegung zwischen Spule und Magnet, sodass mehr oder weniger Feldlinien von der Spule umfasst werden. Das gilt auch für die Drehung einer Spule vor einem Magneten.

Dreht man den Magneten in Abb. 1a jedoch um seine Längsachse, dann wird keine Spannung induziert, weil sich der räumliche Anteil des Magnetfelds, der von der Spule umfasst wird, nicht ändert.

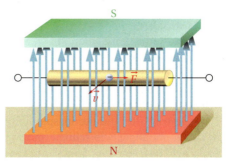

2 ▶ Kraft auf Elektronen bei der Bewegung eines Leiters im Magnetfeld

Eine Induktionsspannung entsteht aber nicht nur durch eine Relativbewegung zwischen Spule und Magnet, sondern auch dann, wenn sich die Stärke des Stroms ändert, der durch einen Elektromagneten fließt (Abb. 1c). Das geschieht z. B. beim Schließen des Stromkreises. Die Stärke des Magnetfelds ändert sich dabei von null auf ein Maximum.

Bleibt der Strom durch die Spule konstant, wird auch keine Spannung induziert. In diesem Fall ändert sich das von der Spule umfasste Magnetfeld nicht.

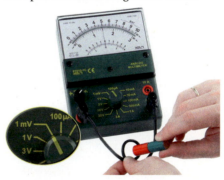

3 ▶ Erzeugen einer Induktionsspannung durch Bewegen eines Magneten

Die Richtung der Kraft kann mit der UVW-Regel bestimmt werden:
U Bewegung
V Magnetfeld
W Kraft auf Elektronen

Die Polung der entstehenden Spannung hängt nicht nur von der Bewegungsrichtung des Magneten ab, sondern auch von der Lage seiner beiden Pole.

*Die Spule, in der die Spannung entsteht, heißt **Induktionsspule.***

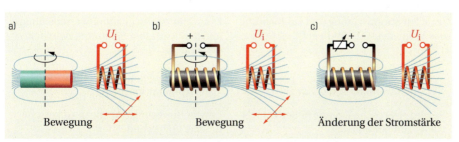

1 ▶ Anordnungen zur Erzeugung von Induktionsspannungen

Allgemein gilt:
Das von der Induktionsspule umfasste Magnetfeld muss sich ändern, damit zwischen ihren Enden eine Spannung entsteht. Ändern kann sich dabei die Stärke des Magnetfelds oder die wirksame Spulenfläche.

Der **Betrag der Induktionsspannung** ist davon abhängig, wie schnell und wie stark sich das von der Spule umfasste Magnetfeld ändert. Der Betrag der Induktionsspannung ist umso größer,
- je stärker sich das von der Spule umfasste Magnetfeld ändert und
- je schneller die Änderung des von der Spule umfassten Magnetfelds erfolgt.

Auch der Bau der Spule hat Einfluss auf die Größe der Induktionsspannung. Der Betrag der Induktionsspannung ist umso größer,
- je größer die Windungszahl der Spule und
- je größer die Fläche der Spule ist.

Bei einer Spule mit Eisenkern ist die induzierte Spannung größer als in einer Spule ohne Eisenkern.

Alle diese Erkenntnisse lassen sich zum **Induktionsgesetz** zusammenfassen.

> Zwischen den Enden einer Spule wird eine Spannung induziert, wenn sich das von ihr umfasste Magnetfeld ändert. Die Induktionsspannung hängt von der Schnelligkeit und Stärke dieser Änderung sowie vom Bau der Spule ab.

Entdeckt wurde dieses grundlegende Gesetz und seine Gültigkeitsbedingungen nach mehrjährigen Untersuchungen im Jahr 1831 von dem englischen Physiker MICHAEL FARADAY (1791–1867, s. S. 36).

Das Induktionsgesetz wird deshalb auch als **faradaysches Induktionsgesetz** bezeichnet.

Wirkungen der Lorentzkraft	
Im Magnetfeld bewegen sich Elektronen in einem Leiter infolge einer Spannung quer zur Richtung des Magnetfelds.	Im Magnetfeld wird durch eine Kraft ein Leiter mit freien Elektronen quer zur Richtung des Magnetfelds bewegt.
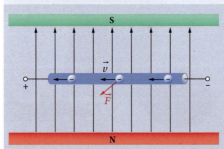	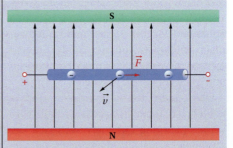
Auf die Elektronen im Leiter und damit auf den Leiter insgesamt wirkt eine Kraft senkrecht zur Stromrichtung und zur Richtung des Magnetfelds (UVW-Regel).	Auf die Elektronen im Leiter wirkt eine Kraft in Richtung des Leiters (UVW-Regel). Es kommt zu einer Ladungsverschiebung und damit zu einer Spannung zwischen den Enden.
⟶ Bewegung eines Leiters (elektromotorisches Prinzip)	⟶ elektromagnetische Induktion (Generatorprinzip)
Es wird elektrische Energie in Bewegungsenergie umgewandelt. Anwendung: Elektromotor	Es wird Bewegungsenergie in elektrische Energie umgewandelt. Anwendung: Generator

Die Richtung des Induktionsstroms

Den durch eine Induktionsspannung hervorgerufenen Strom nennt man **Induktionsstrom.** Die Richtung des Induktionsstroms ist davon abhängig, in welcher Weise sich das von der Spule umfasste Magnetfeld ändert. Durch elektromagnetische Induktion entsteht elektrische Energie. Nach dem Gesetz von der Erhaltung der Energie kann diese nur durch Umwandlung anderer Energien, z. B. der Bewegungsenergie, entstehen. Diese Erkenntnis wird in der **lenzschen Regel** (lenzsches Gesetz) beschrieben.

> M Ein Induktionsstrom ist immer so gerichtet, dass er der Ursache seiner Entstehung entgegenwirkt.

Entdeckt wurde dieses Gesetz von dem deutschen Physiker HEINRICH FRIEDRICH EMIL LENZ (1804–1865), der in St. Petersburg wirkte.
Für einen bewegten Leiter im Magnetfeld lässt sich die Richtung des Induktionsstroms mit der UVW-Regel bestimmen (s. S. 34, Übersicht unten).

Befindet sich in einem Stromkreis eine Spule und wird der Stromkreis geschlossen, dann wird in der Spule selbst eine Spannung induziert. Der dadurch hervorgerufene Induktionsstrom wirkt seiner Ursache (beginnender Stromfluss durch die Spule) entgegen. Die Gesamtstromstärke durch die Spule erreicht dadurch erst allmählich ihren maximalen Wert. Das lässt sich auch experimentell nachweisen, z. B. mit einer Versuchsanordnung, wie sie auf S. 45 dargestellt ist. Ein analoger Effekt tritt auf, wenn in einem Stromkreis mit Spule der Stromfluss unterbrochen wird. Durch Verkleinerung der Stromstärke wird in der Spule eine Spannung induziert. Der dadurch hervorgerufene Strom ist seiner Ursache (Verkleinerung der Stromstärke) entgegengerichtet.

Wirbelströme

Spannungen werden nicht nur in Spulen induziert, sondern auch in anderen Leitern, wenn sich das von ihnen umfasste Magnetfeld ändert. Bringt man z. B. metallische Platten oder Stäbe in ein sich veränderndes Magnetfeld, so werden in diesen Körpern Spannungen induziert. Sie rufen Ströme hervor, die nach ihrer Form als **Wirbelströme** bezeichnet werden (Abb. 2).

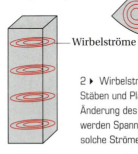
— Wirbelströme —

2 ▸ Wirbelströme in massiven Stäben und Platten: Durch eine Änderung des Magnetfeldes werden Spannungen induziert, die solche Ströme hervorrufen.

Diese Wirbelströme sind Induktionsströme. Sie sind demzufolge nach dem lenzschen Gesetz so gerichtet, dass sie der Ursache ihrer Entstehung entgegenwirken. Das wird z. B. bei Wirbelstrombremsen genutzt (Abb. 3). Durch die Bewegung einer Scheibe im Magnetfeld werden in ihr Wirbelströme erzeugt. Nach dem lenzschen Gesetz fließen diese so, dass die Bewegung der massiven Metallscheibe gehemmt wird.

3 ▸ Modell einer Wirbelstrombremse: Die schwingende Metallscheibe wird abgebremst.

Wirbelströme führen zur Erwärmung massiver Leiter. Weitgehend vermeiden kann man Wirbelströme, wenn man massive Teile, z. B. die Kerne von Transformatoren, aus dünnen und gegeneinander isolierten Blechen (Dynamoblechen) zusammensetzt.

Die Entdeckung der elektromagnetischen Induktion

1 ▸ MICHAEL FARADAY (1791–1867) entdeckte die elektromagnetische Induktion.

Durch die Entdeckungen von LUIGI GALVANI (1737–1798) und ALESSANDRO VOLTA (1745 bis 1827) konnten erstmals leistungsfähige elektrische Quellen entwickelt werden. Mit diesen elektrischen Quellen wurden ab dem Jahre 1800 viele Untersuchungen zu Wirkungen des elektrischen Stroms durchgeführt.

Zu dieser Zeit waren Vorstellungen von der Einheit der Naturkräfte in der Wissenschaft weit verbreitet. Auch zwischen Elektrizität und Magnetismus vermutete man Zusammenhänge, gab es doch auffällige Analogien zwischen elektrischen und magnetischen Erscheinungen, wie z. B. die Polarität oder die Anziehung und Abstoßung zwischen Polen bzw. elektrischen Ladungen.

Der dänische Physiker HANS CHRISTIAN OERSTED (1777–1851) war ein Anhänger der Auffassung vom Zusammenhang zwischen Elektrizität und Magnetismus. 1820 entdeckte er die magnetische Wirkung des elektrischen Stroms, also die Erzeugung von Magnetismus durch elektrischen Strom.

Die Entdeckung von OERSTED wurde von anderen Wissenschaftlern aufgegriffen und weiterentwickelt. So entdeckte ANDRÉ MARIE AMPÈRE (1775 bis 1836) die Kräfte zwischen stromdurchflossenen Leitern und schuf die Grundlagen für den Elektromotor und das Stromstärkemessgerät.

Auch der englische Naturforscher MICHAEL FARADAY (Abb. 1) baute die Experimente von OERSTED nach. OERSTEDS Entdeckung veranlasste FARADAY zur Umkehrung der Fragestellung, zur Suche nach der Erzeugung von elektrischem Strom durch Magnetismus. 1822 schrieb FARADAY in sein Tagebuch *„Verwandlung von Magnetismus in Elektrizität"* als Aufgabe. Zehn Jahre benötigte FARADAY, bis er 1831 die elektromagnetische Induktion entdeckte und das Induktionsgesetz formulierte.

Innerhalb von drei Monaten entwickelte FARADAY alle wichtigen Grundversuche zur elektromagnetischen Induktion und eine Urform eines Generators. Insbesondere fand er, dass die Ursache für die Entstehung einer Induktionsspannung in einer Spule die Änderung des von ihr umschlossenen Magnetfelds ist. Er entdeckte damit physikalische Zusammenhänge, die eine Grundlage der gesamten Elektrotechnik sind.

MICHAEL FARADAY leistete auch in anderen Bereichen der Physik Hervorragendes. So entwickelte er eine anschauliche Vorstellung von magnetischen Feldern mithilfe von Feldlinien. Er fand grundlegende Gesetze zum Stromfluss in leitenden Flüssigkeiten (faradaysche Gesetze) und prägte solche Begriffe wie Elektrode, Elektrolyt, Anode, Katode oder Ion.

FARADAY entwickelte auch Vorstellungen über das Wesen des Lichts, die sich erst lange Zeit nach seinem Tod als weitgehend zutreffend erwiesen.

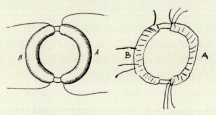

2 ▸ Versuchsgeräte FARADAYS: Zwei Spulen befinden sich auf einem eisernen Ring.

Der Wechselstromgenerator

Eine Anordnung, bei der sich eine Spule in einem Magnetfeld dreht, sodass an ihren Enden eine Spannung abgegriffen werden kann, nennt man **Generator** (Abb. 1, 2). In Kraftwerken werden mithilfe von riesigen Generatoren (Abb. 2) Wechselspannungen von bis zu 20 000 V und Wechselströme von bis zu 50 000 A erzeugt. Auch die Lichtmaschine eines Pkw oder der Dynamo eines Fahrrads sind kleine Wechselstromgeneratoren.

Ein **Wechselstromgenerator** dient zur Erzeugung von Wechselspannungen und Wechselströmen. Allen Wechselstromgeneratoren ist gemeinsam, dass in ihnen Bewegungsenergie einer Drehbewegung in elektrische Energie umgewandelt wird. Das Generatorprinzip ist damit die Umkehrung des elektromotorischen Prinzips (s. S. 34, Übersicht unten).

2 ▸ Teil eines Generators in einem Kraftwerk: Seine Abmessungen kann man anhand der Person abschätzen.

Die wesentlichen Teile eines Wechselstromgenerators sind der Stator und der Rotor (Abb. 1).

Der Stator kann ein Dauermagnet oder ein Elektromagnet sein. Er besitzt damit ein magnetisches Feld, das im Raum zwischen den beiden gezeichneten Magnetpolen vorhanden ist und damit auch die Leiterschleife durchsetzt.

Der Rotor ist eine Leiterschleife oder eine Spule, die über eine Welle angetrieben wird und die damit im Magnetfeld des Stators rotiert.

Durch die Rotation ändert sich das von der Leiterschleife bzw. Spule umfasste Magnetfeld. Nach dem Induktionsgesetz (s. S. 34) wird damit zwischen ihren Enden eine Spannung induziert.

Um die Vorgänge in einem Generator genauer zu erfassen, betrachten wir vereinfacht die Rotation einer einzelnen Leiterschleife in einem homogenen Magnetfeld (Abb. 3).

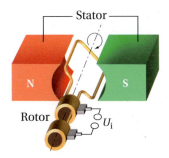

1 ▸ Aufbau eines einfachen Wechselstromgenerators aus Rotor (Leiterschleife mit Schleifringen) und Stator (Magnet)

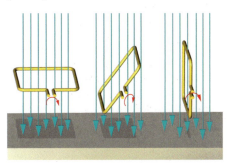

3 ▸ Änderung des Winkels zwischen der Ebene der Windung und dem Magnetfeld: Die Projektion zeigt die jeweils wirksame Fläche.

Die Änderung der Anzahl der Feldlinien, die durch die Fläche der Leiterschleife verlaufen, ist ein Maß für die Änderung des von der Leiterschleife umfassten Magnetfelds.

Befindet sich die Fläche der Leiterschleife senkrecht zu den Feldlinien (s. S. 37, Abb. 3 links und Abb. 1), so wird die gesamte Fläche von Feldlinien durchsetzt. Beim Drehen der Leiterschleife verändert sich der Anteil des Magnetfelds, der die Leiterschleife durchsetzt. Im Modell Feldlinienbild heißt das: Es verringert sich die Anzahl der Feldlinien, die durch diese Fläche hindurchtreten. Steht die Leiterschleife senkrecht, dann treten keine Feldlinien mehr durch die Fläche der Leiterschleife hindurch.

2 ▸ Modell eines Wechselstromgenerators

Ändert sich der Anteil des Magnetfelds, der die Leiterschleife durchsetzt, so entsteht nach dem Induktionsgesetz zwischen den Enden der Leiterschleife eine Induktionsspannung.

Der jeweilige Betrag hängt davon ab, wie schnell sich das von der Leiterschleife umfasste Magnetfeld ändert. Bei $t = 0$ oder $t = \frac{1}{2}T$ (Abb. 1) ändert sich bei kleiner Drehung der Leiterschleife das von ihr umfasste Magnetfeld nicht. Demzufolge ist $U_i = 0$.

Bei $t = \frac{1}{4}T$ oder $t = \frac{3}{4}T$ führt eine geringfügige Drehung der Leiterschleife zu einer erheblichen Änderung des von ihr umfassten Magnetfelds. U_i hat den maximalen Betrag. Nach einer vollständigen Umdrehung beginnt der Vorgang von Neuem. Es entsteht eine Spannung, die einen **sinusförmigen Verlauf** hat (Abb. 1).

> Bei der gleichförmigen Rotation einer Leiterschleife in einem homogenen Magnetfeld entsteht eine sinusförmige Wechselspannung.

Eine solche Wechselspannung wird auch in Kraftwerksgeneratoren erzeugt.
Die Netzspannung im Haushalt ist ebenfalls eine sinusförmige Wechselspannung. Auch ein Fahrraddynamo ist ein kleiner Wechselstromgenerator, in dem eine näherungsweise sinusförmige Spannung erzeugt wird.

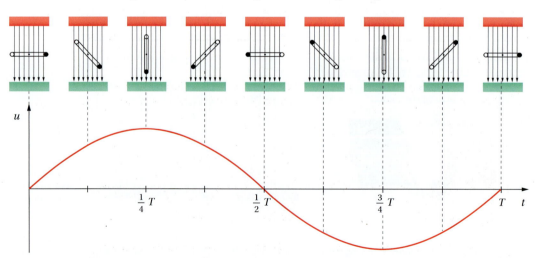

1 ▸ Induktion einer Wechselspannung: Die Spannung u wird über der Zeit abgetragen, wobei T die Zeit für eine vollständige Umdrehung ist. Die Kurve ist eine Sinusfunktion.

Gleichspannung und Wechselspannung, Gleichstrom und Wechselstrom

Batterien und Akkumulatoren liefern eine **Gleichspannung**. Sie ist dadurch charakterisiert, dass sich ihre Polarität nicht ändert und darüber hinaus die Spannung meist konstant ist (Abb. 1). Entsprechendes gilt für **Gleichstrom** (Abb. 3): Die Richtung des Stromflusses ändert sich nicht, die Stromstärke ist meist konstant. Die Spannung, die in Kraftwerken erzeugt wird und die wir im Haushalt nutzen, ist eine Wechselspannung, die einen Wechselstrom bewirkt.

Bei dieser **Wechselspannung** (Abb. 2) bzw. dem **Wechselstrom** (Abb. 4) ändern sich der Betrag und die Polung von Spannung und Stromstärke zeitlich periodisch. Das kann man z. B. auch an einem Zeigerinstrument beobachten, wenn man eine Leiterschleife gleichmäßig in einem Magnetfeld gleicher Stärke dreht.

Der Kurvenverlauf von Netzwechselspannung und -wechselstromstärke ist sinusförmig. Messinstrumente zeigen nicht die **Maximalwerte** u_{max} bzw. i_{max} an, sondern die **Effektivwerte** U bzw. I (Abb. 2, 4). Für Netzspannung beträgt bei uns der Effektivwert 230 V, der Maximalwert dagegen 325 V.

> Der Effektivwert von Wechselspannung oder Wechselstromstärke ist derjenige Wert, der dieselben Wirkungen wie eine Gleichspannung oder Gleichstromstärke desselben Betrags hervorrufen würde.

Das bedeutet: Eine Netzwechselspannung von 230 V ruft die gleiche Wirkung wie eine Gleichspannung von 230 V hervor. Es ist deshalb üblich, bei Wechselspannungen bzw. -stromstärken stets die von Messgeräten angezeigten Effektivwerte anzugeben. Zwischen den Maximal- und Effektivwerten von sinusförmigem Wechselstrom gibt es einfache mathematische Zusammenhänge. Es gilt:

$$U = \frac{u_{max}}{\sqrt{2}} \approx 0{,}7 \cdot u_{max} \quad \text{bzw.} \quad u_{max} = \sqrt{2} \cdot U$$

$$I = \frac{i_{max}}{\sqrt{2}} \approx 0{,}7 \cdot i_{max} \quad \text{bzw.} \quad i_{max} = \sqrt{2} \cdot I$$

Diese Zusammenhänge gelten nur für sinusförmigen Wechselstrom. Es gibt auch Wechselspannungen und Wechselströme, die nicht sinusförmig verlaufen.

1 ▸ Gleichspannung: Die Polarität bleibt gleich, der Betrag der Spannung ist meist konstant.

3 ▸ Gleichstrom: Der Strom fließt immer in einer Richtung, Betrag der Stromstärke ist konstant.

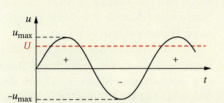

2 ▸ Sinusförmige Wechselspannung: Polarität und Betrag ändern sich periodisch.

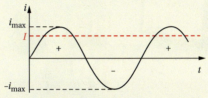

4 ▸ Sinusförmiger Wechselstrom: Polarität und Betrag ändern sich periodisch.

Der Transformator

Der Begriff ist abgeleitet vom lateinischen „transformare" (umformen).

Ein **Transformator** oder Umformer dient der Umwandlung von elektrischen Spannungen und Stromstärken. Kleine Spannungen können in größere Spannungen umgeformt werden und umgekehrt. Entsprechend kann man kleine oder große Stromstärken erhalten. Dabei wird die elektromagnetische Induktion genutzt.

3 ▸ Eisenkern eines Transformators, aus Dynamoblechen zusammengesetzt

Ein Transformator besteht aus zwei Spulen, die sich auf einem geschlossenen Eisenkern befinden (Abb. 1). Diese beiden Spulen sind miteinander nicht elektrisch leitend verbunden. Sie haben in der Regel verschiedene Windungszahlen. Der geschlossene Eisenkern besteht aus Dynamoblechen (Abb. 3). Das sind dünne, gegeneinander isolierte Bleche. Durch sie wird die Ausbildung von Wirbelströmen (s. S. 35) im Eisenkern verhindert. Damit sind die Energieverluste gering.

Schaltzeichen für einen Transformator:

An die eine Spule, die **Primärspule,** wird eine elektrische Wechselspannung angelegt, die in der Spule ein ständig wechselndes Magnetfeld erzeugt. Über den geschlossenen Eisenkern wird das magnetische Wechselfeld in die andere Spule, die **Sekundärspule,** übertragen. Die Sekundärspule umfasst also ein sich ständig änderndes Magnetfeld. Nach dem Induktionsgesetz wird deshalb in der Sekundärspule eine Wechselspannung induziert (Abb. 2).

Der Stromkreis, in dem sich die Primärspule mit der Windungszahl N_1 befindet, heißt **Primärstromkreis.** In ihm fließt ein Strom der Primärstromstärke I_1. Die Spannung an der Primärspule ist die Primärspannung U_1. Im **Sekundärstromkreis** wird in der Sekundärspule mit der Windungszahl N_2 die Sekundärspannung U_2 induziert.

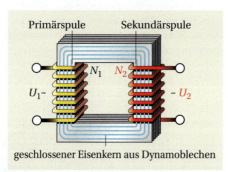

1 ▸ Aufbau eines Transformators

Wird an die Sekundärspule kein Gerät angeschlossen oder ist der Stromkreis nicht geschlossen, so fließt auch kein Sekundärstrom. Der Transformator befindet sich im **Leerlauf.** Da kein Strom fließt, wird der Transformator nicht belastet. Man spricht deshalb von einem **unbelasteten Transformator.**

Wird ein Verbraucher in den Sekundärstromkreis geschaltet, so fließt ein Strom der Sekundärstromstärke I_2. Durch den Sekundärstrom wird der Transformator belastet (Abb. 1, S. 41). Man nennt ihn deshalb **belasteten Transformator.**

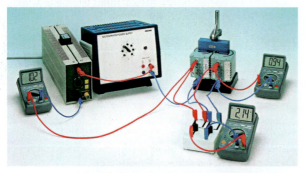

2 ▸ Mit einem Transformator kann der Wert einer Wechselspannung verändert werden.

Je größer die Sekundärstromstärke ist, desto größer ist auch die Belastung des

Transformators. Am größten ist sie, wenn beide Enden der Sekundärspule miteinander verbunden werden, also ein **Kurzschluss** vorliegt.

Wie sich die Werte von Wechselspannungen und Wechselstromstärken bei einem Transformator ändern, hängt von den Windungszahlen der Primär- und Sekundärspule ab. Im Idealfall nimmt man an, dass die gesamte elektrische Energie des Primärkreises in elektrische Energie des Sekundärkreises umgewandelt wird. Ein solcher **idealer Transformator** ist ein Modell. Für einen unbelasteten, idealen Transformator gilt das **Gesetz für die Spannungsübersetzung**.

Die Spannungen verhalten sich wie die Windungszahlen zueinander.
$$\frac{U_1}{U_2} = \frac{N_1}{N_2}$$

Für einen belasteten, idealen Transformator (Abb. 1) gilt das **Gesetz für die Stromstärkeübersetzung**.

Die Stromstärken verhalten sich umgekehrt wie die Windungszahlen zueinander.
$$\frac{I_1}{I_2} = \frac{N_2}{N_1}$$

Erreicht werden heute Wirkungsgrade bis zu 99 %. Für den Wirkungsgrad gilt:

$$\eta = \frac{P_2}{P_1} \quad \text{oder} \quad \eta = \frac{U_2 \cdot I_2}{U_1 \cdot I_1}$$

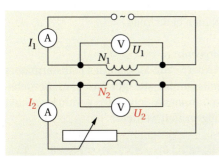

1 ▶ Schaltung eines belasteten Transformators: Im Sekundärstromkreis befindet sich ein Verbraucher.

Das Mikrofon

Um Sprache und Musik aufzunehmen und über Lautsprecher verstärkt wiederzugeben, benutzt man Mikrofone. Auch für die Aufzeichnung von Sprache und Musik auf Tonbandgeräten oder für das Telefonieren benötigt man Mikrofone.
Wie ist ein Mikrofon aufgebaut und wie funktioniert es?

Ein Mikrofon dient der Umwandlung von Schall (z. B. Sprache, Musik) in elektrische Spannungsschwankungen, die verstärkt oder aufgezeichnet werden können. Dabei wird die elektromagnetische Induktion genutzt.

Die wesentlichen Teile eines Mikrofons sind die Membran, die Spule und ein Dauermagnet (Abb. unten).
Die Membran ist an Federn leicht beweglich aufgehängt. Gleichzeitig ist die Membran mit einer leicht beweglichen Spule verbunden, die im magnetischen Feld eines Dauermagneten hin- und herschwingen kann.
Schall trifft auf die Membran und lässt diese im Takt der Sprache und der Musik schwingen. Dadurch schwingt auch die Spule im Feld des Dauermagneten in diesem Takt. Das von der Spule umfasste Magnetfeld ändert sich dabei im Takt der Sprache und der Musik.

Nach dem Induktionsgesetz wird damit in der Spule eine Spannung induziert, die sich in diesem Takt ändert. Die induzierte Wechselspannung kann zu einem elektrischen Verstärker weitergeleitet werden.
Mikrofone, die nach dem beschriebenen Prinzip funktionieren, nennt man **dynamische Mikrofone**. Sie sind die gebräuchlichste Bauart.

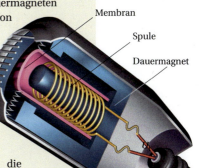

Physik in Natur und Technik

Ein universelles Netzgerät

Verschiedene elektrische Geräte, wie Kassettenrecorder, CD-Player oder Radios, haben unterschiedliche Betriebsspannungen. Um diese trotzdem mit einem Netzgerät an eine 230-V-Steckdose anschließen zu können, gibt es Universalnetzgeräte (Abb. 1).
Ein solches Netzgerät hat eine Primärspule mit 5000 Windungen. Die Sekundärspule hat mehrere Abgriffe nach unterschiedlichen Windungszahlen.
Mit einem solchen Netzgerät kann man wahlweise 3 V; 4,5 V; 6 V; 7,5 V; 9 V und 12 V Betriebsspannung erhalten.
Berechne die Anzahl der Windungen der Sekundärspule für die verschiedenen Sekundärspannungen des Universalnetzgeräts!

Um verschiedene Betriebsspannungen zu erhalten, müssen vom Abgriff 1 aus verschiedene Windungszahlen durch einen Schalter eingestellt werden.
Die jeweilige Windungszahl N_2 kann man nach dem Gesetz für die Spannungsübersetzung am unbelasteten Transformator berechnen, da die gewünschten Betriebsspannungen Leerlaufspannungen sind.

Gesucht: N_2 für verschiedene U_2
Gegeben: $U_1 = 230$ V
$N_1 = 5000$
$U_2 = 3$ V (4,5 V; 6 V; 7,5 V; 9 V; 12 V)

Analyse:
Der Transformator des Netzgeräts hat eine Sekundärspule mit mehreren Abgriffen (s. Skizze).

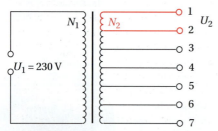

Lösung:
Für einen unbelasteten idealen Transformator gilt das Gesetz für die Spannungsübersetzung:

$$\frac{U_1}{U_2} = \frac{N_1}{N_2} \qquad |\cdot N_2 \quad |\cdot \frac{U_2}{U_1}$$

$$N_2 = \frac{N_1 \cdot U_2}{U_1}$$

$$N_2 = \frac{5000 \cdot 3\,\text{V}}{230\,\text{V}}$$

$$\underline{N_2 = 65}$$

Analog kann man die anderen Windungszahlen berechnen.

Ergebnis:
An der Sekundärspule des Transformators müssen für die gewünschten Betriebsspannungen folgende Windungszahlen abgegriffen werden:

U_2 in V	3	4,5	6	7,5	9	12
N_2	65	98	130	163	196	261

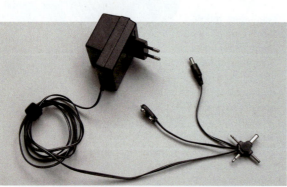

1 ▶ Universalnetzgerät für Spannungen bis 12 V

Stromverbundnetze

Um eine stabile Versorgung von Haushalten und Wirtschaft mit elektrischer Energie zu sichern, sind die Kraftwerke und die Verbraucher in großen Stromverbundsystemen in Europa miteinander verbunden (Abb. 1).

Durch diesen europaweiten Stromverbund können unterschiedliche Spitzenbelastungszeiten in verschiedenen Ländern bei einem gleich bleibenden Betrieb der Kraftwerke ausgeglichen und alle Verbraucher stabil mit elektrischer Energie versorgt werden.

Kraftwerksgeneratoren liefern sehr hohe Spannungen von ca. 20 kV. Wenn man die vom Generator gelieferte 20-kV-Spannung direkt in das Netz einspeisen würde, dann würden durch die Leitungen allerdings Ströme mit einer Stärke von ca. 50 000 A fließen. Selbst auf mehrere Leitungen verteilt, würden sich diese stark erwärmen. Durch die Erwärmung und Wärmeabgabe an die Umgebung würde wertvolle elektrische Energie verloren gehen.

2 ▸ Hochspannungsleitung (380 kV)

Um die Energieverluste durch Wärmeabgabe zu verringern, überträgt man die elektrische Leistung bei einer noch höheren Spannung bis 380 kV (Abb. 2) und einer geringeren Stromstärke von etwa 2 500 A. Das erfolgt mit Hochspannungsleitungen (Abb. 2). Es gibt auch Hochspannungsleitungen mit Spannungen von 220 kV und mit 110 kV. In der Nähe der Verbraucher wird die Hochspannung in Umspannwerken auf 20 kV umgewandelt.

In Transformatorenstationen in der Nähe von Wohnhäusern wird diese Spannung auf 230 V bzw. 400 V umgewandelt und an die Haushalte und andere Verbraucher verteilt.

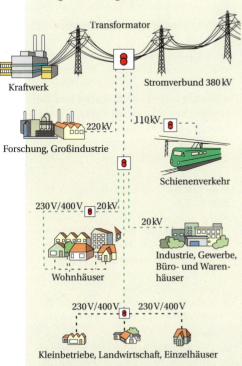

1 ▸ Aufbau eines Stromverbundnetzes

3 ▸ Hochspannungstransformator im Kraftwerk

Gleich- oder Wechselspannung?

Aus Glühlampen sowie aus Spulen mit Eisenkern sind zwei gleiche Stromkreise aufgebaut (Abb. 1). Ein Stromkreis wird mit Gleichspannung betrieben, der andere mit gleich großer Wechselspannung. In einem Stromkreis leuchtet die Glühlampe, in dem anderen nicht.
Welcher Stromkreis wird mit Gleichspannung und welcher mit Wechselspannung betrieben?
Erkläre die beobachteten Erscheinungen!

Der Stromkreis oben, in dem die Glühlampe leuchtet, wird mit Gleichspannung betrieben, der Stromkreis unten mit Wechselspannung.
In einem Gleichstromkreis besitzt eine Spule einen elektrischen Widerstand, der sich nach dem Widerstandsgesetz aus der Länge des aufgewickelten Drahtes, seiner Querschnittsfläche und dem Material ergibt. Dieser elektrische Widerstand behindert den Stromfluss. Er lässt aber noch eine Stromstärke zu, bei der die Glühlampe leuchtet.
  In einem Wechselstromkreis wird der Stromfluss ebenfalls durch den elektrischen Widerstand des Spulendrahtes behindert. Zusätzlich wirkt aber in diesem Falle noch die elektromagnetische Induktion. Durch den Stromfluss wird um die Spule ein Magnetfeld erzeugt, das auch die Spule selbst durchsetzt. Bei Wechselspannung ändern sich ständig Richtung und Stärke dieses Magnetfelds. Dadurch wird nach dem Induktionsgesetz in der Spule ständig eine Wechselspannung induziert, die einen Wechselstrom antreibt. Nach dem lenzschen Gesetz ist dieser Induktionsstrom stets so gerichtet, dass er der Ursache für seine Entstehung, also dem ursprünglichen Wechselstrom, entgegenwirkt. Der Strom im Wechselstromkreis wird zusätzlich behindert. Die Stromstärke sinkt insgesamt so stark, dass die Glühlampe nicht mehr leuchtet.

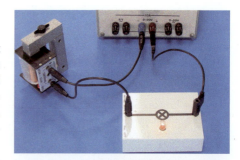

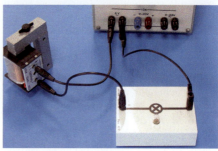

1 ▸ Zwei gleiche Stromkreise mit unterschiedlichen Wirkungen

Methoden

Erklären physikalischer Erscheinungen

Beim Erklären wird zusammenhängend und geordnet dargestellt, warum eine Erscheinung in Natur und Technik so und nicht anders auftritt. Dabei wird die einzelne Erscheinung auf das Wirken von Gesetzen zurückgeführt.
Auch Modelle können zum Erklären herangezogen werden.

Beim Erklären sollte man deshalb so vorgehen:

1. Beschreibe die für das Wirken von Gesetzen oder das Anwenden von Modellen wesentlichen Seiten in der Erscheinung! Lasse unwesentliche Seiten unberücksichtigt!
2. Nenne Gesetze oder Modelle, mit denen die Erscheinung erklärt werden kann!
3. Führe die Erscheinung auf das Wirken physikalischer Gesetze bzw. auf das Anwenden von Modellen zurück!

Eine Lampe mit Spätzündung

Ein elektrischer Stromkreis ist nach dem abgebildeten Schaltplan (Abb. 1) aufgebaut. Der Schalter ist zunächst geöffnet.
Sage voraus, was passiert, wenn der Schalter geschlossen wird!
Prüfe deine Voraussage experimentell nach!

Es liegt ein verzweigter Stromkreis mit zwei gleichartigen Glühlampen vor. Abb. 2 zeigt den Aufbau des Experiments. Die Anordnung der Bauteile entspricht der im Schaltplan (Abb. 1).

In einem Zweig befindet sich die Glühlampe L_1 mit einem technischen Widerstand in Reihe. Im anderen Zweig befindet sich die Glühlampe L_2 mit einer Spule mit Eisenkern in Reihe.

Nach Schließen des Schalters liegt an beiden Zweigen des Stromkreises dieselbe Gleichspannung und treibt einen Strom an. Die Stromstärke im Zweig mit L_1 steigt sehr schnell an. Die Lampe L_1 leuchtet sofort auf. Die Stromstärke wird durch den elektrischen Widerstand der Lampe L_1 und den des technischen Widerstandes in diesem Zweig begrenzt.

Im anderen Zweig steigt nach Schließen des Schalters ebenfalls die Stromstärke an. Durch den Stromfluss wird um die Spule ein Magnetfeld aufgebaut. Durch den Anstieg der Stromstärke ändert sich das von der Spule umfasste Magnetfeld und induziert nach dem Induktionsgesetz in der Spule selbst eine Spannung und einen Strom. Nach dem lenzschen Gesetz

2 ▶ Experimentieraufbau zur Untersuchung des Verhaltens von Glühlampen in verschiedenen Teilstromkreisen

ist dieser Induktionsstrom so gerichtet, dass das Ansteigen der Stromstärke gehemmt wird.

Die Lampe L_2 leuchtet dadurch nicht sofort auf, sondern etwas später als die Lampe L_1. Diese Voraussage kann man experimentell mit dem in Abb. 2 dargestellten Aufbau prüfen.

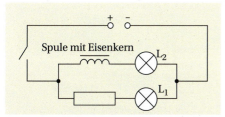

1 ▶ Schaltplan für das Experiment: Verwendet werden zwei gleichartige Glühlampen.

Methoden

Voraussagen physikalischer Erscheinungen

Beim Voraussagen wird auf der Grundlage von Gesetzen und Modellen eine Folgerung in Bezug auf eine Erscheinung in Natur und Technik abgeleitet und zusammenhängend dargestellt.
Dabei muss von den Wirkungsbedingungen der Gesetze bzw. den Grenzen der Modelle ausgegangen werden.

Beim Voraussagen sollte man deshalb so vorgehen:

1. Beschreibe die für das Wirken von Gesetzen oder Anwenden von Modellen wesentlichen Seiten in der Erscheinung! Lasse unwesentliche Seiten unberücksichtigt!
2. Nenne Gesetze oder Modelle, die der Erscheinung zugrunde liegen, weil deren Wirkungsbedingungen vorliegen!
3. Leite Folgerungen für die Erscheinung ab!

Magnetspeicher

Um Ton- und Bildinformationen zu speichern, müssen diese als Signale auf ein entsprechendes Speichermedium geprägt werden, von dem sie auch wieder abgerufen werden können. Weit verbreitet sind Magnetspeicher.
Zu solchen Speichern gehören **Magnetbänder** für Diktiergeräte, Videorecorder und Camcorder sowie **Magnetplatten** bei Disketten und Festplatten von Computern.

Zum Speichern wird das Magnetband oder die Magnetplatte an einer Spule, dem Aufnahme- oder Schreibkopf, vorbeigeführt (Abb. 1). Durch das Magnetfeld dieser Spule, das sich entsprechend den Signalen ändert, erfolgt eine Ausrichtung der Elementarmagnete und damit eine Magnetisierung. Das Abbild des Signals ist in der Ausrichtung der Elementarmagnete gespeichert. Durch starke Magnetfelder kann sich diese Ausrichtung ändern. Deshalb gilt für alle Arten solcher Magnetspeicher:

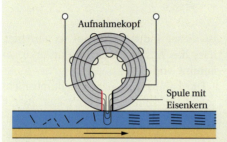

1 ▸ Aufnahme bei einem Magnetband

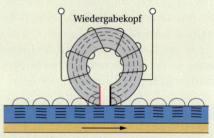

3 ▸ Wiedergabe bei einem Magnetband

Analoge Signale sind durch die kontinuierliche Änderung einer Größe gekennzeichnet (z. B. Spannungsschwankungen).

Digitale Signale sind durch zwei Zustände charakterisiert (1 oder 0, L oder O, ein oder aus).

Auf Magnetbändern können analoge oder digitale Signale gespeichert werden. Auf Disketten und Festplatten speichert man digitale Signale, weil nur diese von Computern verarbeitet werden können. Die Festplatte eines Computers besteht meist aus mehreren übereinander angeordneten Magnetplatten.

2 ▸ Das Speichermedium einer Festplatte ist eine Magnetplatte.

Das Grundprinzip der magnetischen Speicherung ist überall gleich: Auf eine Trägerschicht ist eine sehr dünne, magnetisierbare Schicht aufgebracht, die häufig aus Cobalt und Nickel besteht. Die Elementarmagnete dieser Schicht sind zunächst ungeordnet.

Magnetspeicher dürfen keinen starken Magnetfeldern ausgesetzt werden.
Beim Auslesen des Signals wird das magnetisierte Band am Wiedergabe- oder Lesekopf vorbeigeführt (Abb. 3), wobei durch die sich ändernden Magnetfelder in der Spule eine Spannung hervorgerufen wird, die ein Abbild der gespeicherten Informationen ist.
Bei **Videobändern** wendet man wegen der großen Datenmengen folgenden Trick an: Aufnahme- und Wiedergabeköpfe sind auf einer Trommel befestigt, die mit 1500 Umdrehungen je Minute rotiert. Die Daten werden in Schrägspuren nebeneinander auf dem Videoband gespeichert (Abb. 4).

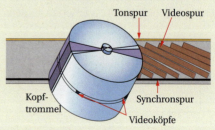

4 ▸ Bei Videobändern wendet man das Schrägspurverfahren an.

Methoden

Das Experiment – eine Frage an die Natur

Das Vorbereiten, Durchführen und Auswerten von Experimenten gehört zu den grundlegenden Arbeitsweisen des Physikers. Mithilfe von Experimenten kann man Zusammenhänge erkennen und genauer erfassen. Es lassen sich Naturerscheinungen exakt untersuchen und Größen bestimmen, Gesetze erkennen oder bestätigen.

> So kann man z. B. den Zusammenhang zwischen den Windungszahlen und den Spannungen an einem Transformator untersuchen.

Am Anfang steht eine Frage oder eine Aufgabe, die experimentell zu lösen ist. Ist die Aufgabenstellung klar, dann laufen Experimente im Wesentlichen in drei Etappen ab: Vorbereitung, Durchführung und Auswertung.

Beim **Vorbereiten eines Experiments** ist zu überlegen,
- welche Größen zu messen sind und wie sie gemessen werden können,
- welche Messfehler auftreten können und wie man sie klein halten kann,
- was verändert wird und welche Größen konstant gehalten werden müssen,
- welche Geräte und Hilfsmittel erforderlich sind,
- wie die Experimentieranordnung gestaltet werden muss,
- wie die gewonnenen Messwerte ausgewertet werden sollen.

> Will man den Zusammenhang zwischen Windungszahlen und Spannungen untersuchen, dann muss der Transformator unbelastet sein. Für die Messgeräte muss ein zweckmäßiger Messbereich ausgewählt werden, der während der Messungen nicht verändert wird.

Beim **Durchführen eines Experiments** wird die Experimentieranordnung aufgebaut und die Messung durchgeführt. Beachte dabei die Regeln für sicheres Experimentieren!

Dabei gilt:
- Mit Geräten und Hilfsmitteln ist sorgfältig umzugehen, um Schäden zu vermeiden.
- Es sind alle Sicherheitsvorschriften einzuhalten, damit nicht fahrlässig die eigene Gesundheit oder die Gesundheit anderer gefährdet wird.
- Das Experiment muss wiederholbar sein, d. h. es muss klar sein, welche Größen bzw. Bedingungen verändert und welche konstant gehalten werden.
- Alle Beobachtungen und Messwerte werden protokolliert.

Beim **Auswerten eines Experiments** werden Vergleiche durchgeführt, Diagramme angefertigt und Berechnungen vorgenommen. Es wird ein Ergebnis formuliert. Bestandteil der Auswertung vieler Experimente sind Fehlerbetrachtungen zur Abschätzung der Genauigkeit der Messungen.
Alle wichtigen Angaben zu einem Experiment und die Ergebnisse einschließlich der Auswertung werden in einem **Versuchsprotokoll** erfasst. Es sollte enthalten:
1. Aufgabe
2. Vorbereitung (Geräte, Hilfsmittel, Versuchsaufbau, Messwertetabelle)
3. Durchführung
4. Auswertung

Achtung! Der Umgang mit elektrischem Strom ist mit Gefahren verbunden. Experimentiere niemals mit elektrischen Quellen, die eine Spannung von mehr als 25 V besitzen! Baue elektrische Schaltungen nur bei ausgeschalteter elektrischer Quelle auf.

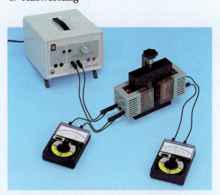

1 ▶ Jedes Experiment muss wiederholbar und damit seine Ergebnisse überprüfbar sein. Deshalb müssen die gemessenen und die konstant gehaltenen Größen protokolliert werden.

Experimente

Elektromagnetische Induktion

Experiment 1
Untersuche, unter welchen Bedingungen an den Enden einer Spule mithilfe eines Dauermagneten eine Spannung induziert wird!

Durchführung:
a) Verbinde eine Spule mit einem Spannungsmesser (Messbereich 1 V, Zeiger in Mittellage)!
b) Bewege den Dauermagneten in unterschiedlicher Weise (s. Abb.)!

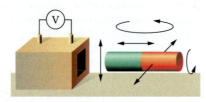

Auswertung:
Bei welchen Bewegungen zwischen Spule und Magnet entsteht eine Induktionsspannung, bei welchen nicht? Erkläre!

Experiment 2
Untersuche die Abhängigkeit des Wirkungsgrads eines Transformators von seiner Belastung (der Sekundärstromstärke)!

Durchführung:
a) Baue einen Transformator zusammen! **Beachte:** Die geschliffene Seite des Jochs muss auf dem U-Kern liegen!
b) Baue die Schaltung auf (Abb. 1)! Wähle als Spulenkombinationen 2 Spulen mit 250 Windungen (U_1 max. 3 V) oder zwei Spulen mit 500 Windungen (U_1 max. 4 V)!

c) Stelle mit dem regelbaren Widerstand die größte Sekundärstromstärke ein, um den günstigsten Messbereich für den Stromstärkemesser zu finden! Stelle dann die kleinste Stromstärke ein, um den günstigsten Messbereich für den Spannungsmesser zu finden!
Beachte: Die eingestellten Messbereiche sollten für die gesamte Messreihe beibehalten werden!
d) Miss für 8 verschiedene Werte von I_2 jeweils U_1, I_1 und U_2! Die Werte für I_2 sollten gleichmäßig über den gesamten Einstellbereich verteilt sein!

Auswertung:
a) Berechne zu jeder Stromstärke I_2 den Wirkungsgrad des Transformators!
b) Stelle die Abhängigkeit des Wirkungsgrads von der Sekundärstromstärke in einem Diagramm dar! Interpretiere dieses Diagramm!

Experiment 3
Die Abbildung 2 zeigt das Modell einer Fernübertragung für elektrische Energie.
Probiere die Funktionstüchtigkeit des Modells aus!

Vorbereitung:
Erläutere anhand der Abb. das Prinzip der Fernübertragung von elektrischer Energie!

Durchführung:
Baue das Experiment nach Abb. 2 auf!

Auswertung:
Kommentiere die Funktionstüchtigkeit des Modells!

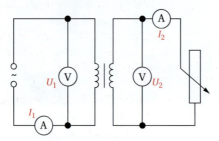

1 ▶ Schaltplan zur Bestimmung des Wirkungsgrads eines Transformators

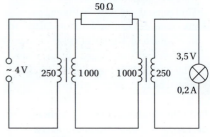

2 ▶ Modell einer Fernübertragungsanlage für elektrische Energie

Aufgaben

1. In einem Magnetfeld wird eine Spule bewegt (s. Abb.).

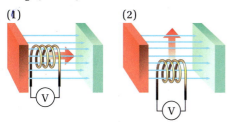

a) Was kann aus den Feldlinienbildern über die Stärke des Magnetfelds zwischen den Polen abgeleitet werden?
b) Gib an, ob im Fall 1 bzw. 2 in der Spule eine Spannung induziert wird! Begründe deine Antwort!
c) Gib eine weitere Variante an, bei der keine Spannung induziert wird!

2. Eine Spule wird neben einen Elektromagneten gestellt. Gib für jeden der folgenden Fälle an, ob in der Spule eine Spannung induziert wird! Begründe!
a) Der Elektromagnet wird eingeschaltet.
b) Im Elektromagneten fließt ein Gleichstrom.
c) Im Elektromagneten fließt ein Wechselstrom.
d) Der Elektromagnet wird ausgeschaltet.

3. In der Abbildung ist eine Experimentieranordnung dargestellt, mit der in der fest stehenden Spule 2 eine Spannung induziert werden soll.

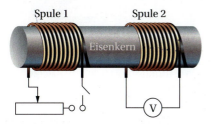

a) Beschreibe mehrere experimentelle Möglichkeiten, wie mit dieser Anordnung in der Spule 2 eine Spannung induziert werden kann! Begründe deine Vorschläge!
b) Durch welche experimentellen Maßnahmen kann die in der Spule 2 induzierte Spannung vergrößert werden? Begründe!

4. Entsprechend der Abbildung in Aufgabe 3 werden Experimentieranordnungen aufgebaut. Entscheide für jeden der folgenden Fälle, ob mit Experiment I oder II bei sonst gleichem Aufbau des Experiments eine größere Spannung induziert wird! Begründe deine Entscheidung!

	Experiment I	Experiment II
a)	Spule 2 hat 750 Windungen	Spule 2 hat 1 000 Windungen
b)	Stromstärke in Spule 1 ändert sich in 1 s von 0 A auf 2 A	Stromstärke in Spule 1 ändert sich in 2 s von 0 A auf 2 A
c)	Stromstärke in Spule 1 ändert sich in 1 s von 0 A auf 1 A	Stromstärke in Spule 1 ändert sich in 1 s von 0 A auf 3 A
d)	Spule 2 hat 60 cm² Querschnittsfläche	Spule 2 hat 40 cm² Querschnittsfläche

*5. In Wechselstromkreisen werden Spulen häufig auch als zusätzliche Widerstände genutzt, um den Stromfluss zu drosseln. Man nennt sie deshalb „Drosselspulen" oder „Drosseln".
Erkläre, wie durch eine Drossel der Strom in einem Wechselstromkreis begrenzt werden kann!

6. Beschreibe die Energieumwandlungen in einem
a) Elektromotor,
b) Wechselstromgenerator,
c) Transformator!

7. Bei Induktionsherden wird die elektromagnetische Induktion ausgenutzt. Unter der Kochfläche befindet sich eine Spule, die von Wechselstrom durchflossen wird.
   a) Erkläre die Wirkungsweise eines solchen Induktionsherds!
   b) Warum können auf Induktionsherden nur Metalltöpfe genutzt werden?
   c) Welche Vorteile bzw. Nachteile haben Induktionsherde gegenüber herkömmlichen Herden?

Glaskeramik — Topfboden
Spule — Magnetfeld

8. Mithilfe einer in einer Straße verlegten Induktionsschleife (s. Abb. unten) kann der Straßenverkehr überwacht und gesteuert werden. Es können einzelne Fahrzeuge oder die Anzahl der Fahrzeuge in einer bestimmten Zeit registriert werden.
   *a) Erkläre, wie mit einer Induktionsschleife Fahrzeuge registriert werden können!
   b) Erkunde, wo Induktionsschleifen genutzt werden!
   c) Mithilfe von zwei Induktionsschleifen kann man die Geschwindigkeit eines Fahrzeugs messen. Erläutere das Messverfahren!

   d) Die Entfernung zwischen zwei Induktionsschleifen beträgt 50 m. Wie groß ist die Zeit zwischen den Spannungsimpulsen, wenn ein Fahrzeug mit einer Geschwindigkeit von 100 km/h darüberfährt?

9. Bei Schienenfahrzeugen mit einem Elektromotor als Antrieb, z. B. Straßenbahnen oder U-Bahnen, kann zum Bremsen der Motor umgeschaltet und als Generator betrieben werden. Er gibt dann elektrische Energie an das Netz ab.
   a) Warum kann man mit einer solchen Umschaltung das Fahrzeug bremsen?
   b) Man nennt eine solche Bremsung auch „Nutzbremsung". Warum?

*10. Für spezielle Anwendungen müssen Werkstücke aus Metall sehr hart sein. Dazu werden sie zum Glühen gebracht und anschließend in Wasser oder Öl abgekühlt. Um sie zum Glühen zu bringen, stellt man sie in eine Spule (s. Abb.) und nutzt die elektromagnetische Induktion aus.

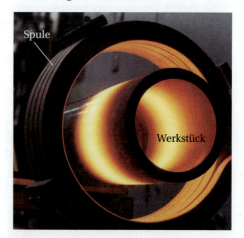

Spule — Werkstück

Wie funktionieren solche Anlagen zum Induktionshärten?

11. Transformatoren haben heute einen Wirkungsgrad, der zwischen 95 % und 99 % liegt. Was bedeutet diese Angabe?

12. Eine elektrische Klingel, die eine Betriebsspannung von 8 V benötigt, wird über einen Transformator an die Netzspannung angeschlossen. Die Primärspule hat 5 500 Windungen.
 a) Wie viele Windungen muss die Sekundärspule haben?
 b) Beim Klingeln fließt ein Sekundärstrom von 0,6 A. Wie groß ist in diesem Fall die Primärstromstärke?

13. Für eine elektrische Modelleisenbahn wird eine Spannung von bis zu 12 V benötigt. Gib einige Kombinationen von Spulen an, mit denen diese Spannung durch einen Transformator aus der Netzspannung gewonnen werden kann!

*__14.__ Bei einem Tonbandgerät wird ein leicht magnetisierbares Band vor einem Tonkopf bewegt. Der Tonkopf ist eine Spule mit einem Eisenkern (s. Abb.). Erkläre die Wirkungsweise der Tonaufzeichnung und der Tonwiedergabe bei einem Tonbandgerät!

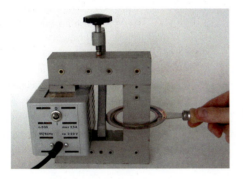
Tonkopf

15. Der abgebildete Transformator ist sekundärseitig (rechts) durch eine Windung (Schmelztiegel) kurzgeschlossen. Erkläre die Funktionsweise eines solchen Schmelztiegels!

16. Mit einem Transformator kann man entweder hohe Spannungen (Hochspannungstransformator) oder hohe Stromstärken (Hochstromtransformator) erzeugen.
 a) Wie müssen Transformatoren gebaut sein, damit sie eine hohe Spannung bzw. eine große Stromstärke liefern?
 b) Warum kann man nicht gleichzeitig eine hohe Spannung und eine große Stromstärke erhalten?
 c) Nenne Beispiele für die Anwendung von Hochspannungs- bzw. Hochstromtransformatoren!

17. Generatoren in einem Kraftwerk liefern eine Spannung von 20 kV. Für die Fernleitung muss diese Spannung auf 380 kV hochtransformiert werden. Gib an, in welchem Verhältnis die Windungszahlen des entsprechenden Hochspannungstransformators stehen müssen!
Wie verändert sich aufgrund der Transformation die Stromstärke?

18. Ein Transformator hat einen Wirkungsgrad von 98 %. Wie groß ist die Primärstromstärke, wenn die Primärspannung 220 kV beträgt und auf der Sekundärseite eine Leistung von 15 MW entnommen wird?

19. Erkunde, warum die Eisenkerne von Transformatoren aus dünnen, gegeneinander isolierten Blechen, sogenannten Dynamoblechen, hergestellt werden!

*20. Um in Pkw-Motoren das Kraftstoff-Luft-Gemisch zu zünden, benutzt man Zündkerzen, an denen bei einer Spannung von etwa 15 000 V ein Funke zwischen zwei Elektroden überspringt. Die Lichtmaschine des Pkw liefert aber nur 12 V. Deshalb schaltet man die Zündkerze in einen Stromkreis mit einer Zündspule und einem Unterbrecher.
 a) Skizziere die Anordnung!
 b) Wie kann mit einer solchen Schaltung die für die Zündung erforderliche Spannung erzeugt werden?

21. Beim elektrischen Schweißen wird mit einem Strom von 100 A in einem Lichtbogen eine solche Hitze erzeugt, dass Metallteile schmelzen. Ein solches Schweißgerät kann man an 230 V Netzspannung (Absicherung 16 A) anschließen. Dazu benutzt man einen Schweißtrafo, der eine Sekundärspannung von 25 V liefert. Das Foto zeigt ein Modell.

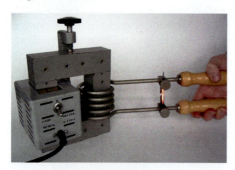

Erkläre, warum man trotz hoher Stromstärke dieses Gerät an das übliche Haushaltsnetz anschließen kann!

22. Eine Modelleisenbahn wird mit einem Stelltrafo betrieben. Er wird an Netzspannung angeschlossen. Sekundärseitig kann man Spannungen zwischen null und 12 V entnehmen, wobei die Spannung kontinuierlich verändert werden kann.
 a) Entwirf eine mögliche Schaltung! Präsentiere sie deinen Mitschülern!
 b) Auf der Sekundärseite wird eine Leistung von 25 W entnommen. Der Wirkungsgrad des Transformators beträgt 95 %. Wie groß ist dann die primärseitig entnommene Leistung?

23. Für die Fernleitung von Elektroenergie sind unterschiedliche Möglichkeiten denkbar. Man könnte die Energie ohne Umformung vom Kraftwerk zum Verbraucher leiten (I) oder man nutzt Transformatoren (II). Bei den Verbrauchern (Widerstand R_V) soll eine Spannung von 230 V anliegen. Da Verbraucher parallel geschaltet sind, ist R_V mit 2,3 Ω relativ klein.

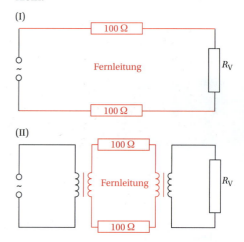

 a) Welche Spannung müsste das Kraftwerk im Fall I liefern, wenn die Stromstärke im Stromkreis 100 A betragen soll?
 b) Wie groß ist dann die an R_V umgesetzte Leistung? Welche Leistung wird an den beiden 100-Ω-Widerständen umgesetzt? Vergleiche und bewerte!
 c) Im Fall II wird eine Leistung von 2 MW in das System eingespeist. Die Primärspannung beträgt 20 kV. Sie wird auf 220 kV hochtransformiert und fortgeleitet. Wie groß ist dann die Stromstärke in der Fernleitung, wie groß die Verlustleistung an den beiden 100-Ω-Widerständen?

Elektromagnetische Induktion | Physik | 53

Das Wichtigste auf einen Blick

Elektromagnetische Induktion

● Verändert sich das von einer Spule umfasste Magnetfeld, so wird zwischen den Enden der Spule eine **Spannung induziert.** Bei geschlossenem Stromkreis fließt ein **Induktionsstrom.**

Änderung des umfassten Magnetfelds durch Änderung der Stromstärke

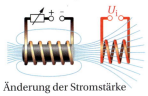

Änderung der Stromstärke

Änderung des umfassten Magnetfelds durch Relativbewegung

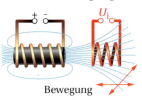

Bewegung

● Die Erkenntnisse über die elektromagnetische Induktion sind im **Induktionsgesetz** zusammengefasst.

> Zwischen den Enden einer Spule wird eine Spannung induziert, wenn sich das von ihr umfasste Magnetfeld ändert. Die Induktionsspannung hängt von der Schnelligkeit und der Stärke dieser Änderung sowie vom Bau der Spule (Windungszahl, Querschnittsfläche, Eisenkern) ab.

● Wichtige Anwendungen der elektromagnetischen Induktion sind der **Transformator** und der **Generator**. Die Skizzen zeigen den prinzipiellen Aufbau.

Transformator

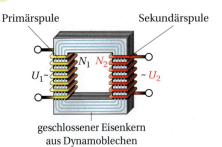

geschlossener Eisenkern
aus Dynamoblechen

Durch die Änderung des Magnetfelds der Primärspule wird in der Sekundärspule eine Spannung induziert.

Generator

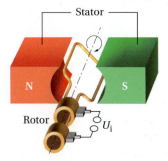

Durch die Drehung einer Leiterschleife (Spule) in einem Magnetfeld wird eine Spannung induziert.

2 Atome

2.1 Aufbau der Atome

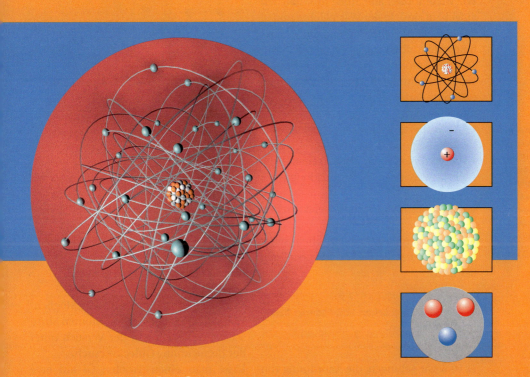

Woraus besteht ein Atom? ▸▸ Bereits im Altertum waren Gelehrte der Auffassung, dass alle Stoffe aus unteilbaren kleinsten Bausteinen, den Atomen, bestehen. Aber erst zu Beginn des 20. Jahrhunderts fanden Physiker erste Belege für die Existenz von Atomen und entwickelten Vorstellungen über den Aufbau von Atomen.
Welche Experimente geben Auskunft über den Aufbau von Atomen? Welche Vorstellungen haben die Physiker heute vom Atombau?

Was wird mit Teilchenbeschleunigern untersucht? ▸▸ Seit der Zeit von RUTHERFORD, also seit fast 100 Jahren, beschießen die Physiker Atome mit anderen Atomen oder Teilchen. Heute nutzt man u. a. riesige Beschleuniger.
Was lässt sich mit derartigen Experimenten herausfinden? Wie groß sind die kleinsten Teilchen der Natur wirklich?

Überall Atome

Wir wissen, dass alle Stoffe aus Teilchen aufgebaut sind. In der Wärmelehre und in der Elektrizitätslehre hat uns die Vorstellung vom Aufbau der Stoffe aus kleinsten Teilchen (Atomen, Molekülen) geholfen, viele Erscheinungen zu verstehen und zu erklären. Dazu gehören solche Erscheinungen wie

Hinweise zum Teilchenmodell sind auf S. 13 zu finden. Dort gibt es auch wichtige Aussagen zur Arbeit mit Modellen.

- die Änderung des Aggregatzustands eines Stoffs,
- das Verdunsten von Flüssigkeiten,
- die positive oder negative Ladung eines Körpers,
- der Stromfluss in einem elektrischen Leiter.

Auch bei der Beschreibung chemischer Reaktionen hat sich die Atomvorstellung bewährt.

 Alle Stoffe bestehen aus Atomen bzw. aus Molekülen.

Es ist sogar gelungen, die Anordnung von Atomen in Stoffen sichtbar zu machen (Abb. 1). Für die Deutung elektrischer Erscheinungen haben wir ein gut überschaubares **Atommodell** kennengelernt (Abb. 2), das wie jedes Modell eine Vereinfachung der Wirklichkeit ist. Damit bleiben aber noch viele Fragen offen, z. B.:

- Wie groß ist eigentlich ein Atom, wie groß ein Atomkern?

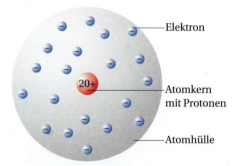

2 ▶ Modell eines Atoms: Es besteht aus einem positiv geladenen Atomkern und einer negativ geladenen Atomhülle.

- Gibt es noch kleinere Teilchen als wir bisher wissen?
- Wie kann man die Größe von Atomen bestimmen?

Abschätzen der Größe von Atomen

Es gibt eine erstaunlich einfache Möglichkeit, den Durchmesser von Atomen abzuschätzen. Bekannt ist der Versuch unter der Bezeichnung **Ölfleckversuch**.
Lässt man einen Tropfen Öl auf eine Wasseroberfläche fallen, breitet er sich schnell zu einem Fleck aus. Verwendet man gleich große Tropfen, erhält man immer gleich große Flecken. Daraus kann man schließen, dass die Flecken jeweils die gleiche Dicke d haben. Die Ränder des Flecks kann man durch Bärlappsporen, die vorher gleichmäßig auf dem Wasser verteilt wurden, sichtbar machen.

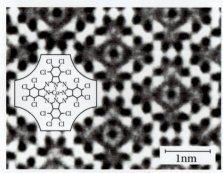

1 ▶ Mit speziellen elektromikroskopischen Verfahren kann man die Anordnung von Atomen darstellen.

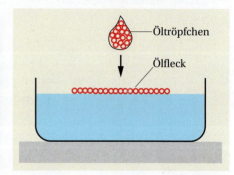

3 ▶ Ein Tropfen Öl auf Wasser bildet immer eine sehr dünne Schicht.

Aufbau der Atome

Verwendet man die doppelte Ölmenge (2 Tropfen), so erhält man einen Fleck, dessen Fläche doppelt so groß ist. Auch dieser Fleck hat demnach die gleiche Dicke d. Deswegen nehmen wir an, dass der Fleck immer nur aus einer Schicht nebeneinander liegender Ölteilchen besteht. Eine solche Schicht nennt man monomolekular (Abb. 3, S. 56).
Wir müssen nur das Volumen des Tropfens bestimmen und die Fläche des Ölflecks berechnen. Dann können wir die Dicke der Ölschicht und damit die Größe eines Ölteilchens abschätzen: $d = \frac{V}{A}$.

Versuchsbeispiel:

$V_{\text{Öl}} = 1{,}1 \cdot 10^{-5}\ \text{cm}^3$

$A = 1{,}3 \cdot 10^2\ \text{cm}^2$ also:

$d = \frac{V_{\text{Öl}}}{A} = \frac{1{,}1 \cdot 10^{-5}\ \text{cm}^3}{1{,}3 \cdot 10^2\ \text{cm}^2} = 8{,}5 \cdot 10^{-8}\ \text{cm}$

Ergebnis:
Der Durchmesser eines Ölteilchens beträgt ca. 10^{-9} m. Die Atome selbst sind dann noch einmal etwas kleiner. Das ergibt sich aus folgender Überlegung: Wir haben für den Ölfleckversuch Ölsäure verwendet.

Wie bestimmt man die Fläche des Ölflecks?

Die Form des Ölflecks ist meist unregelmäßig.

Man nähert die unregelmäßige Fläche durch eine Kreisfläche an (s. Abb.). Der Radius im Versuchsbeispiel beträgt 6,4 cm und die Fläche damit:

$A = \pi \cdot r^2 = \pi (6{,}4\ \text{cm})^2 = 1{,}3 \cdot 10^2\ \text{cm}^2$

Das ist eine relativ komplexe Verbindung mit der chemischen Formel:

$$C_{17}H_{33}COOH$$

Ein Ölsäuremolekül besteht demzufolge aus 54 Atomen. Der Durchmesser eines Atoms ist also noch kleiner als in unserem Versuch ermittelt.
Zahlreiche Untersuchungen zu den Abmessungen von Atomen haben zu folgendem Ergebnis geführt:

Wie kann man das Volumen eines Öltröpfchens bestimmen?

Im Experiment verdünnt man Ölsäure mit Leichtbenzin im Verhältnis 1:2000. Von der Flüssigkeit lässt man aus einer Pipette 1 cm³ abtropfen und zählt die Tropfen. Im obigen Beispiel waren es 47 Tropfen, sodass ein Tropfen das folgende Volumen hat:

$V_T = \frac{1\ cm^3}{47} = 2{,}13 \cdot 10^{-2}\ cm^3$

Beim Abtropfen verdunstet das Leichtbenzin, sodass das Öl nun ein Volumen von

$V_{\text{Öl}} = \frac{V_T}{2000} = 1{,}1 \cdot 10^{-5}\ cm^3$ besitzt.

Der Durchmesser von Atomen liegt in einer Größenordnung von 10^{-10} m oder 0,1 nm.

In der Chemie wird meist der Atomradius angegeben.

Dabei unterscheiden sich die Atome verschiedener Elemente zwar voneinander, die genannte Größenordnung trifft aber für Atome aller Elemente zu.
So beträgt der Durchmesser eines Atoms für das Element Fluor $1{,}28 \cdot 10^{-10}$ m, für Kupfer $2{,}56 \cdot 10^{-10}$ m und für Eisen $2{,}48 \cdot 10^{-10}$ m.
Die Atomdurchmesser liegen alle in der genannten Größenordnung. Sie hängen von der Atommasse und der Dichte ab.

Für die Masse eines Atoms ergibt sich ein Wert von etwa 10^{-25} kg.

Der Streuversuch von Rutherford

Das Atommodell, das wir schon kennengelernt haben (s. Abb. 2, S. 56), besteht aus der Atomhülle mit Elektronen und einem positiv geladenen Atomkern.
Die Bausteine eines Atoms sind damit noch einmal viel kleiner als das Atom selbst. Wie kann man die Existenz eines Atomkerns begründen? Wie groß ist er?

Grundlegende Untersuchungen dazu führte der britische Physiker ERNEST RUTHERFORD (1871–1937) durch. Er hatte sich vorher intensiv mit der Untersuchung radioaktiver Stoffe beschäftigt und dafür 1908 den Nobelpreis für Chemie erhalten. RUTHERFORD beschoss sehr dünne Goldfolien mit sogenannten Alphateilchen. Das sind doppelt positiv geladene Heliumkerne. Er überprüfte, wie diese positiv geladenen Ionen von den Atomen abgelenkt werden. Abb. 1 zeigt den Versuchsaufbau von RUTHERFORD. In den Abb. 1 und 2 ist der überraschende Versuchsausgang zu erkennen: Die meisten Alphateilchen gehen unabgelenkt durch die Goldfolie hindurch. Nur einige wenige wurden abgelenkt, und ein paar bewegten sich in die Richtung, aus der sie ursprünglich kamen.

Aus RUTHERFORDs Versuchen ergaben sich einige, uns schon aus der 8. Klasse bekannte Schlussfolgerungen über den Aufbau von Atomen:

ERNEST RUTHERFORD war einer der bedeutendsten Forscher auf dem Gebiet der Atom- und Kernphysik.

- Die weitaus meisten Alphateilchen passierten die Atome ungehindert. Das bedeutet, dass der größte Teil des Atoms „leer" oder materiefrei ist. Das massereiche und positiv geladene Objekt im Atom ist daher sehr klein. Aus den Berechnungen zu den Versuchen hat sich ergeben, dass das Objekt, der **Atomkern,** einen etwa 10 000-mal kleineren Radius hat, als das Atom selbst.
- Aus dem Verhalten der positiv geladenen „Geschosse" konnte auch klar nachgewiesen werden, dass der Atomkern eine positive Ladung haben muss. Die α-Teilchen, die zurückgestreut wurden, haben den Kern genau getroffen (Abb. 1).

Nachdem sich herausgestellt hatte, dass die Masse der Atome nicht allein durch die Masse der positiven Ladungen im Kern (die **Protonen,** die die gleiche Ladung wie das **Elektron** haben, nämlich $1{,}6 \cdot 10^{-19}$ As), erreicht werden kann, führte RUTHERFORD noch weitere Teilchen im Atomkern ein. Diese Teilchen sollten neutral sein und in etwa die gleiche Masse wie die Protonen haben. Sie wurden **Neutronen** genannt.
Der experimentelle Nachweis von Neutronen gelang allerdings erst viel später im Jahre 1932 durch den Engländer JAMES CHADWICK (1891–1974), wieder mit einem Versuch, der dem von RUTHERFORD im Aufbau sehr ähnlich war.

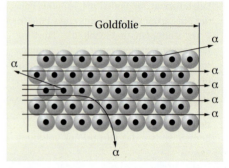

1 ▶ Versuchsaufbau von RUTHERFORD: Eine Goldfolie wird mit α-Teilchen beschossen.

2 ▶ Flugbahnen der α-Teilchen beim Auftreffen auf eine dünne Goldfolie

Ein modernes Bild vom Atom

Die Vorstellungen darüber, wie ein Atom aufgebaut ist, haben sich in den letzten 100 Jahren erheblich verändert. So entwickelte ERNEST RUTHERFORD 1911 ein Atommodell, das dem Aufbau unseres Planetensystems ähnelte: Um den positiv geladenen Kern bewegen sich Elektronen auf elliptischen Bahnen.
Eine Weiterentwicklung dieses Modells erfolgte 1913 durch NIELS BOHR.
Mit der Entwicklung der Quantentheorie wurde es nach 1920 möglich, Atome mit mathematischen Mitteln genauer zu beschreiben. Heute wissen wir:
- Atome bestehen aus einer negativ geladenen Atomhülle und einem positiv geladenen Atomkern (Abb. 2).
- Der Atomkern ist im Vergleich zur Atomhülle winzig (Abb. 1).
- Im **Atomkern** ist fast die gesamte Masse des Atoms, etwa 99,99 %, auf kleinstem Raum konzentriert. Der Atomkern besteht aus elektrisch nicht geladenen **Neutronen** und aus positiv geladenen **Protonen.**
Die Masse eines Neutrons und eines Protons ist etwa gleich groß und beträgt $1{,}67 \cdot 10^{-27}$ kg. Sie ist etwa 1 840-mal größer als die Masse eines Elektrons.
- Die Elektronen der Atomhülle haben eine sehr kleine Masse und eine Ladung, die als **Elementarladung** bezeichnet wird.

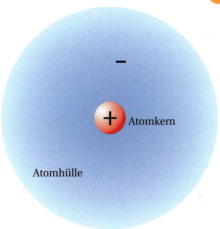

2 ▶ Modell eines Atoms

Im Unterschied zu anschaulichen Atommodellen wissen wir heute: Elektronen sind keine kleinen Kügelchen. Sie bewegen sich nicht auf bestimmten Bahnen, auch wenn das in manchen Modellen so dargestellt wird.

- Bei einem elektrisch neutralen Atom ist die Anzahl der negativ geladenen Elektronen in der Hülle gleich der Anzahl der positiv geladenen Protonen im Kern.

> Die Massenzahl A ergibt sich aus der Kernladungszahl (Protonenzahl) Z und der Neutronenzahl N:
> $$A = Z + N$$

*Die Kernbausteine Proton und Neutron werden als **Nukleonen** bezeichnet, ihre Anzahl als Massenzahl A.*

Die Kernladungszahl ist gleich der Ordnungszahl im **Periodensystem der Elemente.** So hat z. B. Natrium im Periodensystem die Ordnungszahl 11 und die Massenzahl 23.
Das bedeutet: Ein Natriumatom hat in seinem Kern 11 Protonen und 23 – 11 = 12 Neutronen.

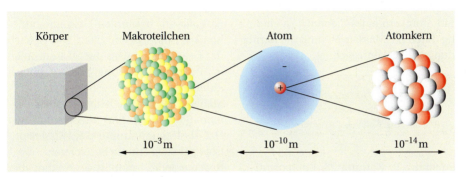

1 ▶ Größenvergleich zum Aufbau von Makroteilchen, Atomen und Atomkernen: Ein Atomkern nimmt nur einen geringen Bruchteil des gesamten Atoms ein.

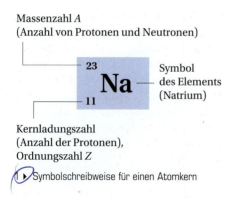

1 ▶ Symbolschreibweise für einen Atomkern

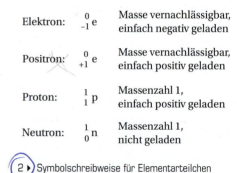

2 ▶ Symbolschreibweise für Elementarteilchen

Atome können Elektronen abgeben oder aufnehmen. Man spricht dann von positiv oder negativ geladenen Ionen.

Beim neutralen Natriumatom sind in der Atomhülle 11 Elektronen vorhanden. Um einen Atomkern in kurzer und übersichtlicher Form kennzeichnen zu können, verwendet man in der Physik die **Symbolschreibweise** (Abb. 1). Sie wird nicht nur zur Kennzeichnung von Atomkernen, sondern auch zur Kennzeichnung von Elementarteilchen verwendet (Abb. 2). Manchmal setzt man die Massenzahl hinter das Elementsymbol und schreibt z. B. Natrium-23. Auch diese Schreibweise ist eindeutig, da man die Kernladungszahl für jedes Element im Periodensystem der Elemente findet.

Nuklide und Isotope

Das Periodensystem der Elemente umfasst gegenwärtig 111 Elemente. Davon kommen 91 in der Natur vor, die anderen werden künstlich hergestellt.
Ein Atomkern eines Elements ist eindeutig durch die Massenzahl und die Kernladungszahl gekennzeichnet.

> **M** Die durch Massenzahl und Kernladungszahl charakterisierten Atome werden als Nuklide bezeichnet.

So sind z. B. Natrium-23, Kohlenstoff-12 oder Uran-235 Nuklide. Die Atomkerne eines Elements haben alle die **gleiche Anzahl von Protonen,** sie können aber eine unterschiedliche Anzahl von Neutronen und damit eine **verschiedene Massenzahl** besitzen.

> **M** Atome mit gleicher Protonenzahl, aber unterschiedlicher Anzahl von Neutronen werden als Isotope bezeichnet.

So existieren z. B. beim Wasserstoff drei in der Natur vorkommende Isotope (Abb. 1, S. 61), bei Eisen sind es vier und bei Zinn zehn. Auch beim Uran, das als Kernbrennstoff genutzt wird, existieren verschiedene Isotope.
In natürlichen Uranvorkommen beträgt der Anteil an Uran-238 etwa 99,28 % und an Uran-235 etwa 0,72 %. Darüber hinaus ist noch ein geringer Anteil an Uran-234 (etwa 0,006 %) vorhanden. Als Kernbrennstoff in Kernkraftwerken verwendet man angereichertes Uran-235.
Fast alle uns bekannten Elemente bestehen aus Isotopengemischen. Das ist auch der Grund dafür, dass die Massenzahlen im Periodensystem meist keine ganzen Zahlen sind.
Manche der Isotope haben spezielle Namen. So wird z. B. das Wasserstoffisotop H-2 als Deuterium und das Wasserstoffisotop H-3 als Tritium bezeichnet.
Beachte: Jedes Isotop ist ein Nuklid, aber verschiedene Nuklide müssen keine Isotope sein.

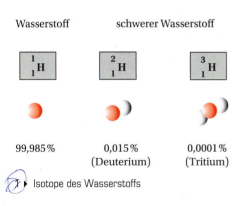

1 Isotope des Wasserstoffs

Streuexperimente mit hochenergetischen Teilchen

RUTHERFORDS Streuversuche waren relativ einfach im Aufbau: Eine Goldfolie (also Goldatome) wird mit anderen Teilchen (α-Teilchen) beschossen. Aus diesen relativ einfachen Versuchen konnten aber weitgehende Folgerungen über den Aufbau von Atomen gezogen werden.

RUTHERFORD war nicht der Erste, der die Idee zu solch einem Aufbau gehabt hat. Ende des 19. Jahrhunderts führte der deutsche Physiker PHILIPP LENARD mit einer speziellen Vakuumröhre einen ähnlichen Versuch durch: Er beschleunigte Elektronen in einem elektrischen Feld auf hohe Geschwindigkeit und wies nach, dass sie durch dünne Metallfolien hindurchfliegen konnten (Abb. 2). LENARD folgerte schon aus diesem Versuch, dass Atome auf gar keinen Fall massive Kugeln sein konnten.

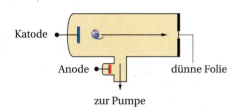

2 LENARDS Versuchsaufbau: Schnelle Elektronen durchdringen eine dünne Metallfolie.

Ähnliche Versuche wurden von da ab immer wieder durchgeführt. Das Prinzip ist stets das gleiche: Teilchen werden auf hohe Geschwindigkeiten gebracht. Heute geschieht das in Teilchenbeschleunigern (s. S. 24). Die auf hohe Geschwindigkeiten beschleunigten geladenen Teilchen treffen dann auf ein Target. Das Target können andere ruhende Atome (z. B. Folien) oder auch entgegengesetzt beschleunigte Atomkerne sein. Je größer die Energien der Teilchen sind, umso weiter kann man in die innere Struktur der Atome und der Teilchen eindringen.

Mit diesen Versuchen hat man nachgewiesen, dass auch Protonen und Neutronen nicht die kleinsten Teilchen sind, sondern eine Struktur aufweisen. Sie sind aus **Quarks** zusammengesetzt. Diese Bezeichnung stammt von dem amerikanischen Physiker MURRAY GELL-MANN aus dem Jahre 1964 (s. S. 62). Er kennzeichnete zwei der insgesamt sechs bislang nachgewiesenen Quarks mit „**up**" (u) und „**down**" (d). Das up-Quark hat eine Ladung von $+\frac{2}{3}$ Elementarladungen, während das down-Quark $-\frac{1}{3}$ e aufweist. Damit setzt sich ein Proton aus „uud" zusammen, während sich ein Neutron aus „udd" bildet (Abb. 3).

Quarks	u	d
Bezeichnung	up	down
Ladung	$+\frac{2}{3}$ e	$-\frac{1}{3}$ e

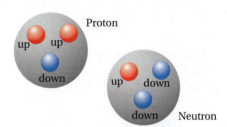

3 Aufbau des Protons und des Neutrons aus Quarks

Der deutsche Physiker PHILIPP LENARD (1862–1947) erhielt 1905 für seine Arbeiten über Katodenstrahlen (schnell bewegte Elektronen) den Nobelpreis für Physik.

MURRAY GELL-MANN (*1929) erhielt 1969 den Nobelpreis für Physik für seine Untersuchungen zu Elementarteilchen.

Bekannt sind heute insgesamt 6 Quarks, aus denen die inzwischen bekannten Elementarteilchen aufgebaut sind. Alle Quarks tragen die Ladung $+\frac{2}{3}$ e oder $-\frac{1}{3}$ e.

Die Bezeichnung „Quarks" entlieh MURRAY GELL-MANN dem Roman „Finnegans Wake" von J. JOYCE.

> „...Three **quarks** for Master Mark! Sure he hasn't got much of a bark
> And sure any he has it's all beside the mark.
> But O, Wreneagle Almighty, wouldn't un be a sky of lark
> To see that old buzzard whooping about for uns shirt in the dark
> And he hunting round for uns speackled trowsers around by Palmerstown Park?"
>
> (Aus „Finnegans Wake" von JAMES JOYCE)

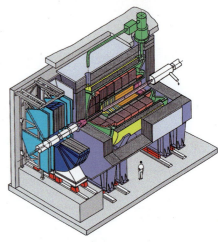

2 Mit riesigen, hochsensiblen Detektoren wird der Zusammenstoß von Teilchen registriert.

Die Quarks haben Ladungen, die kleiner als die Elementarladung sind, aber sie kommen nicht frei in der Natur vor, sondern immer nur in Gruppen.
Die experimentellen Untersuchungen zu Quarks sind überaus aufwendig (Abb. 2). Die Person im Vordergrund veranschaulicht die Größenverhältnisse. Nach dem heutigen Stand des Wissens haben Quarks und Elektronen keine weitere innere Struktur. Sie sind absolut punktförmig, sie bestehen nicht aus irgendetwas. Es gibt sie einfach.

Bedenke aber:
Die Ansicht, die kleinsten existierenden Teilchen gefunden zu haben, vertrat man auch einmal bei Atomen. Der Begriff ist abgeleitet vom griechischen „atomos" (das Unteilbare). Bei Protonen und Neutronen war man ebenfalls längere Zeit der Ansicht, dass es die kleinsten Teilchen ohne Struktur seien.
Die weiteren Forschungen werden zeigen, ob Quarks die elementaren Bestandteile der Materie sind oder ob vielleicht auch sie strukturiert sind.

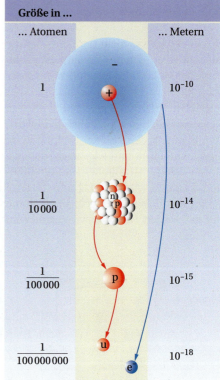

1 ▶ Teil der **H**adron-**E**lektron-**R**ing**a**nlage (HERA) zur Beschleunigung von Elektronen und Protonen

3 ▶ Größenverhältnisse vom Atom zum Quark, links bezogen auf ein Atom, rechts in Metern angegeben.

Aufgaben

1. Beschreibe den Aufbau eines Heliumatoms, eines Kohlenstoffatoms und eines Eisenatoms!

2. Stelle in einer Tabelle die Anzahl der Protonen, der Neutronen und der Elektronen unter der Annahme neutraler Atome zusammen:

   $^{1}_{1}H$, $^{12}_{6}C$, $^{14}_{6}C$, $^{60}_{27}Co$, $^{137}_{55}Cs$, $^{235}_{92}U$, $^{238}_{92}U$

3. Gib experimentelle Belege dafür an, dass Atome keine massiven, undurchdringlichen Kugeln sind!

4. Aus welchen Versuchsergebnissen kann man auf die Existenz eines Atomkerns schließen, der wesentlich kleiner als das Atom selbst ist?

5. Beschreibe den Aufbau von RUTHERFORDS Streuversuch!
   Welche Folgerungen zog RUTHERFORD aus den Versuchsergebnissen?

6. Aus RUTHERFORDS Aufzeichnungen:
   „Das war die unglaublichste Begebenheit, die sich in meinem ganzen Leben zutrug. Mir erschien es so unglaublich, als würde man mit einer Granate auf Seidenpapier schießen, und das Geschoss käme geradewegs zurück und würde den Schützen treffen."
   a) Wovon berichtet RUTHERFORD hier?
   b) Was ist in dem Vergleich die Granate, was das Seidenpapier?
   c) Warum kommt die „Granate" zurück?

7. Mit welchen Experimenten hat man erkannt, dass auch das Proton kein Elementarteilchen ist? Aus welchen Teilchen besteht ein Proton?
   Warum kann sich ein Proton nicht aus drei „Down-Quarks" zusammensetzen?

8. Mit welchem Zusammenbau aus drei Quarks kann man eine
   a) eine positive Elementarladung,
   b) eine negative Elementarladung,
   c) ein neutrales Teilchen
   erhalten?

9. Vergleiche die Eigenschaften von Elektronen mit denen von Quarks!

10. Informiere dich im Internet über die Entdeckung des „Top-Quarks"! Bereite dazu ein Kurzreferat vor!

11. Stelle dir vor, der Atomkern hätte die Größe einer Murmel ($d = 1{,}0$ cm). Wie groß wäre dann
    a) ein Atom,
    b) ein Proton,
    c) ein Quark?

12. Fülle ein Backblech mit Wasser! Gieße aus der Salatölflasche ein wenig Öl auf eine Untertasse. Tauche den Draht einer Heftklammer kurz in das Öl. Bestreue das Wasser im Backblech möglichst gleichmäßig mit Dillspitzen. Tauche den Draht, den du zuvor kurz in das Öl gehalten hast, in der Mitte des Backblechs ein.
    a) Protokolliere deine Beobachtungen!
    b) Gehe davon aus, dass ca. $0{,}1$ mm^3 Öl am Draht hängen bleiben. Bestimme daraus und aus der gebildeten Ölfläche die Dicke der Ölschicht (zum Vergleich: Größenordnung: 10^{-6} mm)!
    c) Warum ist der Durchmesser einzelner Atome sicherlich kleiner, als die bestimmte Dicke der Ölschicht?

13. Ein Atomkern mit 100 Protonen und Neutronen habe einen Durchmesser von $2 \cdot 10^{-14}$ m. Die Masse eines Protons und eines Neutrons beträgt $1{,}67 \cdot 10^{-27}$ kg.
    Wie groß ist die Dichte des Atomkerns? Gehe bei deinen Betrachtungen vereinfacht von würfelförmigen Atomen aus.

Das Wichtigste auf einen Blick

Aufbau der Atome

Atome bestehen aus einer negativ geladenen Atomhülle mit Elektronen sowie einem positiv geladenen Atomkern mit Protonen und Neutronen.

Massenzahl A

$${}^{235}_{92}U$$

$$A = Z + N$$

Kernladungszahl Z
(Anzahl der Protonen)

Neutronenzahl N:
$N = A - Z$

Struktur und Größenverhältnisse von Atomen hat man durch experimentelle Untersuchungen (z. B. Ölfleckversuch, Streuversuche von RUTHERFORD) festgestellt.

Atom — 10^{-10} m

Atomkern — 10^{-14} m

Proton — 10^{-15} m

Quark
Elektron — 10^{-18} m

In **Teilchenbeschleunigern** werden Teilchen auf hohe Energien beschleunigt und mit Stoffen oder anderen hochenergetischen Teilchen zur Kollision gebracht, um so die innere Struktur der Teilchen zu erforschen.

2.2 Aufnahme und Abgabe von Energie

Licht als Informationsträger ▸▸ Die Sonne ist unser Stern. Ihre Strahlung liefert uns die für das Leben auf der Erde notwendige Energie in Form von Licht und Wärme. Aus dem Licht der Sonne oder anderer Sterne kann man aber auch ermitteln, welche Stoffe es dort gibt.
Wie entsteht überhaupt Licht? Welche Vorgänge spielen sich in einer Lichtquelle ab? Wieso kann man aus dem Sonnenlicht erkennen, welche Stoffe es auf der Sonne gibt?

Röntgenstrahlung in Medizin und Technik ▸▸ Bei jedem ist wahrscheinlich schon eine Röntgenuntersuchung durchgeführt worden. Damit kann man z. B. krankhafte Veränderungen erkennen. Auch in der Technik wird Röntgenstrahlung genutzt, z. B. zur Prüfung von Schweißnähten.
Welche Eigenschaften von Röntgenstrahlung nutzt man dabei? Wie kommt eine solche Strahlung zustande?

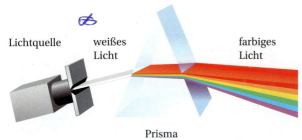

Prisma

1 ▸ Zerlegung von weißem Licht durch ein Prisma

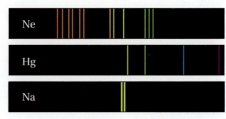

3 ▸ Linienspektrum von leuchtenden Gasen

Spektren – oder was ein Atom erzählt

Bereits in Klasse 7 haben wir kennengelernt, dass man weißes Licht mithilfe eines Prismas in seine farbigen Bestandteile zerlegen kann (Abb. 1). Diese Auffächerung des weißen Lichts kommt zustande, weil Licht unterschiedlicher Farbe beim Übergang von einem Stoff in einen anderen, z. B. beim Übergang von Luft in Glas, unterschiedlich stark gebrochen wird. Blaues Licht wird stärker gebrochen als rotes Licht. Das bei der Auffächerung des Lichts entstehende Farbband wird als **Spektrum** bezeichnet, die entstehenden Farben als **Spektralfarben.** Sie treten immer in der gleichen Reihenfolge auf.

Die unterschiedliche Brechung von verschiedenfarbigem Licht nennt man Dispersion.

Spektralfarben sind die Farben Rot, Orange, Gelb, Grün, Blau und Violett.

 Weißes Licht besteht aus Licht unterschiedlicher Farben, den Spektralfarben.

Da beim Zerlegen von weißem Licht das gesamte sichtbare Spektrum vorhanden ist, spricht man von einem **kontinuierlichen Spektrum.** Auch Sonnenlicht liefert scheinbar ein solches kontinuierliches Spektrum.

Verwendet man einen besser auflösenden Spektrografen (Gerät zur Zerlegung von Licht) und statt einer Glühlampe eine Natriumdampflampe, eine Quecksilberdampflampe oder eine Neonröhre, dann sieht das Ergebnis ganz anders aus: Man sieht nur noch einzelne farbige Linien, so wie es die Abb. 3 zeigt. Jeder Stoff sendet dabei offensichtlich ganz charakteristische Linien aus. Es liegt die Vermutung nahe, dass die Ursache für das Aussehen des Spektrums im Aufbau des betreffenden Stoffs, genauer, in seinen Atomen, zu finden ist. Durch genauere Untersuchungen hat sich diese Vermutung bestätigt.

Jeder Stoff sendet ein für ihn charakteristisches Spektrum aus. Die Ursache dafür liegt im atomaren Bereich.

Der in München lebende und wirkende Optiker und Physiker JOSEPH VON FRAUNHOFER (1787–1826) machte 1814 eine weitere bemerkenswerte Entdeckung: Bei der Untersuchung von Sonnenlicht fand er im Spektrum zahlreiche dunkle Linien (Abb. 4). Sie werden heute nach ihm als **fraunhofersche Linien** bezeichnet. Auch diese Linien entstehen durch atomare Vorgänge, allerdings nicht dadurch, dass Licht ausgesendet wird, sondern dann, wenn Licht absorbiert (aufgenommen) wird.

2 ▸ Spektrum einer Glühlampe

4 ▸ Linienspektrum des Sonnenlichts

Vorgänge im Atom

Mit dem auf S. 59 beschriebenen Atommodell lässt sich erklären, weshalb durch dünne Metallfolien Elektronen hindurchtreten können oder warum ein Atom nach außen elektrisch neutral ist.

Um aber z. B. das Zustandekommen von Spektren zu erklären, muss das Atommodell präzisiert werden. Entscheidend für das Aussenden von Licht sind Vorgänge in der Atomhülle. Physiker haben herausgefunden:

- Jedem Elektron in der Atomhülle lässt sich eine bestimmte Energie zuordnen. So kann ein Elektron z. B. die Energie E_0, E_1, E_2, ... besitzen (Abb. 1a). Man nennt E_0, E_1, E_2, ... auch Energieniveaus. In jedem Atom gibt es mehrere Energieniveaus. Für alle Atome eines Elements sind die Energieniveaus gleich. Sie unterscheiden sich aber für die Atome verschiedener Elemente.
- Springt ein Elektron von einem höheren auf ein niedrigeres Energieniveau, so verringert sich seine Energie um den Betrag ΔE (Abb. 1a).
- Wird ein Elektron durch Energiezufuhr von außen auf ein höheres Energieniveau gehoben, so vergrößert sich seine Energie um den Betrag ΔE (Abb. 1b).

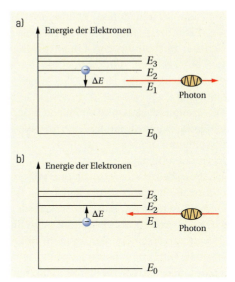

1 ▸ Abgabe von Energie (a) und Aufnahme von Energie (b) durch ein Atom

Die Aussendung (Emission) von Photonen ist der Umkehrprozess zur Aufnahme (Absorption) von Photonen.

> **M** Der Übergang eines Elektrons von einem Energieniveau zu einem anderen ist mit der Abgabe bzw. Aufnahme von Energie verbunden.
> Diese Energieportionen, die in der Atomhülle beim Übergang eines Elektrons von einem Energieniveau zu einem anderen abgegeben oder aufgenommen werden, nennt man **Lichtquanten** oder **Photonen**.

Treffen Photonen auf die Netzhaut unserer Augen und haben sie die „richtige" Energie, so nehmen wir sie als Licht wahr. Die Energie eines Photons hängt davon ab, wie groß die Energiedifferenz zwischen den betreffenden Energieniveaus ist. Für sichtbares Licht liegt die Energie der Photonen zwischen 1,5 eV (rotes Licht) und 3,3 eV (blaues Licht). Der Zusammenhang zwischen der Energie der Photonen und der Farbe des Lichts ist auf S. 68 in der Randspalte dargestellt.

Ist die Energie der Photonen geringer als 1,5 eV, so liegt das für uns unsichtbare infrarote Licht vor. Beträgt die Energie der Photonen dagegen mehr als 3,3 eV, dann handelt es sich um ultraviolettes Licht.

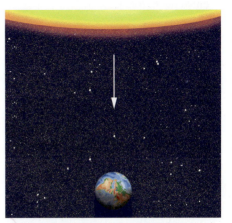

2 ▸ Von der Sonne strömt ständig ein riesiger Photonenstrom in Richtung Erde.

In jeder Sekunde werden von der Sonne etwa 10^{45} Photonen in den Raum abgestrahlt. Bei einer 100-Watt-Glühlampe sind es etwa $3 \cdot 10^{20}$ Photonen in jeder Sekunde.

E in eV	Farbe
1,55	
1,65	
1,77	
1,80	
1,82	
1,85	
1,88	
1,91	
1,94	
1,97	
2,00	
2,03	
2,07	
2,10	
2,14	
2,18	
2,22	
2,26	
2,30	
2,34	
2,39	
2,43	
2,48	
2,53	
2,58	
2,64	
2,70	
2,76	
2,82	
2,89	
2,95	
3,03	
3,10	
3,18	
3,27	

Mit den verschiedenen Energieniveaus der Elektronen in der Atomhülle lässt sich die Entstehung von Linienspektren (s. S. 66) erklären. Wir betrachten dazu das einfachste aller Atome, das Wasserstoffatom.

Die Energieniveaus und mögliche Übergänge zwischen ihnen sind für ein Wasserstoffatom in Abb. 1 dargestellt. Es wird deutlich:

- Schon beim Wasserstoffatom gibt es eine Reihe von Energieniveaus. In Abb. 1 ist nur eine Auswahl dargestellt.
- Da Elektronen von einem Energieniveau zu verschiedenen anderen übergehen können, haben die zugehörigen Photonen unterschiedliche Energien. Mögliche Übergänge sind in Abb. 1 durch Pfeile gekennzeichnet.
- Jeder Energie ΔE eines Photons entspricht einer bestimmten Farbe (s. linke Spalte). Damit entsteht für Wasserstoff ein für dieses Element charakteristisches Linienspektrum.
- Nur bei bestimmten Übergängen liegt die Strahlung im sichtbaren Bereich. Für ein Wasserstoffatom ist das z.B. für die Übergänge $E_2 \longrightarrow E_1$ oder $E_3 \longrightarrow E_1$ der Fall.
- Ist die zugeführte Energie groß genug (bei Wasserstoff mehr als 13,6 eV), kann ein Elektron das Atom verlassen. Es entsteht ein Ion.

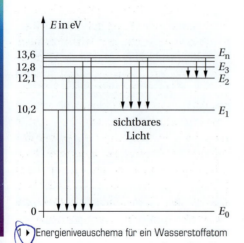

1 ▶ Energieniveauschema für ein Wasserstoffatom

Wie kommt es zu dunklen Linien im Sonnenspektrum?

Schickt man weißes Licht durch Natriumdampf und anschließend durch ein Prisma, so erhält man nicht das auf S. 66, Abb. 2, dargestellte Spektrum, sondern zwei dunkle Linien, die allerdings an der gleichen Stelle liegen wie die gelben Linien auf S. 66.

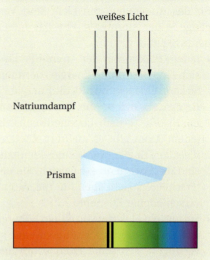

Dafür leuchtet der Natriumdampf gelblich. Er kann genau die Energie des gelben Lichts der Natriumlinien aufnehmen. Die Elektronen werden auf ein höheres Energieniveau gehoben.
Kurze Zeit später (im Nanosekundenbereich!) wechseln die Elektronen wieder zurück auf ihr Ausgangsniveau. Es werden Photonen abgegeben, allerdings in alle Richtungen und nicht mehr bevorzugt in Richtung Prisma. Im Spektrum fehlt das gelbe Licht. Wir nehmen zwei dunkle Linien wahr. Es entsteht ein **Absorptionsspektrum**.

Ähnlich ist das beim Sonnenlicht. Teile des Sonnenlichts werden beim Durchgang durch die äußeren Schichten der Sonne absorbiert und anschließend in alle möglichen Richtungen gestreut. Sie erscheinen in den Spektren, die wir auf der Erde registrieren können, als dunkle Linien (s. S. 66).

Röntgenstrahlen

1895 entdeckte der in Würzburg tätige Physiker WILHELM CONRAD RÖNTGEN (1845–1923) eine neue Art von Strahlung, die ihm zu Ehren **Röntgenstrahlung** genannt wurde.

RÖNTGEN experimentierte mit Katodenstrahlen, also mit schnellen Elektronen. Solche Katodenstrahlen erhält man mit einer Anordnung, wie sie in Abb. 1 dargestellt ist: Aus einer Glühkatode treten Elektronen aus. Diese werden im elektrischen Feld zwischen Katode und Anode durch eine Hochspannung stark beschleunigt und treffen dann auf eine Metallanode. Dort entsteht durch die starke Abbremsung der Elektronen eine kurzwellige Strahlung, die Röntgenstrahlung. Das damit entstehende Spektrum ist in Abb. 2 grün markiert. Die maximalen Energie, die diese **Bremsstrahlung** haben kann, ist gleich der maximale Energie der beschleunigten Elektronen. Bei einer Beschleunigungsspannung von 50 kV ist das eine Energie von 50 keV.

Zusätzlich erkennt man in Abb. 2 noch drei (rot markierte) „Spitzen" – Röntgenstrahlung besonders großer Intensität und mit bestimmter Energie. Die Lage dieser Linien hängt vom Material der Anode ab. Man bezeichnet diesen Teil des Spektrums deshalb als **charakteristisches Spektrum**.

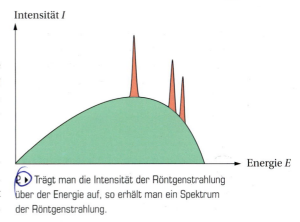
Trägt man die Intensität der Röntgenstrahlung über der Energie auf, so erhält man ein Spektrum der Röntgenstrahlung.

> Das Spektrum einer Röntgenröhre besteht aus einem Bremsspektrum und einem charakteristischen Spektrum.

Die Entstehung des charakteristischen Spektrums ist vergleichbar mit der Entstehung eines Linienspektrums im sichtbaren Bereich (s. S. 68). Aufgrund ihrer hohen Energie gelangen zwischen Katode und Anode beschleunigte Elektronen bis zu den Elektronen des niedrigsten Energieniveaus und können dort ein Elektron herauslösen. Das fehlende Elektron hinterlässt ein Loch, das von einem Elektron aus einem darüber liegenden Energieniveau wieder aufgefüllt wird.

So wie beim Übergang eines Elektrons in ein niedrigeres Energieniveau ein Photon (Lichtquant) entsteht, kommt es beim Auffüllen eines Lochs durch ein Elektron zur Entstehung eines Röntgenquants (Abb. 1, S. 70). Der entscheidende Unterschied zwischen Photonen im sichtbaren Bereich und Röntgenquanten besteht in ihrer Energie. Während bei den meisten Atomen in kernfernen Bereichen Photonen im sichtbaren Bereich mit einer Energie von 1,5 eV bis 3,3 eV entstehen, weisen die in kernnahen Bereichen entstehenden Röntgenquanten Energien auf, die etwa 10 000-mal so groß sind und sich im keV-Bereich bewegen.

So wie verschiedene Stoffe ein unterschiedliches Linienspektrum im sichtbaren Bereich haben, hängt das charakteristische Röntgenspektrum von dem Material ab, aus dem die Anode besteht.

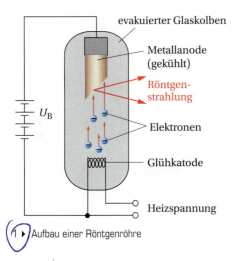
Aufbau einer Röntgenröhre

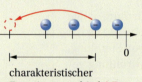

① So kann man sich die Entstehung der charakteristischen Röntgenstrahlung veranschaulichen.

Achtung! Ionisierende Strahlung

Der Energiebereich der Röntgenstrahlen beginnt bei ca. 10 keV und geht bis über 1 MeV. Röntgenröhren arbeiten dabei nicht sehr effektiv: Über 99 % der Energie der auf die Anode auftreffenden Elektronen wird in Wärme umgewandelt und weniger als 1 % in Röntgenstrahlung.
Röntgenstrahlung hat einige spezielle Eigenschaften:
1. Röntgenstrahlung besitzt eine so große Energie, dass Zellen geschädigt und Stoffe ionisiert werden können.
2. Röntgenstrahlung durchdringt viele Stoffe und wird durch verschiedene Stoffe unterschiedlich absorbiert.
3. Röntgenstrahlung schwärzt Filme.

Diese Eigenschaften werden in Medizin und Technik genutzt (s. S. 73).

> Da **Röntgenstrahlen** Zellen schädigen können, sind beim Umgang mit ihnen die Festlegungen des **Strahlenschutzes** strikt einzuhalten (s. S. 83).

Wilhelm Conrad Röntgen

Der Entdecker der Röntgenstrahlung wurde 1845 in Lennep bei Düsseldorf geboren. Nach Schulbesuch und Studium war Röntgen an verschiedenen Hochschulen als Physiker tätig, darunter in Straßburg, Gießen und Würzburg. Dort arbeitete er von 1888 bis 1900, ab 1900 bis zu seinem Tod im Jahr 1923 an der Universität München.
Ab 1894 beschäftigte sich Röntgen mit Leitungsvorgängen in Gasen und mit Katodenstrahlen. Als Experimentiergeräte benutzte er eine Katodenstrahlröhre, einen Funkeninduktor und einen Leuchtschirm, also Geräte, die es in jedem Hochschullabor gab.
Im November 1895 bemerkte er, dass bei eingeschaltetem Funkeninduktor im abgedunkelten Raum der Leuchtschirm auch bei mit dunklem Papier abgeschirmter Röhre aufleuchtete. Als der Physiker die Hand zwischen Röhre und Schirm hielt, sah er das Knochengerüst seiner Hand.
Innerhalb kürzester Zeit untersuchte er ganz allein alle wichtigen Eigenschaften der neu entdeckten Strahlung, die er selbst X-Strahlen nannte. Am 28. 12. 1895 legte er die erste Mitteilung über seine Entdeckung vor.
Röntgen wurde damit innerhalb kürzester Zeit weltberühmt und erhielt 1901 den ersten Nobelpreis für Physik.

2 ▸ Wilhelm Conrad Röntgen

Physik in Natur und Technik

Die Spektralanalyse

JOSEPH VON FRAUNHOFER (1787–1826) entdeckte 1814 bei der Untersuchung des Spektrums von Sonnenlicht zahlreiche dunkle Linien, die heute als **fraunhofersche Linien** bezeichnet werden. Später wurden auch bei Fixsternen solche dunklen Linien im Spektrum beobachtet. 1860 legten der deutsche Physiker GUSTAV ROBERT KIRCHHOFF (1834–1887) und der Chemiker ROBERT WILHELM BUNSEN (1811–1899) mit der Arbeit „Chemische Analyse durch Spektralbeobachtungen" die wissenschaftlichen Grundlagen der Spektralanalyse vor.

Was ist eine Spektralanalyse? Wie kann man mithilfe der Spektralanalyse das Vorhandensein von chemischen Elementen nachweisen?

Jedes leuchtende Gas unter niedrigem Druck sendet ein Spektrum aus, das für das jeweilige Gas charakteristisch ist. Es ist ein **Linienspektrum** mit Linien, die nur beim Leuchten des betreffenden Stoffes auftreten. Dann kann man auch umgekehrt folgern: Wenn ein bestimmtes Linienspektrum beobachtet wird, dann ist in der Lichtquelle das Element vorhanden, das dieses Linienspektrum aussendet. Das ist das Wesen der **Spektralanalyse.** Durch Vergleichen eines aufgenommenen Spektrums mit Linienspektren bekannter Elemente kann man herausfinden, welche Elemente in der Lichtquelle vertreten sind.

GUSTAV ROBERT KIRCHHOFF (1834–1887)

Durch spektralanalytische Untersuchungen hat man 1868 im Sonnenspektrum ein neues Gas entdeckt, das nach dem griechischen Wort für Sonne (helios) benannt wurde: das Helium. 1894 wurde es auch auf der Erde nachgewiesen.

Das Licht erweist sich damit als ein wichtiger Informationsträger, aus dem man zahlreiche Informationen gewinnen kann (s. Übersicht unten). Das ist insbesondere für die Astronomie von Bedeutung, die durch die Analyse des von Sternen ausgehenden Lichts viele Erkenntnisse gewinnen konnte. Hinweise dazu sind auf S. 72 zu finden.

ROBERT WILHELM BUNSEN (1811–1899)

1 ▶ Spektralapparat (Spektroskop) mit Prisma

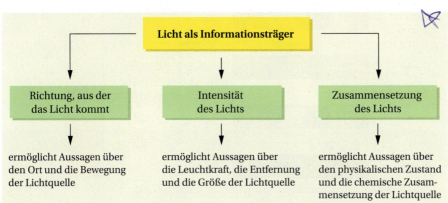

Sternspektren

Genauso wie die Sonne haben auch die anderen Sterne ihr charakteristisches Spektrum. Im Jahr 1872 nahm HENRY DRAPER (1837–1882) ein erstes Sternspektrum von der Wega auf. Nach seinem Tod ermöglichte es eine Stiftung aus dem Besitz von HENRY DRAPER, Sternspektren systematisch zu untersuchen.
EDWARD CHARLES PICKERING (1846–1919) erforschte zusammen mit einigen Frauen, allen voran ANNIE JUMP CANNON (1863 bis 1941), mehrere 100 000 Sterne und verglich die Spektren miteinander. Das Ergebnis war, dass die Sterne je nach Temperatur und vorhandenen Atomen unterschiedliche Spektren aufwiesen.

EDWARD CHARLES PICKERING (1846–1919)

ANNIE JUMP CANNON (1863–1941)

Merksatz:
Oh, be a fine guy/girl, kiss me!

1 ▶ Die farbigen Sternspuren sind Ausdruck der unterschiedlichen Oberflächentemperaturen der Sterne.

Die Klassifikation der Sternspektren

CANNON schuf am Harvard College Observatory eine neue Zuordnung der Sterne zu Spektralklassen. Als unbeabsichtigter Nebeneffekt ergab sich dabei eine wohlgeordnete Reihenfolge der Sterne nach Farben von Bläulichweiß über Gelb bis Rot. Diese ersten Untersuchungen nahm sie an 1 100 hellen Sternen des Südhimmels vor. Anschließend wandte sie ihre Spektralklasseneinteilung auf die 225 300 Sterne des HENRY-DRAPER-Katalogs an. Diese „Havard Classification", die sie vom 11. Oktober 1911 bis 30. September 1915 erstellte, wurde von der Internationalen Astronomischen Union übernommen und 1918 veröffentlicht.

Ihre Einteilung erfolgte in die Spektralklassen **O, B, A, F, G, K** und **M**, die alle eine Temperatur zugeordnet bekamen (Abb. unten). Die klassische Sequenz wurde in den letzten Jahren durch die kühleren Klassen L und T ergänzt.

Stern	Spektrum	Farbe	Temperatur
Spica		bläulich	25 000 K
Sirius		weiß	10 000 K
Sonne		gelblich	6 000 K
Arktur		rötlich gelb	4 700 K
Beteigeuze		rötlich	3 300 K

O – blau
B
A – weiß
F – gelb
G – orange
K
M – rot

Röntgenstrahlung in der Medizin

Schon sehr kurze Zeit nach der Entdeckung der Röntgenstrahlen wurden sie umfangreich in der Medizin genutzt (Abb. 1). Die Anwendungsmöglichkeiten ergaben sich aus den Eigenschaften von Röntgenstrahlung.
Wozu verwendet man in der Medizin Röntgenstrahlung? Welche Eigenschaften der Strahlung werden dabei genutzt?

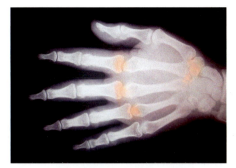

2 ▸ Röntgenaufnahme einer Hand

Um solche Organe wie Magen, Darm oder Nieren zu untersuchen, muss der Patient ein Kontrastmittel zu sich nehmen.

Röntgenstrahlung wird sowohl zur Diagnose von Krankheiten bzw. krankhaften Veränderungen als auch in der Therapie genutzt.

In der **Röntgendiagnostik** (Beschleunigungsspannungen von 50 kV bis 150 kV, möglichst kurze Belichtungszeiten) wird der Körperteil, der untersucht werden soll, zwischen Röntgenröhre und Film gebracht. Da z. B. Knochen Röntgenstrahlung weniger gut hindurchlassen als das umliegende Gewebe, erhält man auf dem Film ein Abbild des Körperinneren (Abb. 2). Organe wie Magen oder Darm können durch Verwendung von Röntgenkontrastmitteln dargestellt werden.

Die **Röntgentherapie** (hier wird energiereiche Röntgenstrahlung von 200 keV bis 300 keV verwendet) wird u. a. dazu angewendet, um Tumorzellen abzutöten. Dabei nutzt man die höhere Strahlungsempfindlichkeit von krankem Gewebe.

Als größte Innovation auf dem Gebiet der Strahlenmedizin gilt die **Computertomografie**, abgekürzt CT.
Dabei handelt es sich um ein Röntgenverfahren, mit dem einzelne Schichtbilder aufgenommen werden können.

Doch ein Computertomograf kann wesentlich mehr als ein herkömmliches Röntgengerät. Mithilfe eines Computers lässt sich aus den Schichtaufnahmen ein dreidimensionales Bild des ursprünglichen Objekts (hier eine Aufnahme des menschlichen Schädels, Abb. 3) rekonstruieren. Inzwischen ist es auch möglich, Bilder vom schlagenden Herzen zu bekommen. Über den aktuellen Stand der technischen Entwicklung kannst du dich im Internet informieren.

Beachte: Jede Röntgenuntersuchung ist mit einer Strahlenbelastung verbunden. Ziel der Forschung ist es, die Strahlenbelastung zu minimieren.

Die ersten CT-Aufnahmen beim Menschen wurden 1971 gemacht. Für die Entwicklung des Verfahrens erhielten die Amerikaner A. M. CORMACK (1924–1998) und G. HOUNSFIELD (1919–2004) im Jahr 1979 den Nobelpreis für Medizin.

1 ▸ So sah eine Röntgenuntersuchung vor etwa 100 Jahren (1912) aus.

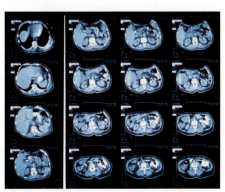

3 ▸ Computertomografie eines menschlichen Körpers

Aufgaben

1. Mit unterschiedlichen Versuchsanordnungen erhält man die folgenden drei Spektren:

   a) Charakterisiere die drei Spektren!
   b) Gib einen Versuchsaufbau an, mit dem man Spektrum I bzw. Spektrum II erzeugen kann!

2. a) Beschreibe die Vorgänge im Atom bei der Abgabe von Licht!
   b) Begründe, weshalb ein bestimmter Stoff ein Linienspektrum aussendet!

3. Welche physikalische Größe wird in eV gemessen? Definiere diese Größe! Gib weitere Einheiten für die Größe an und vergleiche sie zahlenmäßig!

4. Gib die folgenden Energien in Joule an: 3 eV, 200 keV und 800 MeV!

5. Berechne in eV: 1 J, 100 J und $2{,}7 \cdot 10^{-12}$ J!

6. Für ein Wasserstoffatom existieren für die Elektronen der Atomhülle eine Reihe von Energieniveaus. Einige dieser Energieniveaus sind nachfolgend dargestellt.

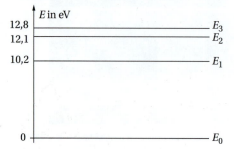

   a) Übernimm die Skizze ins Heft und zeichne alle möglichen Übergänge zwischen den Energieniveaus ein!
   b) Markiere die Übergänge farbig, bei denen Licht im sichtbaren Bereich abgegeben wird!
   c) Wie groß ist die Energie der Photonen beim Übergang von E_3 nach E_1? Welche Farbe hat das betreffende Licht?

7. Gib eine Modellvorstellung eines Atoms an, mit dem man die Emission von Energien einiger eV erklären kann! Warum kann ein Atom nicht beliebige Energien abgeben oder aufnehmen?

8. Ordne die folgenden Energien entsprechenden Vorgängen im Atom zu:
   a) 2,5 eV
   b) 200 keV

9. Beschreibe den Aufbau und erkläre die Funktionsweise einer Röntgenröhre! Gehe insbesondere auf die Entstehung des charakteristischen Spektrums ein!

10. Zwischen Katode und Anode einer Röntgenröhre liegt eine Spannung von 20 kV. Mit welcher Geschwindigkeit treffen die Elektronen auf die Anode?

11. Bereite eine Präsentation zum Leben und Wirken von Wilhelm Conrad Röntgen oder Joseph von Fraunhofer vor!
Nutze dazu neben dem Lehrbuch Nachschlagewerke und das Internet! Beachte dabei: Informationen im Internet müssen immer kritisch geprüft werden.

12. Röntgenstrahlung wird nicht nur im medizinischen Bereich genutzt, sondern auch in der Technik. Verschaffe dir mithilfe von Nachschlagewerken und des Internets eine Übersicht, wozu man in der Technik Röntgenstrahlen nutzt! Bereite zu dem Thema ein Referat vor!

Das Wichtigste auf einen Blick

Aufnahme und Abgabe von Energie

Analysiert man Lichtquellen, indem man das von ihnen ausgehende Licht zerlegt, erhält man verschiedene Arten von Spektren.

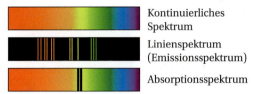

Kontinuierliches Spektrum

Linienspektrum (Emissionsspektrum)

Absorptionsspektrum

Die Aussendung (Emission) und Aufnahme (Absorption) von Licht hat ihre Ursache in Vorgängen der Atomhülle. Der Wechsel von Elektronen der Atomhülle von einem Energieniveau auf ein anderes ist mit einer Energieänderung verbunden.

Abgabe von Energie (Emission)   **Aufnahme von Energie** (Absorption)

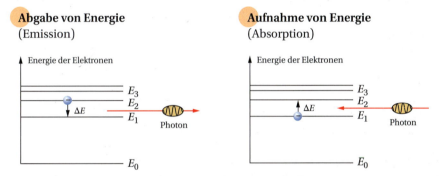

Die Energie der **Photonen** im sichtbaren Bereich liegt zwischen 1,5 eV und 3,3 eV. Höhere Energien bis in den MeV-Bereich liefern Wechsel von Elektronen zwischen Energieniveaus in Kernnähe. Dabei entsteht **Röntgenstrahlung.**

Eigenschaften von Röntgenstrahlung

- Röntgenstrahlung kann aufgrund ihrer Energie Zellen schädigen und Stoffe ionisieren.
- Röntgenstrahlung durchdringt viele Stoffe und wird von verschiedenen Stoffen unterschiedlich absorbiert.
- Röntgenstrahlung schwärzt Filme.

Achtung!
Beim Umgang mit Röntgenstrahlung sind die Festlegungen des Strahlenschutzes strikt einzuhalten.

2.3 Strahlung radioaktiver Nuklide

Radioaktive Strahlung – eine Gefahr? ▸▸ Einerseits haben viele Menschen Angst vor radioaktiver Strahlung. Sie tritt überall in unserer natürlichen Umwelt auf und ist im Hochgebirge besonders stark. Andererseits wird sie aber in Medizin und Technik genutzt.
Welche Eigenschaften hat radioaktive Strahlung? Welche Wirkungen hat radioaktive Strahlung auf den Menschen?

Radionuklide in der Medizin ▸▸ Radionuklide, d. h. Kernarten, die radioaktive Strahlung aussenden, werden in der Medizin in vielfältiger Weise bei der Diagnose und der Therapie eingesetzt. So verwendet man Radionuklide beispielsweise bei Untersuchungen der Schilddrüse und des Gehirns oder bei der Bestrahlung von Tumoren.
Welche Heilungschancen und welche Risiken ergeben sich aus der Nutzung radioaktiver Strahlung in der Medizin?

Natürliche und künstliche Radioaktivität

1896 entdeckte der französische Physiker HENRI BECQUEREL (1852–1908), dass Uransalz eine unsichtbare Strahlung aussendet, die Fotoplatten schwärzt. Wenig später fanden die aus Polen stammende MARIE CURIE (1867–1934) und ihr Mann PIERRE CURIE (1859–1906) die stark strahlenden Elemente Polonium und Radium.

Von den 91 in der Natur vorkommenden Elementen sind ca. 300 Nuklide bekannt, von denen wiederum 50 Nuklide nicht stabil sind, sondern sich zumeist spontan in andere Kerne umwandeln und dabei radioaktive Strahlung aussenden (s. Übersicht unten und Tabelle S. 78). Solche Nuklide bezeichnet man als radioaktive Nuklide oder kurz als **Radionuklide.**

Elektrisch geladene Teilchen (α-Teilchen, β-Teilchen) werden durch ein Magnetfeld abgelenkt.

1 ▶ Spuren radioaktiver Strahlung

 Radioaktive Nuklide wandeln sich spontan unter Aussendung von α-, β- oder γ-Strahlung in andere Nuklide um.

So sendet das Radionuklid Caesium-137 β-Strahlung aus. Dabei entsteht ein Bariumkern. Diesen Spontanzerfall kann man als **Kernreaktion** ähnlich einer chemischen Reaktion schreiben so wie das unten dargestellt ist.

Da es radioaktive Nuklide sind, die in der Natur vorkommen, bezeichnet man die Erscheinung der spontanen Umwandlung der entsprechenden Atomkerne als **natürliche Radioaktivität.** Die entstehenden Folgekerne sind meist wieder radioaktiv, sodass in der Natur ganze **Zerfallsreihen** existieren.

Eine dieser Zerfallsreihen ist auf S. 78 oben (Abb. 1) vereinfacht dargestellt. Aus dem Uranisotop $^{238}_{92}$U entsteht z. B. nach zahlreichen Umwandlungen das Bleiisotop $^{206}_{82}$Pb (Abb. 1, S. 78).

Auch bei anderen Stoffen, z. B. Thorium oder Neptunium, existieren solche Zerfallsreihen, die jeweils bei einem stabilen Nuklid enden.

Für Kernreaktionen gilt immer: Die Summe der Kernladungszahlen Z und der Massenzahlen A ist links und rechts gleich groß.

Arten radioaktiver Strahlung		
α-Strahlung	β-Strahlung	γ-Strahlung
α-Teilchen	Elektron	γ-Strahlung
Die Strahlung besteht aus doppelt positiv geladenen Heliumkernen (α-Teilchen).	Die Strahlung besteht aus Elektronen (β⁻-Strahlung) oder Positronen (β⁺-Strahlung).	Die Strahlung ist eine energiereiche Strahlung.
$^{226}_{88}$Ra $\rightarrow$ $^{222}_{86}$Rn + $^{4}_{2}$α	$^{137}_{55}$Cs $\rightarrow$ $^{137}_{56}$Ba + $^{0}_{-1}$e $^{30}_{15}$P $\rightarrow$ $^{30}_{14}$Si + $^{0}_{+1}$e	$^{137}_{56}$Ba* $\rightarrow$ $^{137}_{56}$Ba + γ

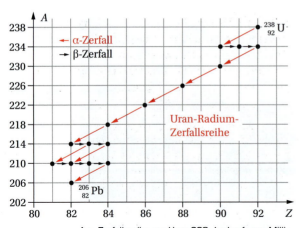

1 ▶ Zerfallsreihe von Uran-238: Im Laufe von Millionen Jahren entsteht aus Uran stabiles Blei.

Es ist auch möglich, radioaktive Nuklide künstlich herzustellen, z. B. durch Beschuss von Stoffen mit verschiedenen Teilchen (Neutronen, Elektronen, Protonen). Die Erscheinung, dass künstlich hergestellte Nuklide radioaktiv sein können, wird als **künstliche Radioaktivität** bezeichnet.

Bis heute ist es gelungen zusätzlich zu den etwa 50 in der Natur vorkommenden Radionukliden weitere 2 400 künstlich zu erzeugen.

Eine Reihe von ihnen wird für spezielle Anwendungen in der Medizin und in der Technik genutzt (s. S. 86 ff).

So verwendet man z. B. Iod-123 oder Technetium-99 zur Untersuchung der Funktion der menschlichen Schilddrüse.

Einige radioaktive Nuklide	
Nuklid	Strahlungsart
Caesium-137	β^-, γ
Cobalt-60	β^-, γ
Iod-131	β^-
Kohlenstoff-14	β^-
Natrium-22	β^+, γ
Polonium 216	α
Radium-226	α
Uran-235	α
Uran-238	α

Entdeckung der natürlichen Radioaktivität

In den neunziger Jahren des 19. Jahrhunderts beschäftigten sich viele Physiker mit Untersuchungen zu verschiedenen Strahlungen. Experimente mit Katodenstrahlen führten zur Entdeckung des Elektrons. W. C. RÖNTGEN entdeckte 1895 die Röntgenstrahlen.

Der französische Physiker HENRI BECQUEREL (1852–1908) beschäftigte sich mit den verschiedenen Strahlungen und experimentierte u. a. mit Uransalzen. Dabei zeigte sich, dass in der Nähe des Uransalzes liegende Fotoplatten geschwärzt waren.

Weitere Untersuchungen führten 1896 zu der Erkenntnis, dass von Uransalz eine neue, bisher unbekannte Strahlung ausging, die nach ihrem Entdecker zunächst als Becquerel-Strahlung bezeichnet wurde und später den Namen „radioaktive Strahlung" erhielt.

Intensiv beschäftigten sich die in Polen geborene MARIE CURIE (1867–1934) und ihr Mann, der Franzose PIERRE CURIE (1859–1906), mit der neuen Strahlung. Mit unglaublich primitiven Mitteln arbeiteten sie Tonnen Uranpechblende auf und entdeckten so ein neues, stark strahlendes Element, das zu Ehren des Geburtslandes von M. CURIE als Polonium bezeichnet wurde. Im gleichen Jahr entdeckten sie ein weiteres Element, das eine intensive Strahlung aussandte. Es erhielt den Namen Radium („das Strahlende"). H. BECQUEREL SOWIE M. und P. CURIE erhielten 1903 für die Entdeckung der Radioaktivität den Nobelpreis für Physik.

2 M. und P. CURIE im Labor (um 1900)

Radioaktive Strahlung und ihre Eigenschaften

Radioaktive Strahlung besitzt Energie. Dadurch können Gase ionisiert, Filme geschwärzt und Zellen geschädigt werden. Ohne Beeinflussung breitet sich radioaktive Strahlung geradlinig nach allen Seiten aus.

Die **Reichweite** der verschiedenen Strahlungsarten ist in Luft sehr unterschiedlich. Bei α-Strahlung beträgt sie 4 cm bis 6 cm, bei β-Strahlung einige Meter. γ-Strahlung breitet sich auch über größere Entfernungen aus.

Sehr unterschiedlich ist die **Durchdringungsfähigkeit** radioaktiver Strahlung (Abb. 1). Sie ist abhängig von
- der Art der Strahlung,
- der Intensität der Strahlung,
- der Art des durchstrahlten Stoffes sowie
- der Dicke des durchstrahlten Stoffes.

α-Strahlung wird schon durch Papier oder durch eine 4 cm bis 6 cm dicke Luftschicht zurückgehalten. γ-Strahlung durchdringt sogar noch Bleiplatten.

Unmittelbar damit hängt zusammen, wie radioaktive Strahlung von verschiedenen Stoffen absorbiert (aufgenommen) wird.

Das **Absorptionsvermögen** eines Stoffes hängt von dem Stoff selbst, von seiner Dicke sowie von der Art der Strahlung ab (Abb. 1). In elektrischen und magnetischen Feldern wird α- und β-Strahlung abgelenkt, γ-Strahlung dagegen nicht (Abb. 2, 3). Umgekehrt kann man aus der Richtung und der Stärke der Ablenkung auf die Art der Strahlung schließen.

> Radioaktive Strahlung besitzt Energie. Sie wird von Stoffen unterschiedlich absorbiert. α- und β-Strahlung kann durch elektrische und magnetische Felder abgelenkt werden. γ-Strahlung wird nicht abgelenkt.

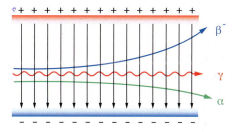

2 ▸ Radioaktive Strahlung im elektrischen Feld: γ-Strahlung wird nicht abgelenkt.

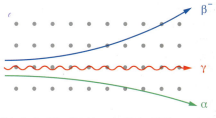

3 ▸ Radioaktive Strahlung im Magnetfeld: γ-Strahlung wird nicht abgelenkt.

Die Richtung der Ablenkung ergibt sich aus der Rechte-Hand-Regel (s. S. 14).

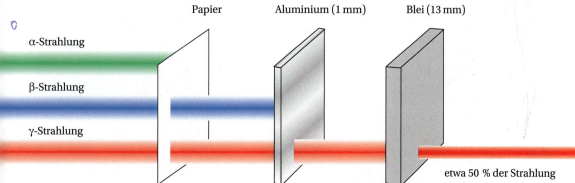

1 Durchdringungsfähigkeit radioaktiver Strahlung

Nachweis von radioaktiver Strahlung

*Beachte:
Der Mensch hat kein Sinnesorgan für radioaktive Strahlung.*

Durch radioaktive Strahlung können Filme geschwärzt und Gase ionisiert werden. Das wird zum Nachweis radiaktiver Strahlung genutzt (s. unten).

Beim **Filmdosimeter** ist die Schwärzung des Films umso stärker, je intensiver die auftreffende Strahlung ist. Solche Filmdosimeter müssen alle Personen tragen, die beruflich mit Strahlung in Berührung kommen.

Weitere Möglichkeiten des Nachweises radioaktiver Strahlung sind **Zählrohre** und **Nebelkammern.**

Mit dem 1928 von den deutschen Physikern HANS GEIGER (1882–1945) und WALTHER MÜLLER (1905–1979) entwickelten Zählrohr (Abb. 1) kann man nicht nur das Vorhandensein von radioaktiver Strahlung, sondern auch ihre Intensität ermitteln kann. Heute gibt es solche Zählrohre in den verschiedensten Bauformen. Das in Abb. 1 dargestellte Zählrohr besteht aus einem gasgefüllten Rohr mit einer dünnen Rohrwandung, die von radioaktiver Strahlung durchdrungen werden kann. Im Rohr befinden sich eine stabförmige Elektrode in der Mitte und eine meist spiralförmige Elektrode in der Nähe der Wandung (siehe Abb. unten).

Dringt radioaktive Strahlung ins Innere, dann passiert Folgendes:
– Aus Gasatomen werden Elektronen herausgeschlagen. Es entsteht durch Stoßionisation eine regelrechte Elektronenlawine und damit im Stromkreis ein Stromstoß. Dieser Stromstoß bewirkt am Widerstand R einen Spannungsstoß. In einem Lautsprecher ist er als Knacken hörbar.
– Während des Stromstoßes ist der Widerstand des Zählrohrs klein gegenüber R. Damit liegt an R eine große Teilspannung, am Zählrohr eine kleine.
– Durch die kleine Spannung kommen Stoßionisation und Stromfluss im Zählrohr zum Erliegen. In dieser Zeit ist das Zählrohr ca. 10^{-4} s lang unempfindlich (Totzeit).
– Anschließend spricht das Zählrohr wieder an.

1 ▶ GEIGER-MÜLLER-Zählrohr

Nachweismöglichkeiten radioaktiver Strahlung

fotografische Schicht	Zählrohr	Nebelkammer
		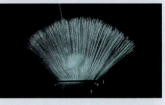
Bei einer Dosimeterplakette wird ein Film an den Stellen, an denen radioaktive Strahlung auftrifft, geschwärzt. Das Maß der Strahlenbelastung ist der Grad der Schwärzung des Films.	Bei einem Zählrohr wird die ionisierende Wirkung radioaktiver Strahlung genutzt. Je größer die Intensität der Strahlung ist, desto mehr Impulse werden registriert.	Bei einer Nebelkammer wird die ionisierende Wirkung radioaktiver Strahlung genutzt. Die Länge der Nebelspur ist ein Maß für die Energie der jeweiligen Strahlung.

Halbwertszeit beim Zerfall radioaktiver Stoffe

Ist zu einem gegebenen Zeitpunkt eine Anzahl N von Atomen eines radioaktiven Nuklids vorhanden, so wandelt sich in einer bestimmten Zeit die Hälfte der Atomkerne um (Abb. 1). Diese Zeit wird als **Halbwertszeit** bezeichnet. Welcher der einzelnen Kerne sich aber umwandelt, kann man nicht voraussagen.

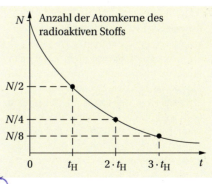

1 ▸ Kernzerfall in Abhängigkeit von der Zeit

> Die Halbwertszeit gibt an, in welcher Zeit sich jeweils die Hälfte der vorhandenen instabilen Atomkerne umwandelt.
>
> Formelzeichen: t_H
> Einheit: 1 Sekunde (1 s)

So hat z. B. Caesium-137 eine Halbwertszeit von 30 Jahren. Das bedeutet: In 30 Jahren ist die Hälfte aller ursprünglich vorhandenen Caesium-Kerne umgewandelt, in weiteren 30 Jahren ist es wiederum die Hälfte der dann noch vorhandenen Caesium-Kerne. Damit sind nach 60 Jahren ¾ der ursprünglich vorhandenen Atomkerne umgewandelt.

Die Halbwertszeiten von Radionukliden liegen zwischen Bruchteilen von Sekunden und Milliarden Jahren (s. Tabelle).

Halbwertszeiten einiger Nuklide	
Nuklid	Halbwertszeit
Caesium-137	30,17 Jahre
Cobalt-60	5,3 Jahre
Iod-131	8,04 Tage
Kohlenstoff-14	5 730 Jahre
Natrium-22	2,6 Jahre
Polonium 216	0,15 Sekunden
Radium-226	1 600 Jahre
Uran-235	700 Mio. Jahre
Uran-238	4,5 Mrd. Jahre

Stellt man den Zusammenhang zwischen der anzahl der Atomkerne eines Radionuklids und der Zeit grafisch dar, so erhält man das **Zerfallsgesetz** in grafischer Form (Abb. 1). Es ist im Unterschied zu vielen anderen Gesetzen der Physik ein **statistisches Gesetz** (s. S. 82).

Das Zerfallsgesetz als Gleichung

Das Zerfallsgesetz kann man nicht nur grafisch, sondern auch in Form einer Gleichung darstellen.
Nach einer Halbwertszeit sind nur noch $N_1 = N_0 \cdot \frac{1}{2}$ Kerne vorhanden, wenn N_0 die Anzahl der Atomkerne des radioaktiven Stoffs zum Zeitpunkt $t = 0$ war.
Nach Ablauf einer weiteren Halbwertszeit sind es nur noch

$N_2 = N_1 \cdot \frac{1}{2} = N_0 \cdot \left(\frac{1}{2}\right)^2$ Kerne.

Setzt man nun diese Überlegung fort, so erhält man für eine beliebige Zeit t das **Zerfallsgesetz** in folgender Form:

$$N = N_0 \cdot \left(\frac{1}{2}\right)^{\frac{t}{t_H}}$$

Dabei bedeuten:
N_0 Anzahl der ursprünglich vorhandenen radioaktiven Kerne
N Anzahl der zur Zeit t vorhandenen radioaktiven Kerne
t_H Halbwertszeit
t vergangene Zeit

Die Gleichung kann man ebenso wie das Zerfallsgesetz in grafischer Form zum Erklären und Voraussagen nutzen.

Mit Verringerung der Anzahl radioaktiver Kerne verringert sich die Intensität radioaktiver Strahlung. Das Zerfallsgesetz ermöglicht somit auch Aussagen über die zeitliche Veränderung der Strahlenbelastung.

Dynamische und statistische Gesetze

Du kennst bereits aus dem bisherigen Physikunterricht eine ganze Anzahl von physikalischen Gesetzen und weißt:
Physikalische Gesetze sind allgemeine und wesentliche Zusammenhänge, die unter bestimmten Bedingungen wirken. Diese Bedingungen nennt man Gültigkeitsbedingungen.

So gilt z. B. das ohmsche Gesetz $I \sim U$ für einen metallischen Leiter nur, wenn die Temperatur konstant ist.

Du weißt auch: Gesetze kann man nutzen, um Vorhersagen zu treffen oder um Sachverhalte zu erklären. Bisher hast du im Physikunterricht nur Gesetze kennengelernt, mit denen man eindeutig vorhersagen kann, wie sich ein einzelnes Objekt unter den gegebenen Bedingungen verhält.

Ein Beispiel dafür ist das newtonsche Grundgesetz $F = m \cdot a$. Kennt man die Masse eines Körpers und die auf ihn einwirkende Kraft, so kann man die Beschleunigung eindeutig vorhersagen. Beträgt z. B. die Kraft 10 N und die Masse des Körpers 2,5 kg, so erhält man als Beschleunigung:

$$a = \frac{10\,\text{N}}{2{,}5\,\text{kg}} = 4\,\frac{\text{kg} \cdot \text{m}}{\text{kg} \cdot \text{s}^2} = 4\,\frac{\text{m}}{\text{s}^2}$$

Solche Gesetze nennt man **dynamische Gesetze.** Das Zerfallsgesetz (s. S. 81) ist dagegen ein **statistisches Gesetz.** Ein solches Gesetz trifft keine Aussagen zum Verhalten eines einzelnen Objekts, z. B. eines bestimmten Atomkerns, sondern nur über die Gesamtheit der Objekte.
Wenn z. B. ursprünglich 1 Mio. Atomkerne vorhanden sind, dann kann man sagen, dass sich während einer Halbwertszeit ca. 500 000 Atomkerne umwandeln. Welche Kerne es aber sind, kann man nicht vorhersagen.
Statistische Gesetze sind immer mit Wahrscheinlichkeitsaussagen verbunden.

Biologische Wirkungen der radioaktiven Strahlung und Strahlenschutz

Trifft radioaktive Strahlung auf organisches Gewebe, so kann sie auf das Gewebe einwirken und Veränderungen in Zellen hervorrufen (Abb. 1). Besonders gefährlich ist eine kurzzeitig hohe Strahlenbelastung. Sie kann zu unmittelbaren Schädigungen des betreffenden Lebewesens führen (somatische Schäden) oder sich auch erst bei den Nachkommen auswirken (genetische Schäden). Die biologischen Wirkungen auf einen Körper hängen u. a. davon ab,
- wie viel Strahlung der Körper aufnimmt (absorbiert),
- welche Art der Strahlung wirksam wird,
- welche Körperteile bestrahlt werden.

Akut kann es bei Bestrahlung mit einer hohen Dosis zur **Strahlenkrankheit** kommen. Spätschäden durch Zellveränderungen treten häufig erst nach Jahren auf. Hierzu zählen z. B. Erkrankungen der blutbildenden Organe (Leukämie), der Haut und der Augen. Besonders empfindlich gegenüber radioaktiver Strahlung sind die Keimdrüsen.

Der Mensch hat kein Sinnesorgan für **ionisierende Strahlung.** Dazu gehört neben der Alpha-, Beta- und Gammastrahlung

1 ▶ Biologische Wirkungen radioaktiver Strahlung

auch die Röntgenstrahlung. Ionisierende Strahlung lässt sich nur mit speziellen Geräten (s. S. 80) nachweisen.

Biologische Wirkungen können die ionisierenden Strahlen nur hervorrufen, wenn das bestrahlte Objekt Energie aufnimmt. Dabei gilt:

Je größer die Energieaufnahme, desto größer auch die biologische Wirkung.

Zur Kennzeichnung der von einem Körper aufgenommenen Energie nutzt man die physikalische Größe **Energiedosis**:

$$\text{Energiedosis} = \frac{\text{absorbierte Energie}}{\text{Masse des Körpers}}$$

$$D = \frac{E}{m}$$

Daraus ergibt sich als Einheit für die physikalische Größe Energiedosis D:

$$1 \frac{\text{J}}{\text{kg}}$$

Zu Ehren des Strahlenforschers LOUIS HAROLD GRAY (1905–1965) nennt man die Einheit der Energiedosis ein Gray (1 Gy):

$$1 \frac{\text{J}}{\text{kg}} = 1 \text{ Gy}$$

Die hervorgerufenen Wirkungen lassen sich jedoch nicht allein durch die Größe Energiedosis beschreiben. Bei gleicher Energiedosis rufen α-Strahlen eine 20-mal größere biologische Wirkung als β-Strahlung hervor.

Deshalb wurde zur Kennzeichnung der biologischen Wirksamkeit ionisierender

> **Regeln für den Strahlenschutz**
>
> Wegen möglicher Schäden durch radioaktive Strahlung gilt als Grundregel:
>
> **Die Strahlung, der man sich aussetzt, sollte so gering wie möglich sein.**
>
> Die wichtigsten Maßnahmen zum Schutz vor radioaktiver Strahlung sind:
>
> - Von Quellen radioaktiver Strahlung ist ein möglichst großer Abstand zu halten.
> - Strahlungsquellen sind möglichst vollständig abzuschirmen, z. B. mit Blei.
> - Mit radioaktiven Quellen sollte nur kurzzeitig experimentiert werden.
> - Radioaktive Substanzen dürfen nicht in den Körper gelangen. Beim Umgang mit solchen Substanzen sind Essen und Trinken verboten.

Diese Regeln gelten sinngemäß auch für den Umgang mit Röntgenstrahlen.

Strahlung eine weitere physikalische Größe eingeführt, die **Äquivalentdosis H**. Für sie gilt:

$$H = q \cdot D = q \cdot \frac{E}{m}$$

Da q ein Faktor ohne Einheit ist, ergibt sich für H ebenfalls die Einheit 1 J/kg. Um Energiedosis und Äquivalentdosis unterscheiden zu können, nennt man die Einheit für H ein Sievert (1 Sv).

Wichtig für die Abschätzung des tatsächlichen Strahlenrisikos ist auch, ob eine

Benannt ist die Einheit nach dem schwedischen Strahlenforscher ROLF SIEVERT (1896–1966)

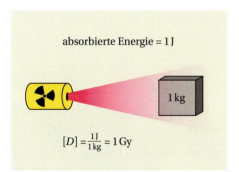

1 ▶ Die Energiedosis ein Gray (1 Gy)

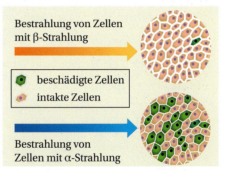

Dem Objekt wird jeweils die gleiche Energie zugeführt.

2 ▶ Die Äquivalentdosis

Strahlenart	Bewertungsfaktor q
Röntgenstrahlen	1
β-Strahlen	1
γ-Strahlen	1
langsame Neutronen	2,3
schnelle Neutronen	10
α-Strahlen	20

Der Wichtungsfaktor für die Schilddrüse beträgt 0,03, dagegen für die Keimdrüsen 0,25.

Ganzkörperbestrahlung erfolgt oder ob nur einzelne Organe bestrahlt werden. Für eine Risikoabschätzung sind deshalb für einzelne Organe oder Gewebe Wichtungsfaktoren festgelegt.

Wird z. B. bei einer radiologischen Untersuchung die Schilddrüse eines Patienten mit 50 mSv belastet, dann beträgt die effektive Äquivalentdosis:

$$H_e = 50 \text{ mSv} \cdot 0{,}03 = 1{,}5 \text{ mSv}$$

1 ▸ Radioaktive Präparate müssen sich in gekennzeichneten Sicherheitsbehältern befinden.

Das bedeutet: Die medizinische Untersuchung ist mit dem gleichen Risiko verbunden wie eine Ganzkörperbestrahlung mit 1,5 mSv.

In Deutschland beträgt die mittlere Strahlenbelastung etwa 4 mSv im Jahr (s. Übersicht unten). Das bedeutet: Ein Mensch nimmt im Durchschnitt durch ionisierende Strahlung diesen Wert auf.

Nach den gegenwärtigen Erkenntnissen treten bei einer kurzzeitigen Strahlenbelastung ab 250 mSv bereits Schäden auf. Eine Belastung von 7 000 mSv ist tödlich. Für Menschen, die beruflich ionisierender Strahlung ausgesetzt sind, gilt z. Z. ein Grenzwert von 20 mSv je Jahr. Sie müssen eine Dosimeterplakette tragen, durch die ionisierende Strahlung registriert wird. Diese Plaketten werden regelmäßig kontrolliert.

Bei der Strahlenbelastung ist zu beachten, dass schon allein die natürliche Strahlung aufgrund der geologischen Besonderheiten (z. B. Gebiete mit Uranvorkommen, Gebirge) sehr unterschiedlich ist. Um die Gefährdung von Menschen zu minimieren, werden regelmäßig Messungen der Strahlenbelastung durchgeführt.

Mittlere Strahlenbelastung in der Bundesrepublik Deutschland im Jahr	
Art der Strahlung	**Äquivalentdosis**
von der Umgebung (Erde) ausgehende terrestrische Strahlung	0,4 mSv/Jahr
kosmische Strahlung	0,3 mSv/Jahr
Strahlung durch die aufgenommene Nahrung/Luft	1,7 mSv/Jahr
medizinische Anwendungen einschließlich Röntgenuntersuchungen	1,5 mSv/Jahr
Strahlung durch Kernkraftwerke, Kernwaffenversuche	0,01 mSv/Jahr
Strahlung durch Bildschirm von Fernsehapparat und Computer	0,02 mSv/Jahr
Gesamtbelastung	≈ **4 mSv/Jahr**

Physik in Natur und Technik

Der Nulleffekt

Wenn z. B. im Klassenzimmer ein Zählrohr in Betrieb genommen wird, geschieht etwas Merkwürdiges. Mit dem Zählrohr wird radioaktive Strahlung registriert, obwohl sich kein radioaktives Präparat in der Nähe befindet. Die Intensität dieser überall in unserer Umgebung vorhandenen radioaktiven Strahlung bezeichnet man als **Nulleffekt**.
Wie ist der Nulleffekt zu erklären?

Der Nulleffekt zeigt, dass überall eine schwache radioaktive Strahlung vorhanden ist. Die Ursachen dafür sind sehr unterschiedlich. In unserer Umgebung, z. B. in der Erde, in Felsen, in Baumaterialien oder in Luft, sind natürliche radioaktive Stoffe vorhanden, die radioaktive Strahlung abgeben. Auch der menschliche Körper gibt Strahlung ab. Diese wird durch die radioaktiven Nuklide hervorgerufen, die wir mit der Nahrung, dem Trinkwasser und der Luft aufnehmen. In unserem Körper finden in jeder Sekunde etwa 9 000 Kernumwandlungen statt. Hinzu kommen geringe Dosen von Strahlung durch technische Geräte.
Bei Messungen muss dieser Nulleffekt beachtet werden. Dazu wird er zunächst bestimmt und dann von den anderen Messwerten subtrahiert.

Versuch mit einem Isotopengenerator

In einem Isotopengenerator, einem Gerät zur Erzeugung radioaktiver Nuklide, wird durch Schütteln radioaktives Protactinium-234 erzeugt, das sich durch einen ß-Zerfall in Uran-234 umwandelt.
Stelle die Werte grafisch dar! Was kann man aus der Tabelle und aus der grafischen Darstellung entnehmen?

Es wird die Anzahl der Atomkerne über der Zeit abgetragen (s. unten). Aus der Tabelle und der Grafik kann man entnehmen:
- Die Halbwertszeit für diesen Zerfall beträgt ca. 70 s (rote Linie).
- In jeder Halbwertszeit wandelt sich jeweils die Hälfte der Protactinium-Kerne in Uran-Kerne um.
- Die Anzahl der radioaktiven Kerne nimmt erst schnell, dann immer langsamer ab.

Für den Zerfall gilt:
$$^{234}_{91}Pa \rightarrow {}^{234}_{92}U + {}^{0}_{-1}e$$

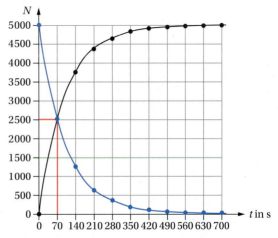

Zeit in s	Anzahl der Pa-Kerne	Anteil der Pa-Kerne	Anzahl der U-Kerne
0	5 000	100 %	0
70	2 500	50 %	2 500
140	1 250	25 %	3 750
210	625	12,5 %	4 375
280	313	6,25 %	4 688
350	156	3,13 %	4 844
420	78	1,56 %	4 922
490	39	0,78 %	4 961
560	20	0,39 %	4 980
630	10	0,2 %	4 990
700	5	0,1 %	4 995

Radioaktive Nuklide in Medizin, Technik und Biologie

Die von radioaktiven Nukliden ausgehende Strahlung kann aufgrund ihrer Eigenschaften in verschiedenen Bereichen von Medizin und Technik genutzt werden.
Wie kann man radioaktive Nuklide herstellen? Welche grundsätzlichen Anwendungsmöglichkeiten gibt es für radioaktive Nuklide?

Radioaktive Nuklide kann man heute im Labor künstlich herstellen. Dazu „beschießt" man stabile Atomkerne mit Teilchen (Protonen, Neutronen, α-Teilchen) oder anderen Atomkernen, die aus einem Teilchenbeschleuniger stammen. Gelingt ein Treffer, so tritt in dem beschossenen Kern eine Kernumwandlung auf.

Viele der so entstehenden Kerne sind instabil und senden bei ihrer Umwandlung radioaktive Strahlung aus (Abb. 2). Darüber hinaus werden manchmal noch Neutronen freigesetzt.

1934 entdeckten IRENE JOLIOT-CURIE (1897–1956) und ihr Mann FREDERIC JOLIOT-CURIE (1900–1958) die **künstliche Radioaktivität.** Sie beschossen Aluminiumkerne mit α-Teilchen. Dabei entstand Phosphor-30, das erste künstliche Nuklid. Es zerfiel in das Nachbarelement Silicium (Abb. 2a).

a)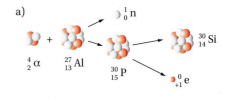

b)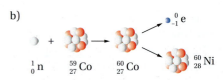

2 ▶ Kernumwandlungen beim Beschuss von Aluminium mit α-Teilchen (a) und Cobalt mit Neutronen (b)

Die künstlich hergestellten radioaktiven Nuklide werden ebenso wie die in der Natur vorkommenden auch als Radionuklide bezeichnet. Einige wichtige Radionuklide für Medizin und Technik sind in der Tabelle auf S. 81 angegeben.

Bei den Anwendungen radioaktiver Nuklide nutzt man die verschiedenen Eigenschaften radioaktiver Strahlung aus.

Wichtige Verfahren sind das Bestrahlungsverfahren, das Durchstrahlungsverfahren und das Markierungsverfahren.

Beim **Bestrahlungsverfahren** wird die Eigenschaft radioaktiver Strahlung genutzt, in Stoffen chemische, biologische oder physikalische Veränderungen hervorzurufen. In der Medizin wird das Verfahren z. B. bei der Tumorbehandlung angewendet, um Krebszellen abzutöten. Da man früher meist Cobalt-60 als Strahler nutzte, wurden die betreffenden Geräte als Cobaltkanonen bezeichnet. Cobalt-60 gibt energiereiche γ-Strahlung ab. Um das benachbarte gesunde Gewebe möglichst wenig zu schädigen, darf die Strahlung nur in einer bestimmten Richtung austreten. Wegen der erforderlichen Abschirmung haben die Kanonen beachtliche Ausmaße.

Das Bestrahlungsverfahren wird auch zur Sterilisation angewendet, indem Keime (Bakterien, Viren usw.) abgetötet werden. Auf diese Weise werden medizinische Geräte keimfrei gemacht. Der Schlamm aus

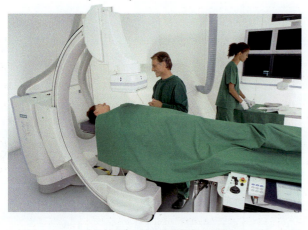

1 ▶ Untersuchung mit Radionukliden

Strahlung radioaktiver Nuklide

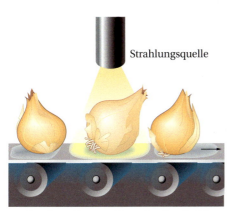

1 ▸ Das Bestrahlungsverfahren: Durch radioaktive Bestrahlung wird die Keimbildung verhindert.

2 ▸ Das Durchstrahlungsverfahren: Von Stoffen wird radioaktive Strahlung absorbiert.

Kläranlagen kann nach der Bestrahlung mit radioaktiven Strahlen als Dünger verwendet werden. Bei Lebensmitteln, wie Zwiebeln und Kartoffeln, kann die Keimbildung verhindert und damit die Lagerfähigkeit verbessert werden (Abb. 1).

In der Technik lässt sich durch radioaktive Bestrahlung die Reißfestigkeit dünner Folien wesentlich erhöhen.

Beim **Durchstrahlungsverfahren** wird die Eigenschaft der Durchdringungsfähigkeit von Stoffen und der Absorption in Stoffen genutzt (Abb. 2). Der zu untersuchende Gegenstand befindet sich zwischen der Strahlungsquelle und einem Strahlungsempfänger, z. B. einem Zählrohr oder einem Film.
Wird z. B. ein Werkstück durchstrahlt und sind Einschlüsse (Luft, andere Stoffe) vorhanden, so verändert sich die vom Werkstoff absorbierte Strahlung und damit die beim Strahlungsempfänger ankommende Strahlung. Deutlich wird dieses durch unterschiedliche Zählraten oder Schwärzungsgrade auf einem Film.

Das Durchstrahlungsverfahren kann z. B. genutzt werden, um die Qualität von Schweißnähten zu prüfen oder um die Schichtdicke bei der Papier- und Folienherstellung ständig zu überwachen. Da es sich um ein zerstörungsfreies Verfahren handelt, ist es besonders gut geeignet, Bauteile zu überprüfen, die hochbelastet und sicherheitsrelevant sind. Das gilt für Drahtseile bei Seilbahnen oder für Radreifen bei der Eisenbahn.

Beim **Markierungsverfahren** (Abb. 3) werden Radionuklide dazu genutzt, um den Weg von Stoffen im menschlichen Körper, bei Pflanzen und Tieren, in Rohrleitungen oder im Erdboden zu verfolgen. Um z. B. die Schilddrüse zu untersuchen, wird radioaktives Iod injiziert. Iod reichert sich in der Schilddrüse an. Mit einem speziellen Zähler wird die von der Schilddrüse ausgehende Strahlung Punkt für Punkt registriert und mithilfe von Computern ausgewertet. Damit können mögliche krankhafte Veränderungen festgestellt werden.

Das so entstehende Bild der Schilddrüse wird als Szintigramm bezeichnet.

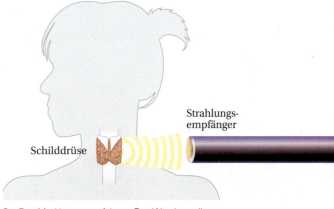

3 ▸ Das Markierungsverfahren: Der Weg bzw. die Anreicherung radioaktiver Nuklide wird verfolgt.

Methoden

Präsentieren von Informationen

Ergebnisse deiner Arbeit zu einem Thema oder Ergebnisse, die ihr in einer Gruppe erarbeitet habt, sollen allen Mitschülern vorgestellt werden. Das kann z. B. durch einen Vortrag, ein Poster oder eine Internetseite geschehen.

Vorbereiten und Halten eines Vortrags
Wenn du einen Vortrag halten oder als Teamsprecher die Ergebnisse der Gruppenarbeit vortragen sollst, sind die nachfolgenden Tipps hilfreich.

Vorbereiten eines Vortrags
1. Überlege dir, was alles zum Thema gehört! Nutze dazu verschiedene Informationsquellen (s. unten)!
2. Gliedere den Vortrag in Abschnitte! Notiere dir die Gliederung!
3. Schreibe dir Schwerpunkte in Kurzform (in Stichwörtern) auf!
4. Überlege dir, was du an die Tafel oder auf Folien schreibst!
5. Nutze die Vorteile von Power-Point-Präsentationen!
6. Bereite Versuchsaufbauten vor und stelle Geräte bereit!

Halten eines Vortrags
1. Wecke am Anfang des Vortrags Interesse und Neugier und nenne das Thema!
2. Beginne beispielsweise mit „Wusstet ihr überhaupt, dass …?" oder „Hättet ihr gedacht, dass …?"
3. Nenne und zeige die Gliederung (Tafel, Folie)!
4. Leite neue Absätze deutlich ein, z. B. mit „Ein weiterer Punkt ist …"!
5. Sprich in kurzen Sätzen!
6. Verwende nur Fachbegriffe, die du auch selbst erklären kannst!
7. Bemühe dich, laut, langsam und deutlich zu sprechen! Schaue deine Zuhörer an!
8. Achte auf die Zeit! Schließe den Vortrag mit einer kurzen Zusammenfassung ab!

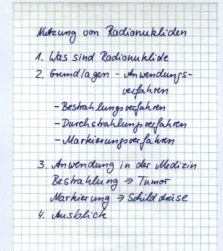

Für die Anfertigung eines Posters solltest du folgende Tipps beachten:
- Das Thema (Überschrift) sollte groß und farbig gestaltet sein.
- Verwende Fotos, übersichtliche Grafiken, Skizzen, Schemata! Gehe sparsam mit Text um!
- Ordne die Inhalte übersichtlich an!
- Teste die Erkennbarkeit und die Lesbarkeit aus größerer Entfernung!

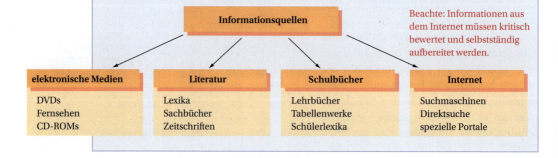

Beachte: Informationen aus dem Internet müssen kritisch bewertet und selbstständig aufbereitet werden.

Altersbestimmung mit Kohlenstoff und Blei

Bei archäologischen Funden, z. B. den Resten von Bauwerken, Mumien oder Gebrauchsgegenständen, möchte man wissen, wie alt die Funde tatsächlich sind.
Wie kann man das Alter archäologischer Funde ermitteln?

Die bekannteste Methode radioaktiver Zeitmessung ist die **C-14-Methode,** auch als Radiokohlenstoffmethode oder Radiokarbonmethode bezeichnet. Mit dieser Methode kann man das Alter organischer Überreste messen (Abb. 1). Die Methode wurde 1947/48 von dem amerikanischen Physiker WILLARD FRANK LIBBY (1908–1980) entwickelt. Er erhielt dafür 1960 den Nobelpreis für Chemie.

Die C-14-Methode beruht darauf, dass ein kleiner Teil des Kohlenstoffs in der Lufthülle der Erde radioaktiv ist. Es handelt sich um das Kohlenstoffisotop C-14. Es entsteht in der Luft durch Kernumwandlung von Stickstoff infolge des ständigen „Beschusses" der Atmosphäre mit Neutronen der Höhenstrahlung. Dieser Prozess geht seit Jahrtausenden vor sich. Damit war und ist der Anteil an C-14-Isotopen in der Atmosphäre weitgehend konstant.
Nun nehmen alle Pflanzen bei der Assimilation (Aufbau körpereigener Stoffe aus körperfremden Stoffen unter Nutzung von Energie) das radioaktive C-14 und das nicht radioaktive C-12 auf. In allen Lebewesen gibt es dadurch ein festes Verhältnis von C-14 und C-12. Mit dem Tod eines Lebewesens oder einer Pflanze hört die Aufnahme von Kohlenstoff auf. Der Anteil an C-14 nimmt durch radioaktiven Zerfall mit einer Halbwertszeit von 5730 Jahren ab. Die Menge des nicht radioaktiven C-12 bleibt gleich.
Aus dem Mengenverhältnis von C-14 und C-12 im organischen Überrest kann auf das Alter des Fundes geschlossen werden.
Beträgt z. B. der C-14-Anteil nur noch 50 % des heutigen Anteils, so kann man folgern: Seit Beendigung der Kohlenstoffaufnahme ist eine Halbwertszeit vergangen, also 5730 Jahre.

Mithilfe von radioaktiven Isotopen kann man auch das Alter von Steinen abschätzen (Abb. 2). Die **Uran-Blei-Methode** beruht darauf, dass viele Steine Uran enthalten, dessen Isotope alle radioaktiv sind. Das natürliche Uranisotop 238 zerfällt über Zwischenstationen in das stabile Blei-206. Aus dem Verhältnis Pb-206 zu U-238 lässt sich das Alter des Gesteins errechnen, wenn man davon ausgeht, dass ursprünglich nur Uran vorhanden war. Für Meteoriten ergibt sich nach dieser Methode ein Alter von 4,5 Milliarden Jahren.
Man kann zur Altersbestimmung auch andere Radionuklide nutzen, die sich in ein stabiles Nuklid umwandeln. Geeignet sind z. B. Kalium-40 oder Rubidium-87.

Die C-14-Methode bringt nur für Funde mit einem Alter bis ca. 20000 Jahren eine relativ gute Genauigkeit mit einem durchschnittlichen Fehler von ± 200 Jahren.

Je älter das Gestein ist, desto größer ist inzwischen der Bestandteil an Blei.

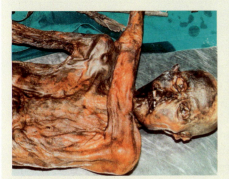

1 ▶ Mithilfe der C-14-Methode wurde versucht, das Alter von „Ötzi" zu ermitteln.

2 ▶ Die Altersbestimmung archäologischer Funde kann mit der Uran-Blei-Methode erfolgen.

Aufgaben

1. Radioaktive Strahlung wird jeweils durch ein Magnetfeld gelenkt (s. Skizzen a und b). Das Magnetfeld zeigt in die Blattebene hinein (a) bzw. aus der Blattebene hinaus (b). Um welche Art von Strahlung könnte es sich handeln? Begründe!

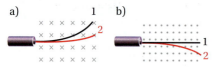

2. Radioaktive Strahlung wird zwischen zwei elektrisch geladenen Platten hindurchgelenkt (s. Skizze). Mit einem Zählrohr stellt man fest, dass sie abgelenkt wird. Um welche Art von Strahlung könnte es sich handeln? Begründe!

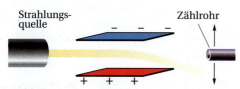

3. Wie funktioniert ein Geiger-Müller-Zählrohr? Fertige eine Skizze mit Schaltplan an und bringe die folgenden Sätze in die richtige Reihenfolge!
   a) Die Spannungsänderung wird verstärkt.
   b) Das Gas im Zählrohr wird ionisiert.
   c) Das führt am Widerstand zu einer kurzzeitigen Spannungsänderung (Impuls).
   d) Radioaktive Strahlung gelangt in das Zählrohr.
   e) Ein Zähler registriert jeden Spannungsimpuls.
   f) Infolge der Stoßionisation kommt es zu einem kurzzeitigen Stromfluss im Zählerstromkreis.

4. Wie kommt ein Zählimpuls in einem Zählrohr zustande?

5. Stelle in einer Übersicht die wichtigsten Eigenschaften der verschiedenen radioaktiven Strahlungen zusammen.

6. Dem Engländer JAMES CHADWICK gelang 1932 der Nachweis von Neutronen. Er beschoss Beryllium-9 mit α-Teilchen (s. Abb.).

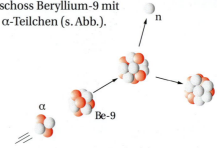

Stelle für diesen Prozess die Reaktionsgleichung auf!

7. Radioaktive Strahlung kann mithilfe einer Nebelkammer nachgewiesen werden. Erkunde, wie eine Nebelkammer aufgebaut ist und wie sie funktioniert! Stelle dazu ein Referat zusammen! Orientiere dich an den Hinweisen auf S. 88!

8. Bei einem Barium-137-Präparat wurden mit einem Zählrohr in 30 s 2070 Impulse gemessen. Nach jeweils zwei Minuten wurde die Messung wiederholt.
Dabei erhielt man folgende Ergebnisse:

Zeit in min	2	4	6	8	10
Anzahl der Impulse	1100	650	416	241	179

   a) Stelle die Messwerte grafisch dar!
   b) Ermittle aus dem Diagramm die Halbwertszeit von Barium-137!

9. Untersuche, wie die Schaumkrone von alkoholfreiem Bier mit der Zeit zerfällt! Begründe, warum das Experiment als ein Modellexperiment für den radioaktiven Zerfall angesehen werden kann!

Vorbereitung:
Gieße alkoholfreies Bier so in ein Glas, dass sich möglichst viel Schaum entwickelt!

Durchführung:
a) Miss jeweils nach 10 Sekunden die Schaumhöhe s!
b) Wiederhole den Versuch mindestens dreimal!

Auswertung:
a) Stelle die Schaumhöhe in Abhängigkeit von der Zeit t dar!
b) Bestimme die Halbwertszeit, in der die Schaumkrone zerfällt!

10. Bei dem schweren Reaktorunfall im Kernkraftwerk Tschernobyl (Ukraine) im Jahr 1986 wurden große Mengen an radioaktiven Stoffen ausgestoßen. Radioaktives Iod-131 und Caesium-137 gelangten bis Deutschland. Insgesamt wurden 0,8 g Iod und 660 g Cäsium auf der Fläche der damaligen Bundesrepublik verteilt. Die Halbwertszeit von Iod beträgt 8 Tage, die von Caesium ca. 30 Jahre.
a) Kurze Zeit nach dem Unfall wurde in Milch eine relativ hohe Iod-Aktivität und eine geringe Caesium-Aktivität gemessen. Nach einigen Wochen waren aber die Caesium-Werte höher als die des Iods. Wie ist das zu erklären?
b) Welche Bedeutung hat die Angabe der Halbwertszeit?
c) Wie viele Gramm Iod waren Mitte Juni 1986 (40 Tage nach dem Unfall) noch vorhanden?
d) Wie viele Gramm Cäsium sind nach 20 Jahren (April 2006) noch vorhanden?

11. Für ein Radionuklid gilt die im Diagramm dargestellte Zerfallskurve.
Wie groß ist die Halbwertszeit?

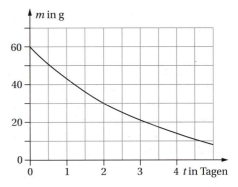

12. Das Zerfallsgesetz ist ein statistisches Gesetz. Erläutere diese Aussage!

13. Nenne einige wichtige Strahlenschutzmaßnahmen! Begründe sie!

14. Welchen Belastungen durch Strahlung ist der Mensch ständig ausgesetzt?

15. Wichtige Größen in Hinblick auf die Strahlenbelastung sind die Energiedosis und die Äquivalentdosis.
a) Was wird durch diese Größen angegeben? In welchen Einheiten werden sie gemessen?
b) Warum reicht zur Bewertung der biologischen Wirksamkeit von Strahlung die Kenntnis der Energiedosis nicht aus?

16. Zwei biologische Objekte A und B besitzen die gleiche Masse. A wird mit ß-Strahlen und B mit α-Strahlen solange bestrahlt, bis beide Objekte gleich viel Energie absorbiert haben. Vergleiche die biologische Wirkung in den beiden Körpern!

17. Begründe, warum Bergsteiger und Piloten einer relativ hohen natürlichen Strahlungsbelastung ausgesetzt sind!

18. Erläutere, wovon die schädigende Wirkung radioaktiver Strahlung abhängt!

19. Zur Abschirmung radioaktiver Strahlung eignen sich Blei und bleihaltige Stoffe besonders gut.
Es wurde experimentell untersucht, wie γ-Strahlung durch Blei unterschiedlicher Dicke abgeschirmt wird. Dazu wurden zwischen einen γ-Strahler und ein Zählrohr verschieden dicke Bleischichten gebracht. Im Diagramm sind die Ergebnisse der Untersuchungen dargestellt.

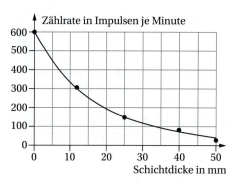

a) Interpretiere dieses Diagramm!
b) Bei welcher Schichtdicke wird die Hälfte der Strahlung absorbiert?
c) Wie dick muss die Schicht sein, damit 90 % der Strahlung absorbiert werden?

20. In vielen Gräbern sind Mumien zu finden. Bei einer dieser Mumien wurde festgestellt, dass der C-14-Anteil nur noch 25 % des heutigen Anteils beträgt. Auf welches Alter der Mumie kann man daraus schließen?

21. Beschreibe den Aufbau und erkläre die Wirkungsweise einer Dosimeterplakette, wie sie von Personen getragen werden muss, die beruflich mit Strahlung in Berührung kommen! Das Foto zeigt eine geöffnete Dosimeterplakette. Der lichtdicht eingepackte Film wird monatlich kontrolliert.

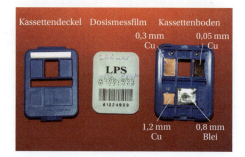

22. An einer Autobahn stehen achtzigjährige Bäume. Eine Altersbestimmung mit der C-14-Methode ergibt aber ein Alter von ca. 500 Jahren. Wie ist das zu erklären?

23. Erkunde, in welchen Bereichen von Medizin, Technik und Biologie radioaktive Nuklide angewendet werden und wozu man sie nutzt! Stelle dazu eine Präsentation zusammen!

24. Erläutere das Bestrahlungsverfahren, das Durchstrahlungsverfahren und das Markierungsverfahren!
Nenne je ein Beispiel und stelle dar, welche Eigenschaften und Wirkungen radioaktiver Strahlung dabei jeweils genutzt werden!

25. Die Strahlenbelastung des menschlichen Körpers von innen wird im Wesentlichen durch das mit der Nahrung aufgenommene radioaktive Kalium-40 hervorgerufen. Kalium-40 ist ein β-Strahler mit einer Halbwertszeit von $1{,}27 \cdot 10^9$ Jahren.
a) Erkunde, wie groß die durchschnittliche Strahlenbelastung durch Kalium-40 ist!
b) Diskutiere die folgende Meinung: Es ist sehr sinnvoll, sich besonders kaliumarm zu ernähren, weil man auf diese Weise die Strahlenbelastung des eigenen Körpers gering halten kann.

Das Wichtigste auf einen Blick

Strahlung radioaktiver Nuklide

● Viele Nuklide sind radioaktiv. Sie senden bei Kernumwandlungen **radioaktive Strahlung** aus.

α-Strahlung

besteht aus doppelt positiv geladenen Heliumkernen.

β-Strahlung

besteht aus Elektronen (β⁻) oder Positronen (β⁺).

γ-Strahlung

ist eine energiereiche elektromagnetische Strahlung.

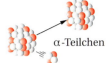
α-Teilchen

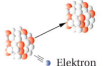
Elektron

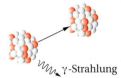
γ-Strahlung

Radioaktive Strahlung
- besitzt Energie.
- kann Gase ionisieren, Filme schwärzen, Zellen schädigen.
- kann Stoffe in unterschiedlicher Weise durchdringen.

● wird teilweise (α-, β-Strahlung) in elektrischen und magnetischen Feldern abgelenkt.

● Beim Umgang mit radioaktiven Stoffen bzw. ionisierender Strahlung sind die Festlegungen des Strahlenschutzes strikt einzuhalten. Es gilt:

> **Die Strahlung, der man sich aussetzt, sollte so gering wie möglich sein.**

● Für die biologische Wirkung ionisierender Strahlung ist die **Äquivalentdosis H** entscheidend. Es gilt:

$$H = D \cdot q = \frac{E}{m} \cdot q$$

Die Strahlenbelastung wird meist in Millisievert (mSv) angegeben. Die durchschnittliche Strahlenbelastung in Deutschland liegt bei 4 mSv im Jahr.

● Die Halbwertszeit t_H gibt an, in welcher Zeit sich jeweils die Hälfte der instabilen Atomkerne umwandelt.

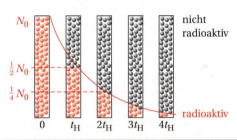

2.4 Kernumwandlungen

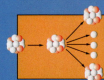

Pro und Kontra Kernenergie ▸▸ Die 1938 entdeckte Kernspaltung kann zur Gewinnung von Energie genutzt werden. In Deutschland kommen heute ca. 30 % der Elektroenergie aus Kernkraftwerken. Trotzdem gibt es intensive Diskussionen über die Nutzung von Kernenergie.
Welche Vorteile und welche Nachteile haben Kernkraftwerke gegenüber anderen Kraftwerksarten?

Kernumwandlungen im Innern der Sonne ▸▸ Die Sonne ist nicht nur eine Lichtquelle, sondern auch eine riesige Wärmequelle. Die Entstehung des Lebens auf der Erde, das Wachstum von Pflanzen und Tieren, das Vorhandensein von Kohle und Erdöl und der ständige Kreislauf des Wassers in der Natur hängen unmittelbar mit der Sonnenstrahlung zusammen.
Welche Energieumwandlungen erfolgen in der Sonne?

Kernumwandlungen   Physik

Die Kernspaltung

Wir wissen bereits, dass sich Atomkerne von Radionukliden spontan umwandeln und dabei α-, β- und γ-Strahlung abgegeben wird. Solche **Kernzerfälle** treten bei allen natürlichen und künstlichen Radionukliden auf. Beispiele für Zerfallsgleichungen sind auf S. 77 angegeben.

Kernumwandlungen kann man auch erreichen, wenn man Stoffe mit Neutronen beschießt. Die Erscheinung, dass schwere Atomkerne, z. B. die Atomkerne von Uran oder Plutonium, bei Beschuss mit Neutronen in zwei mittelschwere Kerne aufgespaltet werden, wird als **Kernspaltung** bezeichnet. Dabei werden Neutronen frei und es wird Energie abgegeben, die als **Kernenergie** oder auch als Atomenergie bezeichnet wird.

Ein Beispiel für eine solche Kernspaltung ist in Abb. 1 dargestellt. Treffen Neutronen mit bestimmter Geschwindigkeit auf das Nuklid Uran-235, so erfolgt eine Umwandlung in das Nuklid Uran-236, das in Bruchteilen von Sekunden in die zwei mittelschweren Kerne, beispielsweise in Krypton (Kr) und Barium (Ba) zerfällt.

> **M** Durch Beschuss mit langsamen Neutronen können schwere Atomkerne in mittelschwere Atomkerne aufgespaltet werden. Dabei werden Neutronen freigesetzt und es wird Energie abgegeben.

Die Zerfallsgleichung lautet somit:

$$^{1}_{0}n + ^{235}_{92}U \longrightarrow ^{236}_{92}U \longrightarrow ^{89}_{36}Kr + ^{144}_{56}Ba + 3\,^{1}_{0}n$$

Bei der Aufspaltung von Uran-235 ist nicht nur die in Abb. 1 dargestellte Reaktion möglich. Es können auch andere mittelschwere Kerne, z. B. Lanthan oder Caesium, entstehen. Man kennt heute etwa 200 verschiedene Spaltprodukte von Uran-235.
Treffen die Neutronen auf spaltbares Material und haben sie die „richtige" Geschwindigkeit, so können sie weitere Kernspaltungen hervorrufen. Es kommt zu einer **Kettenreaktion** (s. rechts), die **ungesteuert** verlaufen kann. Durch Begrenzung der Anzahl der Neutronen kann die Kettenreaktion **gesteuert** werden.

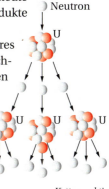
Kettenreaktion (ungesteuert)

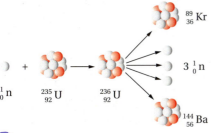
1 ▸ Spaltung von U-235 durch Neutronen: Es werden Neutronen und Energie freigesetzt.

Die erste ungesteuerte Kettenreaktion

Schon kurz nach der Entdeckung der Kernspaltung im Jahr 1938 war vielen Physikern bewusst, dass bei der Kernspaltung viel Energie frei wird und damit die Kernspaltung vielleicht auch technisch genutzt werden kann. Entsprechende Arbeiten wurden in Deutschland, England, den USA und der Sowjetunion vorangetrieben.
1942 begannen in den USA intensive Arbeiten zum Bau einer Kernspaltungsbombe (Atombombe). Innerhalb von drei Jahren wurde eine solche Bombe entwickelt und 1945 über den japanischen Städten Hiroshima und Nagasaki abgeworfen.

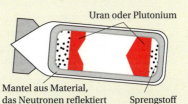

Genauere Informationen findest du z. B. im Internet.

Die Kernspaltung ist die physikalische Grundlage für Kernkraftwerke und Kernspaltungsbomben.

Die Entdeckung der Kernspaltung

In den 30er-Jahren des 20. Jahrhunderts beschäftigten sich viele Physiker und Chemiker mit radioaktiver Strahlung. ENRICO FERMI (1901–1954) beschoss zahlreiche Elemente mit Neutronen und stellte fest, dass sich dadurch fast alle Stoffe umwandeln lassen. Er nannte die neu entstehenden Stoffe Transurane, weil er zunächst annahm, dass alle diese Stoffe im Periodensystem jenseits des Urans liegen, also eine Ordnungszahl von über 92 hätten. 1934 erhielt FERMI durch Beschuss von Platin mit Neutronen Gold. IRENE JOLIOT-CURIE (1897–1956), die Tochter von MARIE CURIE, und ihr Mann FREDERIC JOLIOT-CURIE (1900–1958) entdeckten 1934 die künstliche Radioaktivität.

In Deutschland beschäftigten sich in Berlin OTTO HAHN, FRITZ STRASSMANN und LISE MEITNER, die im Jahr 1938 emigrierte, mit der Untersuchung von Transuranen.

HAHN und STRASSMANN bestrahlten Uran mit Neutronen und untersuchten die dann entstandenen Nuklide. Dabei machten sie Ende 1938 eine Entdeckung, die ihnen selbst unwahrscheinlich vorkam.

In der Zeitschrift „Naturwissenschaften" erschien am 6. Januar 1939 ein Artikel von ihnen, in dem es heißt:

OTTO HAHN
(1879–1968)

LISE MEITNER
(1878–1968)

> „… Nun müssen wir aber noch auf einige neuere Untersuchungen zu sprechen kommen, die wir der seltsamen Ergebnisse wegen nur zögernd veröffentlichen. … Wir kommen zu dem Schluss: Unsere ‚Radiumisotope' haben die Eigenschaften des Bariums; als Chemiker müssten wir eigentlich sagen, bei den neuen Körpern handelt es sich nicht um Radium, sondern um Barium, denn andere Elemente als Barium und Radium kommen nicht in Frage. … Als der Physik in gewisser Weise nahestehende ‚Kernchemiker' können wir uns zu diesem, allen bisherigen Erfahrungen der Kernphysik widersprechenden Sprung noch nicht entschließen … Es könnte doch eine Reihe seltsamer Zufälle unsere Ergebnisse vorgetäuscht haben."

Wenig später gelang es, die Spaltprodukte eindeutig zu identifizieren. Durch Beschuss von Uran mit Neutronen waren Krypton und Barium entstanden. Zugleich wurden bei jeder Kernspaltung drei Neutronen und Energie freigesetzt.

Kurze Zeit später gelang der Nachweis weiterer Spaltprodukte von Uran, z. B. Strontium und Yttrium. Damit war die Kernspaltung entdeckt, für die OTTO HAHN im Jahre 1945, nach Ende des Zweiten Weltkriegs, den Nobelpreis für Chemie für das Jahr 1944 erhielt.

Die Möglichkeit der Energiegewinnung aus Kernspaltung war bereits 1939 diskutiert worden. Mit Beginn des Zweiten Weltkriegs trat immer mehr die Frage in den Vordergrund, ob die Kernenergie auch militärisch nutzbar sei.

1942 begann in den USA die intensive Arbeit an Atomwaffen, die innerhalb von drei Jahren zum Bau von Kernspaltungsbomben (Atombomben) führte. Am 6. August und am 9. August 1945 wurden durch US-Amerikaner Atomwaffen über den japanischen Städten Hiroshima und Nagasaki gezündet. Bei den Explosionen wurden gewaltige Mengen an radioaktiver Strahlung und Wärme frei. Es gab Hunderttausende von Toten. Noch heute sterben Menschen an den Folgen.

1 ▶ Arbeitstisch von OTTO HAHN (Deutsches Museum München)

Die Kernfusion

Die Aufspaltung schwerer Atomkerne durch Neutronen ist nicht der einzige Prozess im atomaren Bereich, bei dem Energie freigesetzt wird. Astrophysiker hatten durch verschiedene Methoden ermittelt, dass die Sonne zu etwa 70 % aus Wasserstoff und zu etwa 28 % aus Helium besteht, also weitgehend aus sehr leichten Elementen. Außerdem war bekannt, dass Sterne eine Entwicklung durchlaufen und mit zunehmendem Alter der Sterne der Anteil an Wasserstoff abnimmt. Daher lag die Vermutung nahe, dass bei der Energiefreisetzung in Sternen leichte Elemente, insbesondere Wasserstoff, die entscheidende Rolle spielen.

Bei der Verschmelzung leichter Atomkerne zu schwereren wird Energie freigesetzt. Der Vorgang wird als Kernverschmelzung oder Kernfusion bezeichnet.

Eine solche Kernfusion, nämlich die Verschmelzung von Wasserstoffkernen zu Heliumkernen, verläuft nur unter extremen Bedingungen, wie sie z. B. im Innern der Sonne herrschen (Temperatur ca. 15 Mio. °C, Druck etwa 10^{16} Pascal). Der Gesamtprozess kann vereinfacht so beschrieben werden ($_{+1}^{0}e$ – Positron):

$$4\,_{1}^{1}H \longrightarrow \,_{2}^{4}He + 2\,_{+1}^{0}e + \gamma$$

1 ▶ In allen Sternen und auch in unserer Sonne erfolgt die Energiefreisetzung durch Kernfusion.

Kräfte und Energien im Atomkern

Um zu verstehen, warum sowohl bei der Kernspaltung als auch bei der Kernfusion Energie freigesetzt wird, muss man die Struktur des Atomkerns genauer betrachten.

In einem Atomkern werden Protonen und Neutronen auf kleinstem Raum zusammengehalten. Das wird durch sehr starke Kernkräfte, die den (abstoßenden) elektrischen Kräften zwischen den Protonen entgegenwirken, erreicht.

Diese **Kernkräfte** haben die Besonderheit, dass ihre Reichweite sehr gering ist und sie nur zwischen benachbarten Kernteilchen wirken. Außerdem wirken sie nicht nur zwischen Neutron und Proton, sondern auch zwischen zwei Protonen. Zurückzuführen sind die Kernkräfte auf die Wechselwirkungen zwischen den Quarks. Wie stark die Kernteilchen im Kern zusammengehalten werden, lässt sich berechnen.

Ein Heliumkern besteht zum Beispiel aus zwei Protonen und zwei Neutronen. Seine Masse müsste sich demnach aus zwei Protonenmassen und aus zwei Neutronenmassen zusammensetzen:

$$2m_p = 2 \cdot 1{,}672\,62 \cdot 10^{-27}\text{ kg}$$
$$= 3{,}345\,24 \cdot 10^{-27}\text{ kg}$$

$$2m_n = 2 \cdot 1{,}674\,93 \cdot 10^{-27}\text{ kg}$$
$$= 3{,}349\,86 \cdot 10^{-27}\text{ kg}$$

Die Gesamtmasse beträgt demzufolge:

$$m_{2n+2p} = 6{,}695\,10 \cdot 10^{-27}\text{ kg}$$

Sehr genaue Bestimmungen der Heliummasse im Massenspektrografen haben eine Masse von $m_{He} = 6{,}644\,7 \cdot 10^{-27}$ kg ergeben. Die Masse des Heliumkerns ist also um $0{,}050\,4 \cdot 10^{-27}$ kg geringer als die Summe der Massen der einzeln existierenden Teilchen. Dieser Verlust macht ca. 0,8 % aus.

Elektrische Abstoßung zwischen gleichnamigen Ladungen

Zusätzliches Wirken von Kernkräften

$_{2}^{4}He$ besteht aus 2 Protonen und 2 Neutronen.

Der Massenverlust, auch **Massendefekt** genannt, kommt dadurch zustande, dass beim Zusammenfügen der einzelnen Teilchen zu einem Kern ein kleiner Teil der Massen in Energie umgewandelt wird. Diese Energie wird in Form von Strahlung abgegeben.

Protonen und Neutronen   Heliumkern

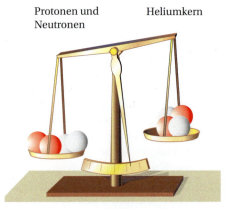

> Ⓜ Die Masse eines Atomkerns ist kleiner als die Masse seiner Bestandteile. Diesem Massendefekt Δm entspricht eine bestimmte Energie.

2 ▶ So kann man sich den Massendefekt verdeutlichen.

ALBERT EINSTEIN
(1879–1955)

$1 eV =$
$1,602 \cdot 10^{-19} J$

Wie viel Energie aus einer bestimmten Masse entsteht, kann mit dem von ALBERT EINSTEIN formulierten Gesetz $E = m \cdot c^2$ berechnet werden (E Energie, m Masse und c Lichtgeschwindigkeit).
Beim Heliumkern führt das zu einer Energie von

$$E = 0,0504 \cdot 10^{-27} \text{ kg} \cdot (3 \cdot 10^8 \tfrac{m}{s})^2$$
$$= 0,4536 \cdot 10^{-11} \text{ J}$$

Eine Umrechnung ergibt:

$$0,4536 \cdot 10^{-11} \text{ J} = 28 \text{ MeV}$$

Diese Energie ist bei der Kernentstehung abgegeben worden. Auf jedes einzelne Teilchen entfallen daher:

$$E = 28 \text{ MeV} : 4$$
$$E = 7 \text{ MeV}$$

Je größer bei der Kernentstehung die abgegebene Energie ist, desto fester sind die Kernteilchen aneinander gebunden. Diese Energie nennt man daher auch **Bindungsenergie** oder **Kernbindungsenergie.**

Genaue Messungen haben ergeben, dass die Bindungsenergie bei verschiedenen Kernen der einzelnen Elemente unterschiedlich ist. Abb. 1 zeigt die mittlere Bindungsenergie je Nukleon. Aus dem Diagramm ist erkennbar:
Die mittlere Bindungsenergie je Nukleon hat bei Kernen mit Massenzahlen zwischen 40 und 80 ihren höchsten Wert. Die Kernbindungsenergie kann daher auf zwei verschiedene Arten genutzt werden: Entweder werden schwere Atomkerne gespalten oder

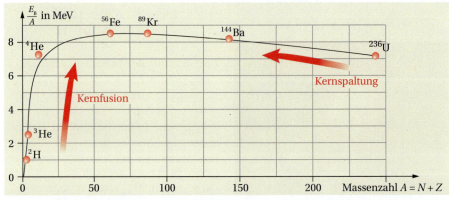

1 Mittlere Bindungsenergie je Nukleon in Abhängigkeit von der Massenzahl. Ein Maximum tritt im Bereich mittlerer Massenzahlen (Eisen) auf.

leichte Kerne verschmolzen. In beiden Fällen wird Energie freigesetzt. Aus dem Kurvenverlauf (Abb. 1) ergibt sich: Die bei der Fusion zweier leichter Kerne frei werdende Energie ist wesentlich größer als die bei der Spaltung eines schweren Kerns in zwei mittelschwere.

Energiebilanz bei der Kernspaltung

Wir betrachten als Beispiel folgende Kernspaltung:

$$^1_0\text{n} + ^{235}_{92}\text{U} \longrightarrow ^{140}_{52}\text{Te} + ^{94}_{40}\text{Zr} + 2\,^1_0\text{n}$$

Dabei handelt es sich bei dem Element Te um Tellur und bei Zr um Zirkonium. In den Elementlisten finden wir die Massen der Atome angegeben in der atomaren Masseneinheit u. Ein u ist 1/12 der Atommasse des Nuklids $^{12}_{6}\text{C}$. Damit gilt:

$$u = 1{,}660\,540 \cdot 10^{-27} \text{ kg}$$

Nach der einsteinschen Gleichung $E = m \cdot c^2$ entspricht das einer Energie von $E = u \cdot c^2 = 931{,}49$ MeV.

Stellen wir nun die Massen zusammen:

Linke Seite: $m_\text{U} = 235{,}043\,92\ u$
$m_\text{n} = 1{,}008\,665\ u$
Zusammen: $236{,}052\,59\ u$

Rechte Seite: $m_\text{Te} = 139{,}905\,41\ u$
$m_\text{Zr} = 93{,}906\,315\ u$
$2 \cdot m_\text{n} = 2{,}017\,330\ u$
Zusammen: $235{,}829\,06\ u$

Damit erhält man einen Massendefekt von $\Delta m = 0{,}223\,56\ u$. Das entspricht einer Energie von 208 MeV.

Ergebnis:
Bei dem genannten Spaltungsprozess werden 208 MeV freigesetzt.
Diese Energie von 208 MeV, die bei der Spaltung eines Urankerns frei wird, liegt in unterschiedlicher Form vor.
Diese verschiedenen Formen sind in der nachfolgenden Übersicht unten zusammengestellt.

Als durchschnittliche Energie je Nukleon ergibt sich für die Kernspaltung ein Wert von etwa 1 MeV.

Energieform	E in MeV
kinetische Energie der Spaltprodukte	172
kinetische Energie der Spaltneutronen	6
Energie spontaner γ-Strahlung	7
Energie der β-Strahlung	5
Energie der α-Strahlung	6
Energie weiterer Teilchen	12
Gesamtenergie	208

Beim β-Zerfall entstehen weitere Teilchen (Neutrinos), die Energie besitzen.

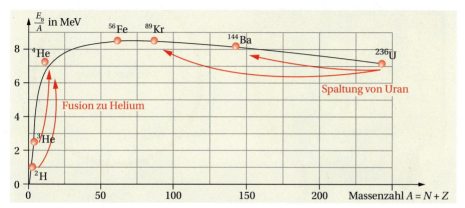

1 ▸ Kernspaltung und Kernfusion: Bei beiden Vorgängen ist die mittlere Bindungsenergie je Nukleon im Endzustand größer als im Ausgangszustand.

Energiebilanz bei der Kernfusion

Bei der Kernfusion werden leichte Atomkerne zu schwereren verschmolzen, wobei Energie frei wird. Als Beispiel betrachten wir die Verschmelzung von 2 Protonen und 2 Neutronen zu einem Heliumkern. Die Massen der Protonen und Neutronen betragen:

$$2m_P = 2 \cdot 1{,}672\,62 \cdot 10^{-27}\ \text{kg}$$
$$2m_N = 2 \cdot 1{,}674\,93 \cdot 10^{-27}\ \text{kg}$$

Daraus ergibt sich eine Gesamtmasse von $6{,}695\,10 \cdot 10^{-27}$ kg. Die Masse eines Heliumkerns beträgt dagegen:

$$m_{He} = 4{,}001\,5\ u\quad \text{oder}$$
$$m_{He} = 6{,}644\,7 \cdot 10^{-27}\ \text{kg}$$

Daraus ergibt sich ein Massendefekt von:
$$\Delta m = 0{,}050\,4 \cdot 10^{-27}\ \text{kg}$$

Das entspricht einer Energie von:
$$E = 0{,}45 \cdot 10^{-11}\ \text{J} = 28\ \text{MeV}$$

Ergebnis:
Verschmelzen 2 Protonen und 2 Neutronen zu einem Heliumkern, so wird eine Energie von etwa 28 MeV freigesetzt.

Für die Einheiten Joule (J) und Megaelektronenvolt (MeV) gilt: $1\ MeV = 1{,}602 \cdot 10^{-13}\ J$

Als durchschnittliche Energie je Nukleon ergibt sich damit ein Wert von etwa 7 MeV, also wesentlich mehr als bei der Kernspaltung.

Die Verwendung der Fusionsenergie ist auf der Erde noch in der Versuchsphase. Das Hauptproblem ist, die für die Kernfusion nötige Temperatur und den erforderlichen Druck zu erzeugen. Die Materie, die bei Temperaturen von einigen Millionen Kelvin als Plasma (Gas mit Ionen und Elektronen) vorliegt, muss in einem geeigneten Raum aufbewahrt werden. Damit das heiße Plasma nicht mit Wänden in Berührung kommt, wird es in starken Magnetfeldern gehalten (Abb. 2).

Die Energiegewinnung durch Kernfusion hätte erhebliche Vorteile gegenüber der Nutzung der Kernspaltung:
- Die zur Fusion notwendigen Rohstoffe sind in fast unerschöpflichem Maße vorhanden.
- Bei der Fusion entstehen keine extrem langlebigen radioaktiven Folgeprodukte.
- Die Sicherheit eines Fusionsreaktors lässt sich nach gegenwärtiger Einschätzung leichter gewährleisten als die eines Spaltreaktors.

Wann die Kernfusion zur Gewinnung von Energie genutzt werden kann, ist gegenwärtig noch offen. In Versuchsanlagen (Abb. 1) sollen die Möglichkeiten der Energiegewinnung erforscht werden.

1 Modell der Kernfusions-Versuchsanlage in Culham bei Oxford (England)

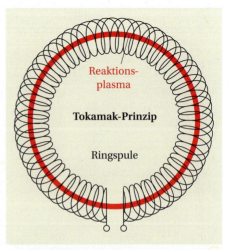

2 ▶ Prinzip der Einschließung eines Plasmas durch starke Magnetfelder (stark vereinfacht)

Kernfusion in der Sonne

Ohne Sonnenstrahlung würde kein Leben auf der Erde existieren. Fast alle Energie auf der Erde ist letztendlich auf Sonnenenergie zurückzuführen.
Die Fotosynthese ermöglicht den Stoffwechsel der Pflanzen, sie ist aber nur bei ausreichendem Lichteinfall möglich. Fossile Brennstoffe wie Kohle werden heute dort abgebaut, wo vor Millionen von Jahren Wälder im Sonnenlicht wuchsen. Auch die Wasserkraft ist auf Sonnenenergie zurückzuführen, ebenso das gesamte Wettergeschehen. Selbst die Psyche der Menschen wird von der Sonne beeinflusst.
Heute wissen wir, dass die Sonne eine riesige Gaskugel ist, in deren Kern gewaltige Energien freigesetzt und von der Sonnenoberfläche in den Weltraum abgestrahlt werden.
Welche Prozesse gehen im Innern der Sonne vor sich?

Die Sonne ist eine riesige Gaskugel, die heute zu etwa 70 % aus Wasserstoff und zu 28 % aus Helium besteht. Im Kern herrschen Temperaturen von etwa 15 Millionen Kelvin, ein Druck von etwa 10^{16} Pascal und eine Dichte von 160 g·cm^{-3}. Das sind Bedingungen, unter denen Kernfusion vor sich geht. Im Zentrum der Sonne verschmelzen Wasserstoffkerne zu Helium. Die wichtigsten Prozesse sind vereinfacht in Abb. 1 dargestellt. Zwei Wasserstoffkerne verschmelzen zu Deuterium. Dabei wird Energie freigesetzt und es werden Positronen abgestrahlt.
Anschließend erfolgt die Verschmelzung zu einem Helium-3-Kern, wobei wieder Energie frei wird. Schließlich verschmelzen zwei Helium-3-Kerne zu Helium-4, wobei zwei Protonen (Wasserstoffkerne) entstehen und wieder Energie frei wird. Bei dem gesamten Prozess wird eine Energie von $4,3 \cdot 10^{-12}$ J freigesetzt. In der Sonne gehen in jeder Sekunde viele Milliarden solcher Prozesse vor sich. In einer Sekunde verschmelzen 567 Millionen Tonnen Wasserstoff zu 562,8 Millionen Tonnen Helium. Damit tritt in jeder Sekunde ein Massedefekt von 4,2 Millionen Tonnen auf. Das bedeutet: Die Sonne wird in jeder Sekunde 4,2 Millionen Tonnen leichter. Diesem Massedefekt entspricht eine Energie von $3,8 \cdot 10^{26}$ J. Diese Energie wird in jeder Sekunde von der Oberfläche der Sonne in den Weltraum abgestrahlt. Ein Teil davon gelangt zur Erde. Bis jetzt hat die Sonne etwa 1/3 ihres Wasserstoffvorrats verbraucht. Der gegenwärtig vorhandene Vorrat an Wasserstoff reicht noch einige Milliarden Jahre.

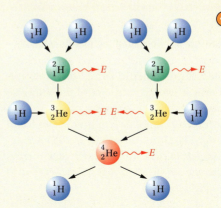

1 ▶ Bei der Kernfusion verschmelzen in mehreren Zwischenstufen Wasserstoffkerne zu einem Heliumkern (vereinfacht). Dabei wird Energie frei.

Physik in Natur und Technik

Energie bei Kernspaltung und Kernfusion

Wir gehen dabei von dem auf S. 99 beschriebenen Vorgang aus.

Das angereicherte Uran, das man in Kernkraftwerken nutzt, wird nur teilweise gespalten.
Wie viel Energie würde man erhalten, wenn man 1 kg Uran vollständig spalten würde? Vergleiche den Wert mit der Elektroenergie, die ein Großkraftwerk (P = 1 000 MW) täglich abgibt!

Ein Tag hat 86 400 s.

Die Masse eines Uranatoms beträgt:
$$m = 235{,}044 \cdot 1{,}66 \cdot 10^{-27} \text{ kg oder}$$
$$m = 3{,}90 \cdot 10^{-25} \text{ kg}$$

Auch hier zeigt sich: Bei der Kernfusion wird bei gleicher Masse mehr Energie freigesetzt als bei der Kernspaltung.

In einem Kilogramm Uran sind somit
$$N = \frac{1 \text{ kg}}{3{,}90 \cdot 10^{-25} \text{ kg}} = 2{,}56 \cdot 10^{24}$$
Urankerne.
Werden **alle** gespalten, dann erhalten wir eine Gesamtenergie von:
$$E = 2{,}56 \cdot 10^{24} \cdot 208 \text{ MeV}$$
$$E = 5{,}32 \cdot 10^{26} \text{ MeV}$$
$$E = 8{,}5 \cdot 10^{13} \text{ J}$$

Ein Großkraftwerk mit einer Leistung von 1 000 MW gibt an einem Tag folgende Energie ab:
$$E = P \cdot t$$
$$E = 10^9 \text{ W} \cdot 86\,400 \text{ s}$$
$$E = 8{,}6 \cdot 10^{13} \text{ J}$$

Bei der vollständigen Spaltung von 1 kg Uran würde etwa die Energie freigesetzt, die von einem Großkraftwerk an einem Tag abgegeben wird.

Analog dazu kann man die Energie berechnen, die frei wird, wenn man 1 kg Helium aus den Nukleonen zusammensetzen würde.

Bei der Masse eines Heliumatoms von $m_{He} = 4{,}0026\,u$ besteht ein Kilogramm Helium aus $1{,}51 \cdot 10^{26}$ Atomen.

Damit erhält man eine Energie von:
$$E = 28 \text{ MeV} \cdot 1{,}51 \cdot 10^{26}$$
$$E = 6{,}8 \cdot 10^{14} \text{ J}$$

Wie lange leuchtet unsere Sonne noch?

Seit einigen Jahrzehnten wissen Physiker und Astronomen, dass Sterne eine Entwicklung durchlaufen. Das gilt auch für unsere Sonne. Gegenwärtig wird in ihr Energie durch die Fusion von Wasserstoff zu Helium freigesetzt (s. S. 101). Was geschieht aber, wenn in einigen Milliarden Jahren die Wasserstoffvorräte zur Neige gehen?
Die Kernfusion bricht dann nicht ab, sondern es beginnt schlagartig die Heliumfusion, bei der Heliumkerne zu Kohlenstoffkernen bzw. Sauerstoffkernen verschmelzen. Auch die Wasserstofffusion geht weiter, allerdings in der Hülle und nicht mehr im Kern (Abb. 1). Nachdem sich in der Folge der Heliumfusion – die Astrophysiker sprechen vom Heliumbrennen – Sauerstoff und Kohlenstoff im Zentrum des Sterns angereichert haben, geht die Energiefreisetzung ihrem endgültigem Ende entgegen. Das letzte Stadium der Sternentwicklung setzt ein. Die nur noch locker gebundene Hülle wird in den Weltraum abgestoßen, der Kern wird sich als weißer Zwerg immer weiter abkühlen. Das wird aber erst in einigen Milliarden Jahren der Fall sein.

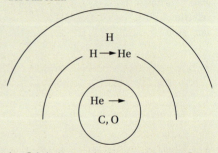

1 ▶ Schalenbrennen in einem massearmen Stern

Kernkraftwerke

In Kernkraftwerken läuft die gesteuerte Kettenreaktion in einem Kernreaktor ab. Die dabei frei werdende Kernenergie wird über mehrere Schritte in elektrische Energie umgewandelt.

Für den Betrieb eines Kernkraftwerks (Abb. 1) muss gewährleistet sein, dass die Kernspaltung kontinuierlich und steuerbar abläuft.
Dazu ist es erforderlich, dass
- genügend spaltbares Material vorhanden ist,
- Neutronen mit der für die Spaltung notwendigen Geschwindigkeit existieren,
- die Neutronenzahl reguliert werden kann.

Die notwendige Mindestmasse wird als **kritische Masse** bezeichnet.
Als **spaltbares Material** wird meist angereichertes Uran mit 3,5 % U-235 und 96,5 % U-238 verwendet. Im natürlichen Uran sind nur ungefähr 0,7 % spaltbares U-235 vorhanden. Natürliches Uran muss also angereichert werden. Das spaltbare Material wird meist in Tablettenform in **Brennstoffstäben** in das Reaktorgefäß gebracht (Abb. 2). In den Brennstoffstäben läuft die Kernspaltung ab. Die für die Spaltung der Urankerne erforderlichen Neutronen entstehen bei der Kernreaktion selbst. Da bei jeder Kernspaltung 2 bis 3 Neutronen frei werden, wächst ihre Zahl lawinenartig an. Es kommt zu einer **Kettenreaktion.** Voraussetzung dafür ist allerdings, dass die Neutronen die „richtige" Geschwindigkeit haben. Um das zu erreichen, werden **Moderatoren** genutzt. Zumeist verwendet man dazu Wasser oder Grafit.

2 ▸ Blick in das Reaktorgefäß eines Kernreaktors

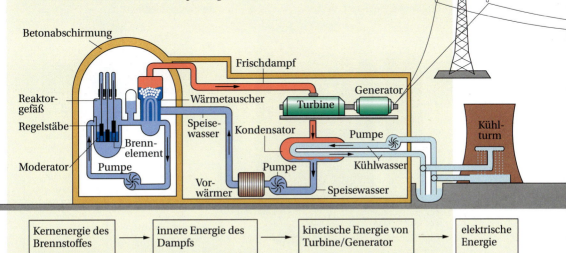

1 ▸ Aufbau eines Kernkraftwerks mit Druckwasserreaktor: In einem ersten Kreislauf wird Wasser erhitzt. In einem zweiten Kreislauf gelangt der Dampf zur Turbine.

In Gorleben (Niedersachsen) und in Morsleben (Sachsen-Anhalt) werden radioaktive Abfälle in ehemaligen Salzbergwerken zwischengelagert.

Moderatoren bremsen die bei der Kernspaltung frei werdenden schnellen Neutronen so weit ab, dass sie weitere Kerne des Urans spalten können.

Die Kettenreaktion wird mit **Regelstäben** aus Bor oder Cadmium gesteuert. Beide Elemente absorbieren Neutronen. Durch mehr oder weniger tiefes Einfahren dieser Regelstäbe zwischen die Brennelemente wird die Zahl der Neutronen und damit die ablaufende Reaktion gesteuert.

Eine ungeregelte Kettenreaktion würde zu einer starken Erhitzung und möglicherweise zur Zerstörung des Reaktors führen. Die freigesetzte Kernenergie wird auf Wasser übertragen. Ähnlich wie bei einem Wärmekraftwerk wird der entstehende Dampf genutzt, um Turbinen zu betreiben und mit Generatoren elektrische Energie zu gewinnen.

Der **Nutzen von Kernkraftwerken** besteht vor allem darin, dass
- keine fossilen Brennstoffe wie Kohle oder Erdöl verbrannt werden müssen,
- der Schadstoffausstoß eines solchen Kraftwerks gering ist und
- mit relativ kleinen Mengen Kernbrennstoff viel elektrische Energie gewonnen werden kann.

Weltweit existieren heute etwa 440 Kernkraftwerke großer Leistung, die ca. 17 % des Elektroenergiebedarfs decken.

Die **Gefahren von Kernkraftwerken** liegen u. a. darin, dass durch menschliches Versagen oder durch technische Pannen radioaktive Stoffe freigesetzt werden können.

Trotz aller Sicherheitsmaßnahmen sind solche Unfälle nicht völlig auszuschließen. Sie würden in dicht besiedelten Gebieten katastrophale Folgen haben. Außerdem ist bis heute das Problem der dauerhaft sicheren Endlagerung von radioaktiven Abfällen, die in Kernkraftwerken entstehen, nicht gelöst. Solche beim Betrieb eines Kernkraftwerks entstehenden radioaktiven Abfälle müssen wegen ihrer Radioaktivität und den großen Halbwertszeiten über viele Jahrzehnte hinweg sicher gelagert werden.

Eine Möglichkeit ist die unterirdische Lagerung in ehemaligen Salzbergwerken. Eine andere Möglichkeit besteht darin, abgebrannte Brennstoffstäbe wieder aufzubereiten (Abb. 2). Dabei entstehen allerdings radioaktive Abfälle, die ebenfalls sicher gelagert werden müssen. Allein in Deutschland beträgt die Gesamtmenge des radioaktiven Abfalls etwa 30 000 m³ pro Jahr. Der größte Teil dieser Abfälle ist nur schwach radioaktiv, muss aber ebenfalls sicher gelagert werden.

Die Auffassungen darüber, welche Rolle Kernkraftwerke für die künftige Energieversorgung in Deutschland spielen sollen, sind sehr unterschiedlich.

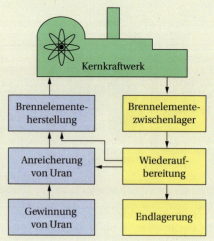

1 ▶ Brennstäbe und anderes hoch radioaktives Material werden in speziellen Behältern transportiert und gelagert.

2 ▶ Vereinfachte Darstellung des Brennstoffkreislaufs bei Kernreaktoren. Auch dabei entstehen radioaktive Abfälle.

Aufgaben

1. In welchem Jahr wurde erstmals die Spaltung eines Atomkerns nachgewiesen? Um welchen Kern handelte es sich und wer waren die Entdecker?

2. Beschreibe die Kettenreaktion bei einer Kernspaltung!

3. a) Stelle übersichtlich zusammen, unter welchen Voraussetzungen eine gesteuerte Kernspaltung möglich ist!
   b) Wo wird die gesteuerte Kernspaltung genutzt? Nenne Beispiele!
   c) Gibt es auch Anwendungen für die ungesteuerte Kettenreaktion? Welche?

4. Was versteht man unter der Bindungsenergie?

5. Berechne die Bindungsenergie je Nukleon für die folgenden Atome:
   a) $^{11}_{5}$B (Kernmasse: $m = 11{,}00656\,u$);
   b) $^{56}_{26}$Fe ($m = 55{,}92067\,u$)
   c) $^{238}_{92}$U ($m = 238{,}00003\,u$)

6. Welche Energie entspricht den Massen 1 kg, 1 g und 1 u? Gib die Energie jeweils in J und in MeV an!

7. Uran-235 wird durch Beschuss mit Neutronen in Uran-236 umgewandelt. Dieses Uranisotop existiert nur Bruchteile von Sekunden und zerfällt dann in verschiedene mittelschwere Kerne. Dabei werden zwei oder drei Neutronen frei. Nachfolgend ist jeweils ein Folgekern und die Anzahl der frei werdenden Neutronen angegeben. Stelle jeweils die vollständige Reaktionsgleichung auf!
   a) Lanthan-147 und 2 Neutronen
   b) Selen-85 und 3 Neutronen
   c) Caesium-137 und 3 Neutronen
   d) Antimon-133 und 2 Neutronen
   e) Xenon-143 und 3 Neutronen

8. Ergänze im Heft die folgenden Kernreaktionsgleichungen:
   a) $^{235}_{92}\text{U} + ^{1}_{0}\text{n} \longrightarrow\ _{54}\text{Xe} + ^{90}_{38}\text{Sr} + 3\,^{1}_{0}\text{n}$
   b) $^{235}_{92}\text{U} + ^{1}_{0}\text{n} \longrightarrow\ _{51}\text{Sb} + ^{104}\text{Nb} + 3\,^{1}_{0}\text{n}$
   c) $^{235}_{92}\text{U} + ^{1}_{0}\text{n} \longrightarrow\ _{36}\text{Kr} + ^{144}\text{Ba} + 2\,^{1}_{0}\text{n}$
   d) $^{235}_{92}\text{U} + ^{1}_{0}\text{n} \longrightarrow\ ^{103}_{42}\text{Mo} + ^{131}\text{Sn} + ?\,^{1}_{0}\text{n}$

*9. Beschreibe anhand von Abbildung 1 auf S. 103 die Energieumwandlungen in einem Kernkraftwerk! Worin bestehen die Unterschiede gegenüber einem Kohlekraftwerk?

10. Welche Vorteile und welche Nachteile haben Kernkraftwerke gegenüber anderen Arten von Kraftwerken?

11. Der Anteil der Kernenergie an der Elektroenergiegewinnung lag 2006 in den verschiedenen Ländern zwischen 0 % und 77 %.

Frankreich	77 %
Belgien	55 %
Schweiz	38 %
Japan	36 %
Deutschland	30 %
USA	21 %
Kanada	13 %

Diskutiere die Meinung: „Kernenergie kann durch andere Energien ersetzt werden!" Welche Argumente sprechen dafür, welche dagegen?

12. Vergleiche die Kernspaltung mit der Kernfusion! Nenne Gemeinsamkeiten und Unterschiede!

13. Was versteht man unter dem „Wirkungsgrad"? Welchen Wirkungsgrad hat ein Kernkraftwerk?

14. Um das Austreten von radioaktiver Strahlung zu verhindern, werden in Kernkraftwerken Sicherheitsbarrieren errichtet. Nenne einige dieser Barrieren! Welche Funktion haben sie?

15. Interpretiere das folgende Bild! Versuche soviel Daten wie möglich herauszulesen!

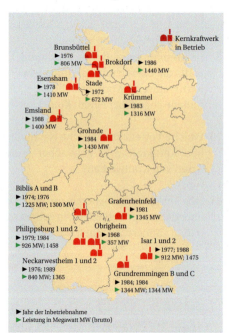

16. Sammle Material zu Vorteilen und Nachteilen der Nutzung von Kernenergie! Bewerte die Informationen kritisch! Stelle einen Kurzvortrag oder ein Poster zusammen! Nutze zur Vorbereitung das Internet!

17. Pro und Kontra Kernenergie! Argumentiere sachlich in Bezug auf folgende Aussagen, die in der öffentlichen Diskussion auftreten:
  a) Kernkraftwerke belasten die Umwelt stärker als Kohlekraftwerke.
  b) Radioaktiver Müll der Kernkraftwerke kann noch in Tausenden von Jahren gefährlich werden.
  c) Elektrische Energie aus Kernkraftwerken ist teurer als die aus Windkraftanlagen.
  d) Radioaktives Wasser, das aus Kernkraftwerken in Flüsse geleitet wird, verseucht das Flusswasser und erwärmt es auch.

18. In der öffentlichen Diskussion steht CASTOR oft für Transportbehälter. Was bedeutet diese Abkürzung? Welche Funktion hat ein CASTOR-Behälter (s. Abb.)?

***19.** Ergänze die fehlende Massenzahl und berechne die frei werdende Energie beim folgenden Fusionsprozess:

$$^{2}_{1}D + ^{2}_{1}D \longrightarrow \,_{2}He + ^{1}_{0}n$$

***20.** Wie viel Energie kann man mit dem in Aufg. 19 dargestellten Prozess bekommen, wenn man 1 kg He herstellt?

***21.** In Sternen können unter sehr hoher Temperatur auch mittelschwere Atomkerne fusioniert werden, wie etwa Sauerstoff oder Kohlenstoff.
Bei den Atomkernen welcher Elemente kann nicht mehr weiter fusioniert werden? Begründe deine Meinung!

22. Eine mögliche neue Energiequelle ist die gesteuerte Kernfusion.
Informiere dich im Internet über den aktuellen Stand der Kernfusionsforschung!

Das Wichtigste auf einen Blick

Kernumwandlungen

Kernzerfälle treten bei allen natürlichen und künstlichen **Radionukliden** spontan auf. Dabei entsteht α-Strahlung, β-Strahlung oder γ-Strahlung.

Kernspaltung ist die Aufspaltung eines schweren Atomkerns in zwei mittelschwere.

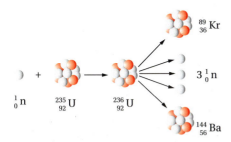

Dabei wird im Durchschnitt eine Energie von etwa 200 MeV freigesetzt. Außerdem entstehen 2–3 neue Neutronen, die zu einer Fortsetzung der Kernspaltung (Kettenreaktion) führen können.

Anwendungen: Kernkraftwerk, Kernspaltungsbombe (Atombombe)

Kernfusion ist die Verschmelzung von leichten Atomkernen zu einem schwereren.

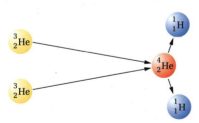

Dabei wird eine Energie von einigen MeV freigesetzt.

Anwendungen: Energiefreisetzung in der Sonne und in anderen Sternen, Fusionskraftwerk

Sowohl für die **Kernspaltung** als auch für die **Kernfusion** gilt:

- Die Masse der Ausgangskerne und -teilchen ist größer als die Masse der am Ende des Prozesses vorhandenen Kerne und Teilchen.
- Die Differenz zwischen den Massen nennt man Massendefekt.
- Dem Massendefekt entspricht eine bestimmte Energie: $E = m \cdot c^2$
- Die mittlere Bindungsenergie je Nukleon liegt bei den meisten Atomkernen zwischen 7 MeV und 9 MeV (s. S. 98, Abb. 1). Sie ist bei mittelschweren Kernen maximal.

Im Mittel wird bei der Kernspaltung eine Energie von etwa 1 MeV je Nukleon freigesetzt. Bei der Kernfusion sind es etwa 7 MeV.

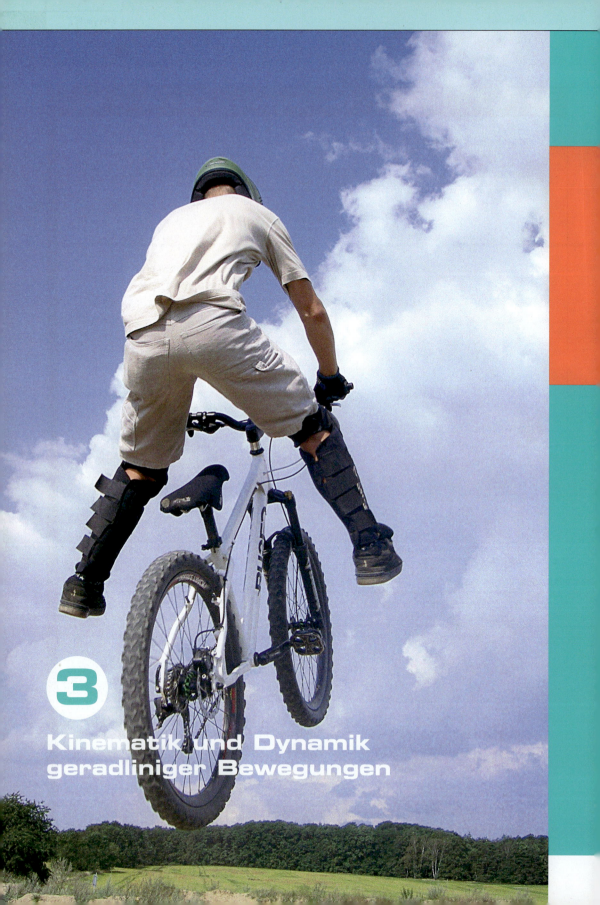

3 Kinematik und Dynamik geradliniger Bewegungen

3.1 Darstellung von Bewegungsabläufen in Diagrammen

Ruhepausen einhalten ▶▶ Um im Straßenverkehr konzentriert und reaktionsfähig zu bleiben, ist es vor allem bei längeren Fahrten äußerst wichtig, regelmäßige Pausen einzulegen. Lkw und Busse müssen sogar einen Fahrtenschreiber benutzen, der die Geschwindigkeit des Fahrzeugs zu jedem Zeitpunkt aufzeichnet.
Welche Aussagen kann man aus einem Fahrtenschreiberdiagramm ableiten?

„Von null auf hundert" ▶▶ Pkw mit leistungsstarken Motoren haben im Vergleich zu baugleichen Wagen mit weniger Leistung den Vorteil, dass man mit ihnen schneller beschleunigen und somit sicherer überholen kann. Sie brauchen in der Regel allerdings auch mehr Kraftstoff.
Was bedeutet in der Physik „Beschleunigung"? Wie lässt sich eine größere Beschleunigung grafisch darstellen?

Bewegung eines Körpers

kinesis (griech.) bedeutet Bewegung. Daher kommt der Begriff Kinematik für die Bewegungslehre.

Bewegung und Ruhe sind Begriffe, die man sowohl in der Umgangssprache als auch in der Fachsprache der Physik verwendet. In der Mechanik ist eine **Bewegung** eine Orts- oder Lageveränderung eines Körpers gegenüber einem anderen Körper, dem **Bezugskörper,** oder einem **Bezugssystem.**
Jede Bewegung ist somit **relativ** und kann nur gegenüber einem Bezugssystem angegeben werden. Häufig ist dieses Bezugssystem die Erdoberfläche. Es kann aber auch ein beliebiges anderes Bezugssystem gewählt werden.

Ein Bezugssystem ist ein Bezugskörper und ein damit verbundenes Koordinatensystem.

Körper bewegen sich entlang einer Bahn (Abb. 1). Nach der **Form der Bahn** kann man zwischen **geradlinigen Bewegungen, Kreisbewegungen** und **Schwingungen** unterscheiden (vgl. Übersicht unten). Wir werden uns nachfolgend nur mit geradlinigen Bewegungen beschäftigen.

Körper können auf ihrer Bahn langsamer oder schneller werden oder ihre Geschwindigkeit beibehalten. Bewegungen, bei denen die Geschwindigkeit gleich bleibt, nennt man **gleichförmig.** Bewegungen, bei denen sich die Geschwindigkeit ändert, heißen **ungleichförmig.**

Wenn wir einen Fußgänger und einen Autofahrer beobachten, so stellen wir fest, dass sie sich sehr unterschiedlich bewegen. Und doch gibt es bei allen Bewegungen etwas Gemeinsames: Bewegt sich ein Körper, so befindet er sich zu einem bestimmten Zeitpunkt an einem bestimmten Ort. Und um sich von einem Ort zu einem anderen zu bewegen, braucht er eine gewisse Zeit und legt dabei einen bestimmten Weg zurück.

1 ▶ Der Kondensstreifen am Himmel zeigt die Bahn eines Flugzeugs.

Geradlinige Bewegung	Kreisbewegung	Schwingung
Der Zug bewegt sich auf den Schienen auf einer geraden Bahn. Er führt eine **geradlinige Bewegung** aus.	Die Gondeln des Riesenrads bewegen sich alle auf einer Kreisbahn. Sie führen eine **Kreisbewegung** aus.	Die Kinder bewegen sich zwischen beiden Punkten hin und her. Sie führen eine **Schwingung** aus.

Darstellung von Bewegungsabläufen in Diagrammen

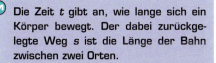

1 ▸ Ort und Weg bei einer geradlinigen Bewegung des Radfahrers

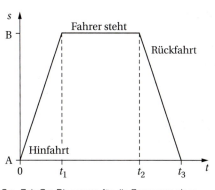

2 ▸ Zeit-Ort-Diagramm für die Bewegung eines Radfahrers

Betrachtet man nur die Bewegung in Richtung der positiven s-Achse, dann sind Weg s und Ortskoordinate s immer identisch.

Die Zeit t gibt an, wie lange sich ein Körper bewegt. Der dabei zurückgelegte Weg s ist die Länge der Bahn zwischen zwei Orten.

Fährt der Radfahrer z. B. vom Ort A zum Ort B (Abb. 1), so legt er den Weg s zurück. Fährt er dann nach einiger Zeit wieder von B nach A zurück, beträgt der Weg ebenfalls wieder s, die Richtung des Wegs ist aber entgegengesetzt. Der Radfahrer kommt dann wieder zum Ausgangspunkt A (Abb. 1). Das kann man auch in einem Zeit-Ort-Diagramm darstellen (Abb. 2).

Für alle nachfolgenden Betrachtungen vereinbaren wir Folgendes:
- Zum Zeitpunkt $t = 0$ ist die Ortskoordinate $s = 0$ und damit auch der zurückgelegte Weg $\Delta s = 0$.
- Bewegt sich der Körper, so legt er in einem bestimmten Zeitintervall Δt einen Weg Δs zurück. Dann ergibt sich für das Zeitintervall
$$\Delta t = t - 0 = t$$
und für den zurückgelegten Weg
$$\Delta s = s - 0 = s.$$

Das Kurzzeichen t steht damit sowohl für einen Zeitpunkt als auch für ein Zeitintervall. Das Kurzzeichen s kann ein zurückgelegter Weg oder ein Ort sein. Die Bedeutung ergibt sich aus dem jeweiligen Zusammenhang.

Die Geschwindigkeit

Aus dem bisherigen Physikunterricht weißt du bereits: Die Geschwindigkeit v eines Körpers gibt an, wie schnell sich der Körper bewegt. Ein Körper ist umso schneller,
- je größer der Weg ist, den er in einer bestimmten Zeit zurücklegt,
- je kürzer die Zeit ist, die er für eine bestimmte Strecke braucht.

Für die Einheiten der Geschwindigkeit gilt:
$$1\,\tfrac{m}{s} = 3{,}6\,\tfrac{km}{h}$$
$$1\,\tfrac{km}{h} = \tfrac{1}{3{,}6}\,\tfrac{m}{s}$$

Bewegt sich ein Körper gleichförmig, so kann seine Geschwindigkeit berechnet werden mit der Gleichung:
$$v = \frac{\Delta s}{\Delta t}$$
Δs zurückgelegter Weg
Δt benötigte Zeit

Mit Δs und Δt ist immer die Differenz zwischen dem Endzustand und dem Anfangszustand gemeint.

Nimmt man für $t = 0$ als Weg $s = 0$ an, kann man auch schreiben:
$$v = \frac{s}{t}$$

Für eine gleichförmige Bewegung ist der Betrag von v an allen Orten gleich groß.

Bei beliebigen ungleichförmigen Bewegungen eines Körpers auf einer beliebigen Bahn lässt sich mit der Gleichung die **Durchschnittsgeschwindigkeit** des Körpers berechnen. Diese Durchschnittsgeschwindigkeit kann größer, kleiner oder genauso groß wie die Momentangeschwindigkeit sein.

Messgerät für die Momentangeschwindigkeit ist der Tachometer.

Zeit-Ort-Diagramm und Zeit-Geschwindigkeit-Diagramm für gleichförmige Bewegungen

Wir gehen davon aus, dass zum Zeitpunkt $t = 0$ die Ortskoordinate $s = 0$ ist.

Misst man für die Bewegung eines Körpers zu vorgegebenen Zeiten den jeweiligen Ort oder umgekehrt die Zeiten für festgelegte Orte, so erhält man Messwertepaare für Zeit und Ort.

Die Tabelle zeigt die Werte für zwei Spielzeugautos A und B, die sich unterschiedlich schnell, aber jeweils mit konstanter Geschwindigkeit bewegen.

Zeit t in s	0	5	10	15	20	25
Ort s_A in cm	0	50	100	150	200	250
Ort s_B in cm	0	25	50	75	100	125

Stellt man die Werte grafisch dar, so erhält man ein Zeit-Ort-Diagramm (t-s-Diagramm), so wie es in Abb. 1 links dargestellt ist. Für eine gleichförmige Bewegung ergibt sich als Graph eine Gerade. Außerdem ist der Quotient aus dem zurückgelegten Weg und der dafür benötigten Zeit bei gleichförmigen Bewegungen in jedem Bewegungsabschnitt stets konstant. Der Wert dieses Quotienten entspricht der Geschwindigkeit der Bewegung. Im t-s-Diagramm bedeutet das: Je steiler der Graph verläuft, desto größer ist die Geschwindigkeit. Berechnet man für die oben genannten Messwertepaare die Geschwindigkeit, dann ergibt sich:

Zeit t in s	5	10	15	20	25
v_A in $\frac{cm}{s}$	10	10	10	10	10
v_B in $\frac{cm}{s}$	5	5	5	5	5

Die grafische Darstellung ergibt ein t-v-Diagramm (Abb. 1, rechts), aus dem erkennbar ist:
- Die Messwertepaare liegen auf einer Geraden parallel zur t-Achse.
- Je größer die Geschwindigkeit ist, desto größer ist der Abstand von der t-Achse.

> Bei einer gleichförmigen Bewegung ist der Graph im Zeit-Ort-Diagramm eine Gerade. Ihre Steigung ist die Geschwindigkeit.
> Der Graph im Zeit-Geschwindigkeit-Diagramm ist eine Gerade parallel zur t-Achse.

2 ▶ Mit einer solchen Anordnung kann man Orte und Zeiten messen.

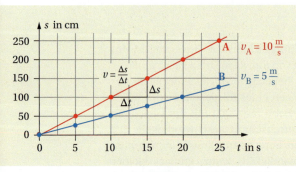
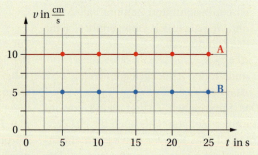

1 ▶ Zeit-Ort-Diagramm (links) und Zeit-Geschwindigkeit-Diagramm (rechts) für zwei verschieden schnelle gleichförmige Bewegungen

So schnell sind Tiere, Menschen, Autos und Raketen

Manche Vorgänge in der Natur laufen so langsam ab, dass man sie nur erkennt, wenn man über längere Zeiträume sehr exakt misst. So bewegen sich z. B. die Kontinente der Erde gegeneinander: Europa entfernt sich von Amerika pro Jahr um 2 cm.
In der lebenden Natur sind sehr unterschiedliche Geschwindigkeiten zu beobachten, wobei man zwischen **Durchschnittsgeschwindigkeiten** und **Höchstgeschwindigkeiten** unterscheiden muss. Die Durchschnittsgeschwindigkeiten liegen meist weit unter den Höchstgeschwindigkeiten.

Höchstgeschwindigkeiten einiger Tiere

beim Fliegen	
Stubenfliege	8 km/h
Biene	29 km/h
Sperling	45 km/h
Mauersegler	180 km/h
Wanderfalke (Sturzflug)	280 km/h

beim Kriechen oder Laufen	
Weinbergschnecke	0,003 km/h
Klapperschlange	4 km/h
Hase	65 km/h
Rennpferd	69 km/h
Gepard	120 km/h

beim Schwimmen	
Eisbär	10 km/h
Forelle	35 km/h
Hai	36 km/h
Tunfisch	75 km/h
Schwertfisch	90 km/h

Unter den Tieren sind die Vögel die schnellsten. Ein Falke kann im Sturzflug bis zu 280 km/h erreichen. Schnecken, wie die Große Wegschnecke oder die Weinbergschnecke, sind dagegen ausgesprochen langsam. Die Tabelle links gibt dazu einen Überblick. Auch der Mensch erreicht sehr unterschiedliche Geschwindigkeiten. Einige Beispiele sind in der folgenden Tabelle angegeben. 100-m-Läufer, die Durchschnittsgeschwindigkeiten von 36 km/h erreichen, also die für 100 m nur 10 s benötigen, gehören zur Weltspitze.

Geschwindigkeiten des Menschen

normales Gehen	5 km/h
100 m Freistil	7 km/h
Radwandern	15 km/h
800-m-Lauf	27 km/h
100-m-Lauf	36 km/h
Radrennen	40–60 km/h
Skispringer beim Absprung	100 km/h
frei fallender Fallschirmspringer	180 km/h

Mit technischen Hilfsmitteln können wesentlich größere Geschwindigkeiten erzielt werden.

Geschwindigkeiten in Natur und Technik

Wachstum eines Haars	0,3 mm/Tag
Regentropfen	25 km/h
Orkan Windstärke 12	< 120 km/h
Passagierflugzeug	900 km/h
Schall in Luft	1 200 km/h
Raketenauto (1997)	1 228 km/h
Geschoss eines Gewehrs	2 800 km/h
Rakete in Erdumlaufbahn	28 440 km/h
Lichtgeschwindigkeit	300 000 km/s

Damit ein Satellit die Erde umkreisen kann, benötigt er eine Geschwindigkeit von 7,9 km/s. Um den Anziehungsbereich der Erde zu verlassen, muss seine Geschwindigkeit bereits 11,2 km/s betragen.
Beim Start von der Erde aus benötigt ein Satellit immerhin eine Geschwindigkeit von 16,7 km/s, um unser Planetensystem verlassen zu können.
Unsere Erde bewegt sich mit einer mittleren Geschwindigkeit von 29,8 km/s im Laufe eines Jahrs um die Sonne.

Methode

Arbeiten mit Diagrammen

Mit der in Abb. 1 dargestellten computergestützten Anordnung kann man den Ort eines Körpers in Abhängigkeit von der Zeit auf einem Computermonitor darstellen. Dabei ergibt sich z. B. folgendes Diagramm:

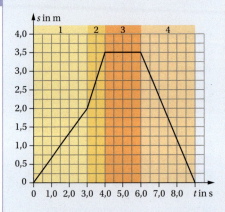

Was kann man einem solchen Diagramm entnehmen?

1. Auf der Rechtswertachse ist die Zeit in Sekunden aufgetragen. Es wurde in der Zeit von 0 s bis 9 s gemessen.
   Auf der Hochwertachse ist die Entfernung s von einer festen Marke in Metern aufgetragen. Sie bewegt sich in einem Bereich von 0 m bis 3,5 m.

2. Wir teilen die dargestellte Bewegung in vier Abschnitte, die im Diagramm oben farbig markiert sind. Innerhalb eines Abschnitts erfolgt jeweils eine bestimmte Bewegung. Für diese vier Abschnitte kann man dem Diagramm Folgendes entnehmen:

Abschnitt 1: In der Zeit von 0 s bis 3,0 s bewegt sich der Wagen gleichförmig (konstanter Anstieg) von der 0-Marke bis zu einer Entfernung von 2,0 m. Das heißt, seine Geschwindigkeit beträgt:
$$v = \frac{2,0\text{ m}}{3,0\text{ s}} = 0,67\,\frac{\text{m}}{\text{s}}$$

Abschnitt 2: In der Zeit von 3,0 s bis 4,0 s bewegt sich der Wagen gleichförmig mit höherer Geschwindigkeit (größerer, konstanter Anstieg) von der 2-m-Marke bis zu einer Entfernung von 3,5 m. Es wird also ein Weg von 1,5 m in einer Zeit von 1 s zurückgelegt. Seine Geschwindigkeit beträgt $1,5\,\frac{\text{m}}{\text{s}}$.

Abschnitt 3: Der Wagen hält 2 s lang.

Abschnitt 4: Dann bewegt er sich in weiteren 3,0 s wieder gleichförmig zurück zur 0-Marke. Seine Geschwindigkeit beträgt:
$$v = \frac{-3,5\text{ m}}{3,0\text{ s}} = -1,2\,\frac{\text{m}}{\text{s}}$$

Das Minuszeichen verdeutlicht, dass die Bewegung in umgekehrter Richtung verläuft.

Dieselbe Bewegung kann man auch in einem Zeit-Geschwindigkeit-Diagramm darstellen (s. u.).

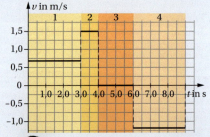

1 ▶ Versuchsaufbau zur Erfassung von Ort s und Zeit t

Darstellung von Bewegungsabläufen in Diagrammen — Physik

Beschleunigte Bewegungen

Die Bewegungen von Körpern in unserem Alltag verlaufen meist nicht gleichförmig. Beschleunigungs- und Bremsvorgänge sind Teil der meisten Bewegungen, die wir um uns herum beobachten können.

Während eines Überholmanövers im Straßenverkehr beschleunigt der überholende Wagen (Abb. 1). Wie stark der Wagen dabei beschleunigt, kann von verschiedenen Faktoren abhängen, wie der Fahrweise des Fahrers, der Bauweise des Fahrzeugs, der Straßenbeschaffenheit.

Wie schnell ein Körper seine Geschwindigkeit ändert, wird in der Physik durch die physikalische Größe **Beschleunigung** beschrieben.

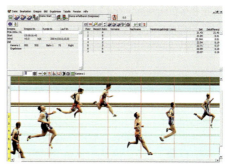

2 ▸ Bei Kurzstreckenläufen erfolgen beschleunigte Bewegungen. Die verschiedenen Größen kann man elektronisch ermitteln.

des Pkw ändert. Entscheidend für die Berechnung der Beschleunigung eines Körpers sind nur die Änderung der Geschwindigkeit und die dafür benötigte Zeit.

Die Beschleunigung gibt an, wie schnell sich die Geschwindigkeit eines Körpers ändert.

Formelzeichen: a
Einheit: 1 Meter je Quadratsekunde $\left(1\,\frac{m}{s^2}\right)$

Die Beschleunigung eines Körpers kann berechnet werden mit der Gleichung:

$$a = \frac{\Delta v}{\Delta t}$$

Δv Geschwindigkeitsänderung
Δt benötigte Zeit

Mit $\Delta v = v_E - v_A$ (v_E Endgeschwindigkeit, v_A Anfangsgeschwindigkeit) ist die Beschleunigung bei der Vergrößerung der Geschwindigkeit ($v_E > v_A$) positiv, bei der Verringerung der Geschwindigkeit ($v_E < v_A$) dagegen negativ.

Ein Körper wird mit 1 m/s² beschleunigt, wenn sich seine Geschwindigkeit in einer Sekunde um $1\,\frac{m}{s}$ ändert.

Beim Abbremsen eines Pkw verlangsamt sich die Bewegung des Fahrzeugs. Auch hier spricht man in der Physik von Beschleunigung, da sich die Geschwindigkeit

Ist zum Zeitpunkt $t = 0$ die Geschwindigkeit $v = 0$, kann man auch schreiben:

$$a = \frac{v}{t}$$

Ist die Beschleunigung nicht konstant, so erhält man mit den obigen Gleichungen eine **Durchschnittsbeschleunigung**.

Beschleunigungen in Natur und Technik	
anfahrender Güterzug	0,1 m/s²
anfahrender ICE	0,5 m/s²
anfahrendes Fahrrad	2 m/s²
anfahrender Pkw	2,5 m/s²
100-m-Läufer in der Startphase	3 m/s²
bremsender Pkw (trockene Straße)	−7 m/s²
anfahrendes Rennauto	7,5 m/s²
fallender Stein	10 m/s²

1 ▸ Der überholende Wagen erhöht seine Geschwindigkeit – er beschleunigt.

Zeit-Ort-Diagramm und Zeit-Geschwindigkeit-Diagramm für beschleunigte Bewegungen

Lässt man eine Kugel eine schiefe Ebene hinabrollen, so wird die Kugel durch eine Kraft beschleunigt. Diese längs der Ebene wirkende Kraft, die Hangabtriebskraft, ist eine Komponente der Gewichtskraft (Abb. 1). Ihr Betrag hängt von der Masse der Kugel und der Neigung der Ebene ab.

Lässt man nun die Kugel aus der Ruhe heraus die schiefe Ebene hinabrollen, so legt sie wegen ihrer steigenden Geschwindigkeit gleiche Wege in zunehmend kürzeren Zeiten zurück. Man kann auch sagen: In gleichen Zeiten legt sie immer längere Wege zurück.

Bei bestimmter Neigung der Ebene ist die beschleunigende Hangabtriebskraft konstant. Für die Beschleunigung ergibt sich damit aus dem newtonschen Grundgesetz $F = m \cdot a$:

$$a = \frac{F}{m}$$

Bei F = konstant ist auch a = konstant. Die Kugel bewegt sich also mit konstanter Beschleunigung nach unten. Eine solche Bewegung mit konstanter Beschleunigung wird als **gleichmäßig beschleunigte Bewegung** bezeichnet. Eine solche Bewegung ist auch der freie Fall.

*Für die Gewichtskraft gilt: $F_G = m \cdot g$
F_H ist die beschleunigende Hangabtriebskraft.*

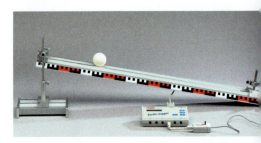

2 ▸ Experimentieranordnung zur Untersuchung des Zusammenhangs zwischen Ort und Zeit für eine gleichmäßig beschleunigte Bewegung

Mithilfe einer computergestützten Messanordnung (Abb. 2) oder unter Nutzung von Lichtschranken kann man die Zeit messen, die der Körper benötigt, um vom Startpunkt aus einen bestimmten Weg zurückzulegen. In der Tabelle stehen die Messwerte für zwei verschiedene Neigungen A und B der schiefen Ebene.

s in cm	0	20	40	60	80
t_A in s	0	0,49	0,69	0,84	0,97
t_B in s	0	0,29	0,40	0,49	0,57

Stellt man die Werte grafisch dar, so erhält man das in Abb. 3 dargestellte Zeit-Ort-Diagramm (t-s-Diagramm). Aus dem Diagramm ist erkennbar: Die Graphen verlaufen im Unterschied zu denen bei gleichförmigen Bewegungen parabelförmig.

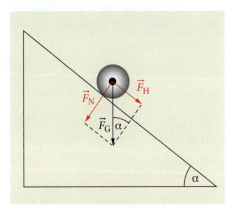

1 ▸ Kräfte auf einen Körper: $\vec{F}_H$ und $\vec{F}_N$ sind Komponenten der Gewichtskraft $\vec{F}_G$.

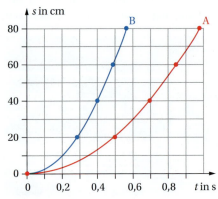

3 Zeit-Ort-Diagramm für gleichmäßig beschleunigte Bewegungen

Darstellung von Bewegungsabläufen in Diagrammen

In einem zweiten Versuch kann wieder mithilfe von Lichtschranken die Momentangeschwindigkeit der Kugeln gemessen werden, die sie nach den auf S. 116 genannten Wegen und damit nach den dort bestimmten Zeiten erreicht haben. Für die Bewegung A erhält man:

t_A in s	0	0,49	0,69	0,84	0,97
v_A in $\frac{m}{s}$	0	0,82	1,2	1,4	1,6

Für die Bewegung B ergibt sich in analoger Weise:

t_B in s	0	0,29	0,40	0,49	0,57
v_B in $\frac{m}{s}$	0	1,4	2,0	2,4	2,8

Stellt man auch diese Werte grafisch dar, so erhält man ein Zeit-Geschwindigkeit-Diagramm (Abb. 1).

> **M** Bei einer gleichmäßig beschleunigten Bewegung ist der Graph im Zeit-Ort-Diagramm Teil einer Parabel. Der Graph im Zeit-Geschwindigkeit-Diagramm ist eine Gerade.

Würde man die Beschleunigung gegen die Zeit auftragen, so ergäbe sich eine Gerade parallel zur t-Achse.

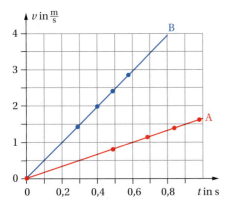

1 ▶ Zeit-Geschwindigkeit-Diagramm für gleichmäßig beschleunigte Bewegungen

Methode

Interpretieren eines Diagramms

Beim Interpretieren eines Diagramms solltest du folgendermaßen vorgehen:
1. Nenne die physikalischen Größen, die auf den Achsen angetragen sind!
2. Beschreibe den Zusammenhang zwischen den Größen, die auf den Achsen angetragen sind!
3. Nenne charakteristische Werte! Gehe, wenn möglich, auf die Bedeutung der Fläche unter dem Graphen und der Steigung des Graphen ein!

Bei manchen Diagrammen hat der Quotient aus den beiden Achsengrößen, das ist die Steigung des Graphen, eine physikalische Bedeutung (Abb. 2, 3).

Auch das Produkt aus den beiden auf den Achsen abgetragenen Größen (die Fläche unter dem Graphen) hat manchmal eine physikalische Bedeutung (Abb. 3).

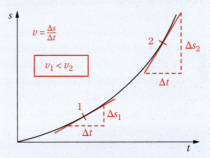

2 ▶ t-s-Diagramm: Größere Steigung bedeutet größere Geschwindigkeit.

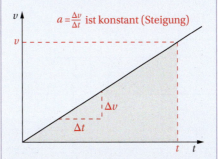

3 ▶ t-v-Diagramm: Die Fläche unter dem Graphen ist zahlenmäßig gleich dem Weg.

Physik in Natur und Technik

Mit dem Auto unterwegs

Vom Beifahrersitz aus hat Ferdinand mithilfe des Tachometers und seiner Uhr Daten zur Bewegung des Pkw während einer kurzen Autofahrt gesammelt und nach diesen Daten ein vereinfachtes Zeit-Geschwindigkeit-Diagramm gezeichnet (Abb. 1). Es haben sich dabei fünf charakteristische Abschnitte ergeben.
Beschreibe, wie die Fahrt verlaufen ist! Gehe dabei auf die fünf Abschnitte ein!

Aus dem Zeit-Geschwindigkeit-Diagramm kann man ablesen, dass der Pkw fünf unterschiedliche Bewegungen ausgeführt hat:
(1) Während der ersten Minute hat der Pkw aus dem Stillstand eine gleichmäßig beschleunigte Bewegung ausgeführt und die Geschwindigkeit 30 km/h erreicht.
(2) Dann ist er 5 min lang mit dieser Geschwindigkeit gleichförmig gefahren.
(3) Anschließend hat sich innerhalb von 2 min seine Geschwindigkeit auf 50 km/h vergrößert.
(4) Mit dieser Geschwindigkeit ist er 3 min lang gefahren.
(5) Innerhalb einer Minute hat er bis zum Stillstand abgebremst.

2 ▸ Mit dem Tachometer wird die Momentangeschwindigkeit gemessen.

In welcher Phase der Bewegung war der Betrag der Beschleunigung am größten?

Die Beschleunigung ist definiert als Quotient aus Geschwindigkeitsänderung und dafür benötigter Zeit:

$$a = \frac{\Delta v}{\Delta t}$$

Die Geschwindigkeitsänderung je Zeiteinheit (Steigung des Graphen im t-v-Diagramm) hat im Abschnitt (5) den größten Betrag:

$$a = \frac{50 \text{ km/h}}{1 \text{ min}} = 0{,}23 \, \frac{\text{m}}{\text{s}^2}$$

Zeichne das Zeit-Ort-Diagramm für die ersten 4 min der Fahrt! Nach einer Minute befindet sich der Pkw 250 m vom Ausgangspunkt entfernt.

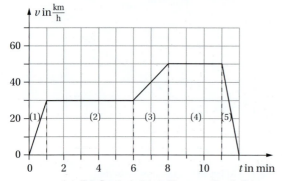

1 ▸ Zeit-Geschwindigkeit-Diagramm für die Fahrt eines Pkw

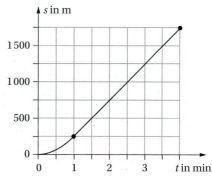

3 Zeit-Ort-Diagramm für die ersten 4 min der Bewegung des Pkw

Ein etwas anderer Fahrplan

Als Grundlage aller anderen Zugfahrpläne nutzt man einen grafischen Fahrplan (Abb. 1). Bei einem solchen Fahrplan werden in einem Netz von waagerechten Zeitlinien und senkrechten Ortslinien die Zugfahrten als Zeit-Ort-Linien (Zuglinien) vereinfacht dargestellt. Jedem einzelnen Zug ist genau eine Linie zugeordnet. Die Linien sind in Abb. 1 für verschiedene Züge farbig eingezeichnet.

Welche Informationen kann man einem solchen grafischen Fahrplan entnehmen?

2 ▸ Der ICE ist ein moderner Hochgeschwindigkeitszug.

In einem grafischen Fahrplan ist dargestellt, zu welcher Zeit sich jeder einzelne Zug an welchem Ort befindet. So befindet sich z. B. der IR 623 um 10.10 Uhr am Bahnhof A und 10.40 Uhr am Bahnhof C.
Erkennbar sind auch die Haltepunkte und die Haltezeiten. So steht beispielsweise der P 3618 von 10.00 Uhr bis 10.10 Uhr auf dem Bahnhof C.
Die Schnittpunkte der Zuglinien mit den senkrechten Linien der Bahnhöfe stellen die Durchfahrtszeiten bzw. die Ankunfts- und Abfahrtszeiten dar. So durchfährt z. B. der IC 76 um 10.00 Uhr den Bahnhof D, um 10.20 Uhr den Bahnhof B und um 10.30 Uhr den Bahnhof A. Der Schnittpunkt zweier Zuglinien gibt den Ort und die Zeit für die Begegnung der betreffenden beiden Züge an.
Der grafische Fahrplan ermöglicht auch Aussagen über die Fahrtrichtung und über die Geschwindigkeit der Züge. Der IR 623 fährt von Bahnhof A in Richtung D, die anderen beiden Züge fahren in der entgegengesetzten Richtung.
Im Unterschied zu einem *t-s*-Diagramm ist bei einem grafischen Fahrplan die Geschwindigkeit eines Zuges umso größer, je flacher der Graph verläuft. So braucht z. B. der IC 76 von C nach B (15 km) 10 min, was einer Geschwindigkeit von 90 km/h entspricht. Der P 3618 dagegen braucht von C nach B (15 km) 30 min. Daraus ergibt sich eine Geschwindigkeit von 30 km/h.

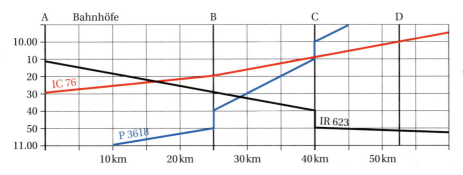

1 ▸ Ausschnitt aus einem grafischen Fahrplan: Eingezeichnet sind die Graphen für drei Züge. Vereinfacht wird von gleichförmigen Bewegungen zwischen den Haltepunkten ausgegangen.

Beschleunigung bei einem Pendel – nicht konstant, aber regelmäßig

Hängt man ein Massestück an eine Spiralfeder und lenkt diese nach unten aus, so führt das Massestück nach dem Loslassen Schwingungen aus. Die Bewegung des Pendelkörpers lässt sich in einem Zeit-Ort-Diagramm darstellen (Abb. 1).

Der Graph verläuft wie eine Sinuskurve. In der Physik nennt man das eine harmonische Schwingung.

Aus Gründen der Zweckmäßigkeit wählt man für die Ortskoordinate die Bewegungsrichtung des Pendelkörpers, also die y-Achse (Abb. 1). Der Pendelkörper führt eine periodische Bewegung aus.
Wie ändern sich bei einer solchen Pendelbewegung Geschwindigkeit und Beschleunigung mit der Zeit?

Beobachtet man die Bewegung des Pendelkörpers, dann stellt man fest: Die Geschwindigkeit ändert sich zwischen dem Betrag null in den Umkehrpunkten und einem Maximalwert beim Durchgang durch die Ruhelage. Messungen ergeben einen Kurvenverlauf, wie er in Abb. 2 oben dargestellt ist – einen sinusförmigen Verlauf.

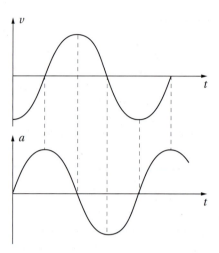

2 Zeit-Geschwindigkeit-Diagramm und Zeit-Beschleunigungs-Diagramm für den Pendelkörper

Bei der Beschleunigung werden die Maximalwerte in den Umkehrpunkten erreicht. Beim Durchgang durch die Ruhelage ist $a = 0$ (Abb. 2 unten).
Auch für die Beschleunigung ergibt sich ein sinusförmiger Verlauf. Die Graphen für die Geschwindigkeit und die Beschleunigung sind aber gegeneinander verschoben: Bei $v = 0$ hat die Beschleunigung einen Maximalwert und umgekehrt.

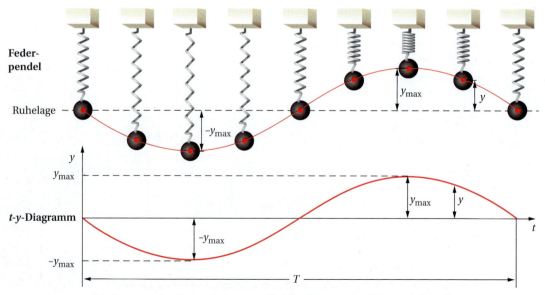

1 ▶ Bewegung eines Federschwingers und Zeit-Ort-Diagramm (t-y-Diagramm) dieser Bewegung

Ein Überholvorgang

Bei Überholvorgängen ist es wichtig, dass der Fahrer den Weg und die Zeit, die er für das Überholen benötigt, richtig einschätzt. Das gilt insbesondere für einspurige Straßen, bei denen Gegenverkehr auftreten kann. Es spielt aber auch bei Autobahnfahrten eine Rolle.

Jeder weiß aus Erfahrung: Ein Überholvorgang geht umso schneller, je größer der Geschwindigkeitsunterschied zwischen den betreffenden Fahrzeugen ist.

Wir betrachten auf einer Autobahn die Bewegung eines blauen Pkw, der mit einer konstanten Geschwindigkeit von 108 km/h fährt und dabei einen roten Lkw überholt, der eine Geschwindigkeit von 72 km/h hat.
Was bedeutet „Überholvorgang"?
Welche Wege muss man dabei beachten?

Der Fahrer des Pkw muss rechtzeitig auf die Überholspur wechseln. Bei einer Geschwindigkeit von 108 km/h sollte das spätestens 55 m hinter dem Lkw erfolgen. Der Pkw braucht dann einen bestimmten Weg, um den Lkw einzuholen und mit ihm auf die gleiche Höhe zu kommen (s. Skizze in der Randspalte). Damit sich der Pkw wieder gefahrlos in die Spur einordnen kann, muss sich sein Heck in einer bestimmten Entfernung (ca. 40 m) vor dem Lkw befinden.
Wie kann man grafisch ermitteln, nach welcher Zeit und in welcher Entfernung vom Ausgangspunkt sich die Fahrzeuge auf gleicher Höhe befinden?

Um diese Zeit zu ermitteln, muss man die Bewegung von Pkw und Lkw in einem Zeit-Ort-Diagramm darstellen. Als Bezugspunkte wählen wir die Spitzen der Fahrzeuge und gehen davon aus, dass der Abstand der Fahrzeugspitzen im Ausgangszustand 60 m beträgt. Mit den genannten Geschwindigkeiten erhält man das in Abb. 2 dargestellte Diagramm. Der

1 ▶ Die Dauer eines Überholvorgangs hängt vor allem von der Relativgeschwindigkeit ab.

Schnittpunkt beider Graphen ist die gesuchte Stelle. Es ergibt sich eine Zeit von 6 s und ein Ort, der 180 m vom Ausgangsort des Pkw entfernt ist.
Welchen Abstand haben beide Fahrzeuge nach 10 s?

Nach 10 s befindet sich die Spitze des Pkw etwa 40 m vor der des Lkw. Bezogen auf das Heck des Pkw sind es etwa 35 m.

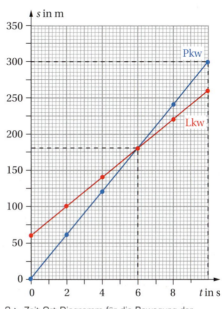

2 ▶ Zeit-Ort-Diagramm für die Bewegung der beiden Fahrzeuge

Bewegungen im Sport

Fast alle sportlichen Betätigungen sind mit Bewegungen verbunden. Beim Wandern oder beim Dauerlauf geht es um möglicherweise gleichförmige Bewegungen über einen längeren Zeitraum hinweg. Beim 100-m-Lauf (Abb. 2) soll die Strecke aus dem Stillstand heraus in einer möglichst kurzen Zeit zurückgelegt werden. Beim Handball oder Fußball soll der Ball möglichst geschickt bis ins Tor der gegnerischen Mannschaft gelangen. Betrachten wir als Beispiel einen 100-m-Lauf genauer.

Beim 100-m-Lauf kommt es darauf an, möglichst schnell die höchste Geschwindigkeit zu erreichen und bis zum Ziel zu halten. Durch Messungen lassen sich Zeiten und Geschwindigkeiten ermitteln.
In Abb. 1 sind die zeitabhängigen Wege und Geschwindigkeiten für einen Lauf des amerikanischen Sprinters CARL LEWIS dargestellt. Die Reaktionszeit beim Start betrug 0,14 Sekunden, die Laufzeit insgesamt 9,86 Sekunden. Das war 1991 ein neuer Weltrekord.

Aus dem Diagramm ist erkennbar:
- Die Geschwindigkeit (rot gezeichneter Graph) nimmt nach dem Start schnell zu und erreicht ca. 4,5 s nach dem Start den höchsten Wert von knapp 12 m/s.

2 ▶ Beim Start erfolgt eine beschleunigte Bewegung.

- Die Höchstgeschwindigkeit liegt deutlich über der Durchschnittsgeschwindigkeit, die folgenden Wert hätte:

$$v = \frac{100 \text{ m}}{9,86 \text{ s}} = 10,1 \frac{\text{m}}{\text{s}} = 36,4 \frac{\text{km}}{\text{h}}$$

- Die Bewegung ist in der Anfangsphase näherungsweise gleichmäßig beschleunigt, in der zweiten Phase des Laufs näherungsweise gleichförmig.

1. Diskutiert Möglichkeiten, wie man die Laufzeit weiter verkürzen könnte! Ist es sinnvoller, vor allem stärker zu beschleunigen oder in erster Linie eine höhere Endgeschwindigkeit anzustreben?

2. Zu einem solchen Lauf kann man eine energetische Betrachtung durchführen.
   a) Beschreibe die Energieumwandlungen vom Start bis zum Ziel!
   b) Wie groß ist die maximale kinetische Energie, wenn der Läufer eine Masse von 78 kg hat?

3. Zur Beschleunigung des Läufers und zur Aufrechterhaltung der Geschwindigkeit sind Kräfte erforderlich. Wie könnte das t-F-Diagramm aussehen? Begründe!

Bei großen Wettkämpfen erfolgt eine elektronische Zeitmessung bis auf eine Hundertstel Sekunde genau.

4. Welchem Wegunterschied entspricht ein Zeitunterschied von 0,01 s, wenn man von einer Geschwindigkeit von 12 $\frac{\text{m}}{\text{s}}$ ausgeht? Bewerte das Ergebnis!

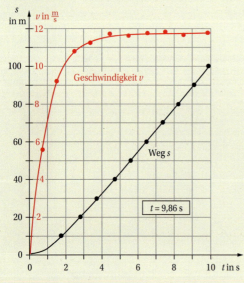

1 ▶ Zeit-Ort-Diagramm und Zeit-Geschwindigkeit-Diagramm für einen 100-m-Lauf

Experimente

Untersuchung von Bewegungen

Experiment 1
Ermittle experimentell deine Durchschnittsgeschwindigkeit
a) beim 100-m-Lauf,
b) mit dem Fahrrad,
c) für deinen Schulweg!
Vorbereitung:
Überlege dir, wie du im jeweiligen Fall die Geschwindigkeit bestimmen kannst!
Durchführung
Führe die erforderlichen Messungen durch! Schätze dabei die Messgenauigkeit ab!
Auswertung:
Berechne die Geschwindigkeiten! Wie genau ist jeweils das Ergebnis?

Experiment 2
Nimm das Zeit-Ort-Diagramm für die Bewegung einer Luftblase in einem Glasrohr auf! Bestimme die Geschwindigkeit!
Durchführung:
Fülle ein dünnes Glasrohr mit Wasser, sodass eine etwa 1 cm lange Luftblase bleibt! Verschließe es auf beiden Seiten! Lege das Glasrohr auf einen kleinen Gegenstand!

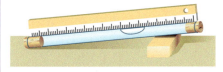

Gib einen zweckmäßigen Zeittakt vor und miss für zwei verschiedene Neigungen des Glasrohrs zu den vorgegebenen Zeiten die zugehörigen Orte!
Auswertung:
a) Zeichne für beide Neigungen die Graphen in ein Zeit-Ort-Diagramm ein! Interpretiere!
b) Berechne aus den Messwerten die Geschwindigkeiten (Mittelwertbildung)!

Experiment 3
Weise nach, dass eine Kugel, nachdem sie eine schiefe Ebene hinabgerollt ist, auf einer ebenen Bahn geradlinig gleichförmig weiterrollt!

Vorbereitung:
Plane die Durchführung des Experiments! Welche Größen müssen gemessen, welche berechnet werden?
Wie können Fehler bei der Durchführung des Experiments klein gehalten werden?

Experiment 4
Untersuche die Bewegung einer Kugel oder eines kleinen Experimentierwagens längs einer schiefen Ebene!
Nimm das Zeit-Ort-Diagramm auf!
Bestimme die Beschleunigung!
Vorbereitung:
Als Experimentieranordnung eignet sich die in der Skizze dargestellte Variante.

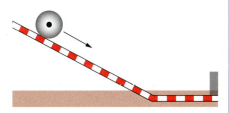

Wähle ein Messverfahren für Zeit und Ort aus! Es kann jeweils eine Zeit vorgegeben und der Ort bestimmt werden oder umgekehrt.
Überlege dir auch, wie du mit deinen bisherigen Kenntnissen die Beschleunigung der Kugel bestimmen kannst!
Durchführung:
Trage alle Messwerte für Zeit und Ort in eine vorbereitete Messwertetabelle ein!
Bestimme die für die Ermittlung der Beschleunigung erforderlichen Werte!
Auswertung:
a) Zeichne das Zeit-Ort-Diagramm! Interpretiere es!
b) Bestimme die Beschleunigung des Körpers! Diskutiere Messfehler!

Experiment 5
Überlege dir ein Messverfahren zur Bestimmung der Momentangeschwindigkeit eines Pkw! Präsentiere es!

Für die Zeitmessung kann eine Uhr oder eine Lichtschranke genutzt werden.

Aufgaben

1. Ein Auto braucht für eine bestimmte Strecke 20 Minuten, ein anderes für die gleiche Strecke 15 Minuten. Welches Auto hat die größere Geschwindigkeit? Begründe!

2. Gib die Geschwindigkeiten $0{,}1\,\frac{m}{s}$, $3\,\frac{m}{s}$, $20\,\frac{m}{s}$ und $100\,\frac{m}{s}$ in $\frac{km}{h}$ an!

3. Gib die Geschwindigkeiten $130\,\frac{km}{h}$, $50\,\frac{km}{h}$ und $5\,\frac{km}{h}$ in $\frac{m}{s}$ an!

4. Ein Pkw (Masse 850 kg) fährt zehn Minuten lang mit einer Geschwindigkeit von 90 km/h.
   a) Welche Strecke legt er dabei zurück?
   b) Wie groß ist die kinetische Energie des Fahrzeugs?

5. Licht breitet sich mit einer Geschwindigkeit von $300\,000\,\frac{km}{s}$ aus. Die Sonne ist von der Erde 150 Mio. km entfernt. Wie lange braucht das Licht von der Sonne bis zur Erde?

6. Ein ICE (s. Abb.) braucht für die neu ausgebaute, 181 km lange Strecke München-Nürnberg eine Gesamtzeit von ungefähr 60 Minuten. Wie groß ist die Durchschnittsgeschwindigkeit des Zugs?

7. Bei einem Test im Sportunterricht, der als Cooper-Test bezeichnet wird, haben die Schüler Gelegenheit, ihre Ausdauer zu testen. Gemessen wird dabei, welche Strecke in 12 Minuten zurückgelegt wird. Dem Test liegt folgende Bewertungstabelle zugrunde:

Jungen	14. J.	15. J.	16. J.	17. J.
ausgezeichnet	2950	3000	3050	3100
sehr gut	2750	2800	2850	2900
gut	2350	2400	2450	2500
befriedigend	1950	2000	2050	2100
mangelhaft	1350	1400	1450	1500
ungenügend	weniger Meter als mangelhaft			

Mädchen
200 Meter weniger als Jungen in allen Klassen

Berechne für dein Alter und Geschlecht die Durchschnittsgeschwindigkeiten für die verschiedenen Bewertungen!

8. Die Bewegung von zwei Zügen ist in dem folgenden Zeit-Ort-Diagramm dargestellt.

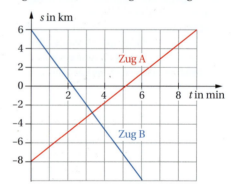

a) Beschreibe die Bewegung der Züge!
b) Welche Bedeutung hat der Schnittpunkt der beiden Graphen?
c) Ermittle die Geschwindigkeiten der beiden Züge!
d) Welcher Zusammenhang besteht zwischen der Steigung des Graphen für einen Zug und seiner Geschwindigkeit?
e) Wie groß ist die kinetische Energie von Zug A, wenn seine Masse 500 t beträgt? Vergleiche mit der kinetischen Energie eines Pkw ($m = 1500$ kg), der mit Autobahnrichtgeschwindigkeit (130 km/h) fährt!

9. Für zwei Fahrzeuge werden ab einem bestimmten Zeitpunkt ($t = 0$) Orte und Fahrzeiten registriert und in einem Diagramm dargestellt. Man erhält das nachfolgende Diagramm:

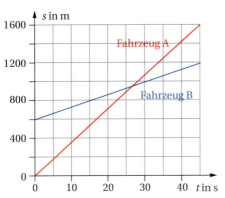

   a) Interpretiere das Diagramm! Gehe auch auf die Bedeutung des Schnittpunkts der Graphen ein!
   b) Berechne die Geschwindigkeiten beider Fahrzeuge und zeichne ein Zeit-Geschwindigkeit-Diagramm mit beiden Graphen in einem Diagramm!

10. Ein neuer Pkw benötigt 9,8 s, um von null auf 100 km/h zu beschleunigen.
   a) Wie groß ist die durchschnittliche Beschleunigung dieses Pkw?
   b) Um von 80 km/h auf 120 km/h zu kommen, benötigt derselbe Pkw 10,6 s. Berechne auch hierfür die Beschleunigung und vergleiche diese mit der Beschleunigung bei Aufgabe a)!
   c) Wie sind die Unterschiede bei den Beschleunigungen zu erklären?

11. Ein Sportwagen erreicht aus dem Stand in 6,8 s eine Geschwindigkeit von 100 km/h. Wie groß ist seine Beschleunigung?

12. Lässt man einen Stein fallen, erreicht er nach einer Sekunde eine Geschwindigkeit von 9,8 m/s. Berechne seine Beschleunigung!

13. Im folgenden Zeit-Ort-Diagramm ist die Bewegung eines Radfahrers dargestellt.

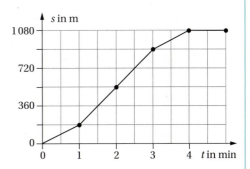

   a) Beschreibe den Bewegungsablauf!
   b) Zeichne das zugehörige Zeit-Geschwindigkeit-Diagramm!

14. Das nachfolgende Zeit-Geschwindigkeit-Diagramm zeigt die Bewegung eines Autofahrers über einen kurzen Zeitraum.

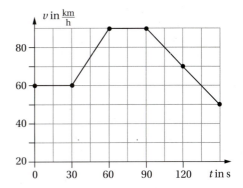

   a) Beschreibe den Bewegungsablauf!
   b) Berechne die Beschleunigungen! Zeichne ein t-a-Diagramm!
   c) Welchen Weg legt das Auto in den ersten 30 s zurück?

15. Du wirfst einen Ball senkrecht nach oben in die Luft.
   a) Beschreibe die unterschiedlichen Bewegungsabschnitte des Balls nach dem Verlassen deiner Hand!
   b) An welcher Stelle hat der Ball die kleinste bzw. die größte Geschwindigkeit?

16. Simone lässt versehentlich einen Blumentopf (Masse 1,2 kg) vom Fensterbrett des ersten Stocks fallen, das 3,50 m über dem Erdboden liegt.
    a) Wie groß war die potenzielle Energie des Blumentopfs vor dem Fall?
    b) Welche Geschwindigkeit hat der Blumentopf unmittelbar vor dem Aufprall?
    c) Simone behauptet, dass der Fall des Blumentopfs 0,8 s lang gedauert hat. Kann das stimmen?

17. Nina fährt mit ihrem Fahrrad 4 Minuten mit nahezu konstanter Geschwindigkeit. Dabei legt sie 1,5 km zurück. Anschließend bremst sie ihr Rad durch Ausrollen innerhalb von zwei Minuten gleichmäßig ab bis auf 10 km/h. Mit dieser Geschwindigkeit fährt sie noch einmal 3 Minuten lang weiter. Abschließend bremst sie innerhalb von einer Minute gleichmäßig bis zum Stillstand ab.
    Zeichne ein Zeit-Geschwindigkeit-Diagramm dieser Bewegung!

18. Die Abbildung zeigt das vereinfachte Fahrtenschreiberdiagramm für einen Lkw. Links ist die Geschwindigkeit in km/h angegeben, am oberen und unteren Rand die Uhrzeit. Interpretiere das Diagramm!

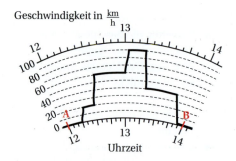

19. Ein Lkw-Fahrer ist wegen eines plötzlich auf die Straße laufenden Kinds zum Bremsen und zum kurzfristigen Halten gezwungen.

Im Diagramm ist der Bewegungsablauf für diesen Vorgang vereinfacht dargestellt.
a) Interpretiere das t-v-Diagramm!

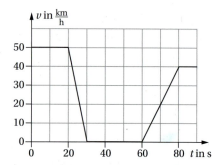

b) Berechne die Beschleunigungen für das Bremsen und das Anfahren!

20. Das nachfolgende Diagramm beschreibt vereinfacht die Bewegung eines Linienbusses.

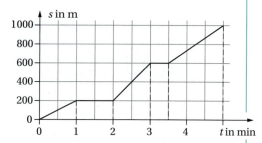

a) Interpretiere das Diagramm! Gehe dabei auf die fünf verschiedenen Bewegungsabschnitte ein!
b) Wie groß sind die Geschwindigkeiten in den verschiedenen Abschnitten der Bewegung?

21. Eine Kugel rollt mit einer Anfangsgeschwindigkeit von 4 m/s eine schiefe Ebene hinauf. Nach 0,5 s hat die Kugel ihren höchsten Punkt erreicht.
    a) Wie hoch liegt dieser höchste Punkt über dem Ausgangspunkt?
    b) Wie groß ist die Bremsbeschleunigung, die auf die Kugel wirkt?
    c) Welchen Weg legt die Kugel auf der schiefen Ebene zurück?

Das Wichtigste auf einen Blick

Darstellung von Bewegungsabläufen in Diagrammen

Ein Körper befindet sich in Bewegung, wenn er seinen Ort gegenüber einem Bezugskörper bzw. in einem Bezugssystem ändert.

Die Geschwindigkeit
gibt an, wie schnell sich ein Körper bewegt.

$$v = \frac{\Delta s}{\Delta t}$$

Für $s = 0$ bei $t = 0$ ergibt sich $v = \frac{s}{t}$.

Die Beschleunigung
gibt an, wie schnell sich die Geschwindigkeit eines Körpers ändert.

$$a = \frac{\Delta v}{\Delta t}$$

Für $v = 0$ bei $t = 0$ ergibt sich $a = \frac{v}{t}$.

Bewegungsabläufe können in **Zeit-Ort-Diagrammen** (t-s-Diagrammen), **Zeit-Geschwindigkeit-Diagrammen** (t-v-Diagrammen) und **Zeit-Beschleunigung-Diagrammen** (t-a-Diagrammen) dargestellt werden.

gleichförmige Bewegungen | gleichmäßig beschleunigte Bewegungen

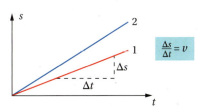
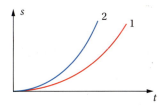

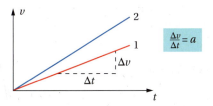

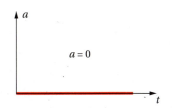
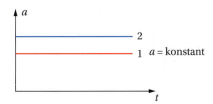

Beachte: Ort, Geschwindigkeit und Beschleunigung können auch negativ sein. (negative Beschleunigung: verzögerte Bewegung; negative Geschwindigkeit: Bewegung in entgegengesetzter Richtung; negativer Ort: Ort befindet sich vor dem festgelegten Nullpunkt).

3.2 Darstellung von Bewegungsabläufen mithilfe von Gleichungen

Beschleunigung beim Crashtest ▸▸ Autos haben aus Sicherheitsgründen Knautschzonen. Dadurch können bei Unfällen die Folgen für die Fahrzeuginsassen vermindert werden, weil bei einem Aufprall der vordere bzw. hintere Teil des Autos zusammengeschoben wird. Der Abbremsweg für Personen im Auto wird dadurch größer, die Bremsbeschleunigung kleiner.
Welche Beschleunigungen können bei einem Autounfall auftreten? Wie groß sind die dann wirkenden Kräfte?

Sicheres Überholen ▸▸ Überholen sollte man im Straßenverkehr grundsätzlich nur auf einer sehr übersichtlichen und freien Überholstrecke.
Wovon hängt die Dauer des Überholvorgangs ab? Wie lässt sich die Länge des benötigten Überholwegs sinnvoll abschätzen?

Das newtonsche Grundgesetz

Wirkt auf einen Körper eine Kraft, so kann dieser beschleunigt werden. So wird z. B. bei einem Startsprung der Körper einer Schwimmerin durch ihre Muskelkraft beschleunigt.

Genauere Untersuchungen der Zusammenhänge zwischen der Kraft, der Masse und der Beschleunigung ergeben:
- Je größer bei einer konstanten Masse die auf einen Körper wirkende Kraft ist, desto stärker wird er beschleunigt.
Es gilt $F \sim a$, wenn m = konstant.
So erreicht z. B. eine Schwimmerin mit einer größeren Absprungkraft eine größere Beschleunigung als eine gleich schwere Schwimmerin mit kleinerer Absprungkraft.
- Je kleiner bei einer konstanten Kraft die Masse des betreffenden Körpers ist, umso stärker wird er beschleunigt.
Es gilt $a \sim \frac{1}{m}$, wenn F = konstant.
Dieser Zusammenhang ist in Abb. 1 in einem Masse-Beschleunigung-Diagramm dargestellt. Von zwei Schwimmerinnen mit gleich großer Absprungkraft wird diejenige weniger beschleunigt, die eine größere Masse hat.

Die Zusammenhänge zwischen der auf einen Körper wirkenden Kraft, seiner Masse und der Beschleunigung hat der berühmte englische Naturforscher ISAAC NEWTON (1643–1727) genauer untersucht

2 ▸ Beschleunigung der Körper durch Muskelkräfte beim Absprung

und in Form einer Gleichung zusammengefasst, die ihm zu Ehren als **newtonsches Grundgesetz** bezeichnet wird.

> Wirkt auf einen Körper der Masse m die Kraft F, so erfährt er die Beschleunigung a. Dabei gilt:
> $$F = m \cdot a$$

Aufgrund dieses Gesetzes erreicht z. B. ein unbeladener Lkw beim Anfahren an einer Ampelkreuzung eine größere Beschleunigung als ein beladener Lkw, vorausgesetzt, ihre Motoren haben dieselbe Antriebskraft.
Von zwei Lkw gleicher Masse, deren Motoren eine unterschiedliche Antriebskraft haben, erreicht derjenige mit der größeren Antriebskraft beim Anfahren eine größere Beschleunigung.

Setzt man in die Gleichung $F = m \cdot a$ die Einheiten ein, so erhält man als Einheit der Kraft:

$$1 \text{ kg} \cdot 1 \frac{\text{m}}{\text{s}^2} = 1 \frac{\text{kg} \cdot \text{m}}{\text{s}^2}$$

Diese Einheit wird als ein Newton (1 N) bezeichnet.

Damit gilt: $1 \text{ N} = 1 \frac{\text{kg} \cdot \text{m}}{\text{s}^2}$

Das newtonsche Grundgesetz wird auch **Grundgleichung der Mechanik** genannt.

Die Einheiten 1 kg, 1 m und 1 s sind Basiseinheiten, ein Newton (1 N) ist eine daraus abgeleitete Einheit.

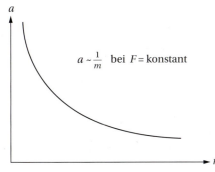

1 ▸ Beim Wirken einer konstanten Kraft ist die Beschleunigung von Körpern umso geringer, je größer ihre Masse ist.

Kräfte und Bewegungen

Auf Körper unserer Umgebung und auch auf uns selbst wirken unterschiedliche Kräfte. So wird ein Pkw durch die Motorkraft angetrieben. Durch Reibungskräfte (Rollreibung der Räder, Luftwiderstandskraft) wird seine Bewegung gehemmt.

Auf einen nach oben geworfenen Ball wirkt ständig seine Gewichtskraft, die in Richtung Erdmittelpunkt gerichtet ist. Der Ball wird dadurch langsamer, erreicht die Geschwindigkeit null und bewegt sich dann wieder beschleunigt nach unten.

Wir konzentrieren uns nachfolgend auf Bewegungen längs einer Geraden. Darüber hinaus gehen wir davon aus, dass die beschleunigende Kraft konstant ist. Mit $F =$ konstant ergibt sich für einen Körper bestimmter Masse aus dem newtonschen Grundgesetz:

Die Beschleunigung ist positiv, wenn sich die Geschwindigkeit des Körpers vergrößert. Sie ist negativ, wenn sich die Geschwindigkeit verkleinert.

> **M** Wirkt auf einen Körper eine konstante Kraft, so führt er eine gleichmäßig beschleunigte Bewegung in Richtung der Kraft aus.

Die Bewegungsgesetze

Für eine gleichmäßig beschleunigte Bewegung ist die Beschleunigung konstant:
$$a = \text{konstant}$$

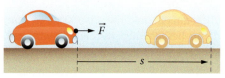

$E_{kin} = 0 \longrightarrow W = F \cdot s \longrightarrow E_{kin} = \frac{m}{2}v^2$

1 ▸ Beim Beschleunigen eines Autos wird Arbeit verrichtet. Dadurch vergrößert sich seine kinetische Energie.

Wie wir bereits wissen, vergrößert sich dann die Geschwindigkeit gleichmäßig mit der Zeit. Der Zusammenhang zwischen der Geschwindigkeit, der Beschleunigung und der Zeit ist auf S. 115 angegeben. Aus $a = \frac{v}{t}$ erhält man durch Umformung:

$$v = a \cdot t$$

Am Beispiel eines Pkw, der aus dem Stillstand heraus mit einer konstanten Kraft beschleunigt wird, kann man den Zusammenhang zwischen dem zurückgelegten Weg, der Beschleunigung und der Zeit theoretisch herleiten. Wenn man davon ausgeht, dass der Motor des Pkw eine konstante Kraft F entlang eines Wegs s auf den Pkw ausübt, so ist nach dem newtonschen Grundgesetz auch die Beschleunigung a des Fahrzeugs konstant:

(1) $F = m \cdot a$, also $a \sim F$

Bei dem gleichmäßigen Beschleunigungsvorgang erhält der Pkw die kinetische Energie E_{kin}, die ihm vom Motor

Kräfte bei einem Pkw bei geradliniger Bewegung

Beschleunigen		Die Antriebskraft ist größer als die Reibungskräfte. $F_A > F_R$	Fahrzeug wird beschleunigt: $F = F_A - F_R = m \cdot a$
Fahren mit konstanter Geschwindigkeit		Die Antriebskraft und die Reibungskräfte sind gleich groß. $F_A = F_R$	Fahrzeug bewegt sich gleichförmig: $F = 0 \longrightarrow a = 0$
Verringern der Geschwindigkeit		Die Antriebskraft ist kleiner als die Reibungskräfte. $F_A < F_R$	Fahrzeug wird abgebremst (verzögert): $F = F_A - F_R = m \cdot a$

Darstellung von Bewegungsabläufen mithilfe von Gleichungen

in Form von Beschleunigungsarbeit zugeführt wird.

(2) $\quad W = \Delta E_{kin}$

$$F \cdot s = \frac{m}{2} \cdot v^2$$

Setzt man für $F = m \cdot a$ ein, so ergibt sich:

$$m \cdot a \cdot s = \frac{m}{2} \cdot v^2$$

Die Umstellung nach dem Weg ergibt einen Zusammenhang zwischen Weg s, Geschwindigkeit v und Beschleunigung a:

$$s = \frac{v^2}{2a}$$

Mit $v = a \cdot t$ (s. S. 130) erhält man einen Zusammenhang zwischen Weg s, Zeit t und Beschleunigung a:

$$s = \frac{(a \cdot t)^2}{2a} = \frac{a}{2} \cdot t^2$$

Zusammenfassend gilt: Für einen Körper, der sich gleichmäßig beschleunigt und geradlinig bewegt, gelten das folgende **Zeit-Geschwindigkeit-Gesetz**, das **Zeit-Ort-Gesetz** sowie das **Geschwindigkeit-Ort-Gesetz**. Diese Gesetze werden auch **Bewegungsgesetze** genannt.

Für eine gleichmäßig beschleunigte Bewegung eines Körpers aus dem Stillstand gilt:

a = konstant	a Beschleunigung
$v = a \cdot t$	v Geschwindigkeit
$s = \frac{a}{2} \cdot t^2$	t Zeit
$s = \frac{v^2}{2a}$	s Ort bzw. Weg

Bei einer solchen gleichmäßig beschleunigten Bewegung vergrößert sich die Geschwindigkeit ständig. Damit ist die Beschleunigung

$$a = \frac{\Delta v}{\Delta t} = \frac{v_E - v_A}{\Delta t}$$

immer positiv.
Im Unterschied dazu ist bei einer gleichmäßig verzögerten Bewegung $v_E < v_A$ und damit die Beschleunigung negativ.

Methode

Interpretieren einer Gleichung

Beim Interpretieren einer Gleichung ist es zweckmäßig, in bestimmten Schritten vorzugehen. Diese Schritte werden am Beispiel des Zeit-Ort-Gesetzes der gleichmäßig beschleunigten Bewegung erläutert.

1. *Nenne zunächst die physikalischen Größen, zwischen denen Zusammenhänge in der Gleichung dargestellt sind!*
   Die Gleichung $s = \frac{a}{2} t^2$ beschreibt den Zusammenhang zwischen dem Ort bzw. Weg s, der konstanten Beschleunigung a und der Zeit t bei einer gleichmäßig beschleunigten Bewegung.
   Gehe auf wichtige Bedingungen ein, unter denen die Gleichung gilt!
   Die Bewegung erfolgt aus dem Stillstand.

2. *Leite aus der mathematischen Struktur der Gleichung Zusammenhänge zwischen physikalischen Größen ab!*
   Gehe dabei z. B. auf direkte oder indirekte Proportionalität und auf wichtige Bedingungen ein, unter denen Zusammenhänge gelten!
   - $s \sim t^2$, wenn a = konstant.
     Bei einer bestimmten Beschleunigung nimmt der Weg mit dem Quadrat der Zeit zu. Verdoppelt man die Zeit für eine Bewegung, so wird der vierfache Weg zurückgelegt.
   - $s \sim a$, wenn t = konstant.
     In einer bestimmten Zeit ist der Weg doppelt so groß, wenn sich die Beschleunigung verdoppelt.

3. *Leite praktische Folgerungen aus den Zusammenhängen zwischen den Größen ab!*
   - Ein Auto, das mit konstanter Beschleunigung anfährt, legt in zwei Sekunden einen viermal so langen Weg zurück wie in einer Sekunde.
   - Ein Auto, das seine Beschleunigung verdoppelt, legt in der gleichen Zeit einen doppelt so langen Weg zurück.

Bewegungsgesetze, Bewegungsfunktionen und Bewegungsdiagramme

Die Bewegungsgesetze lassen sich auch als Funktionen betrachten. Man nennt sie **Bewegungsfunktionen.** Dazu kann man das Beispiel des gleichmäßig beschleunigten Anfahrens eines Motorrads aus dem Stand betrachten. Hier wurden folgende Werte gemessen.

Zeit t in s	0	1	2	3	4
Weg s in m	0	1,2	5,0	11,2	20,0
Geschwindigkeit v in $\frac{m}{s}$	0	2,5	5,0	7,5	10

Aus den Messwerten ergibt sich mithilfe des Bewegungsgesetzes $v = a \cdot t$ eine Beschleunigung von $2,5 \frac{m}{s^2}$.

Das Bewegungsgesetz $s = \frac{a}{2} \cdot t^2$, beschreibt nun, wie sich der Weg s des Motorrads bei konstanter Beschleunigung a in Abhängigkeit von der Zeit t ändert. Die Bewegungsfunktion lautet somit:

$$s(t) = \frac{a}{2} \cdot t^2$$

Es handelt sich hier um eine quadratische Funktion. Der entsprechende Graph (Abb. 1) ist also, wie du aus dem Mathematikunterricht weißt, Teil einer Parabel.

Das Bewegungsgesetz $v = a \cdot t$ gibt an, wie sich die Geschwindigkeit des beschleunigenden Motorrads in Abhängigkeit von der Zeit ändert. Die entsprechende Funktion lautet daher:

$$v(t) = a \cdot t$$

Da es sich jetzt um eine lineare Funktion handelt, stellt der Graph eine Gerade dar. Die Steigung der Geraden entspricht der Beschleunigung a der Bewegung.

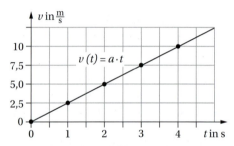
2 ▸ Zeit-Geschwindigkeit-Diagramm der gleichmäßig beschleunigten Bewegung.

> Für eine gleichmäßig beschleunigte Bewegung eines Körpers aus dem Stillstand gelten folgende Bewegungsfunktionen:
>
> $a(t) = a \quad v(t) = a \cdot t \quad s(t) = \frac{a}{2} \cdot t^2$

Wir haben damit zwei grundsätzliche Möglichkeiten, um gleichförmige und gleichmäßig beschleunigte geradlinige Bewegungen zu beschreiben: Durch Messungen gelangt man zu dem entsprechenden Bewegungsdiagramm. Die Beschreibung kann auch durch Bewegungsgesetze oder Bewegungsfunktionen erfolgen.

Aus den Bewegungsfunktionen ergeben sich analoge Diagramme wie bei der experimentellen Untersuchung von Bewegungen (s. S. 116 ff.)

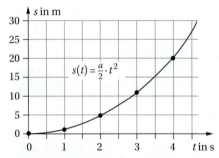
1 Zeit-Weg-Diagramm der gleichmäßig beschleunigten Bewegung

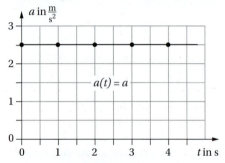
3 ▸ Zeit-Beschleunigung-Diagramm der gleichmäßig beschleunigten Bewegung.

Bewegungen mit Anfangsgeschwindigkeit und Anfangsweg

Die auf S. 131 angegebenen Bewegungsgesetze gelten für gleichmäßig beschleunigte Bewegungen, bei denen zum Zeitpunkt $t = 0$ der Weg $s = 0$ und die Geschwindigkeit $v = 0$ sind.
Nicht alle gleichmäßig beschleunigten Bewegungen beginnen aus der Ruhe. Oft besitzt ein Körper bei Beschleunigungsbeginn bereits eine bestimmte Anfangsgeschwindigkeit v_0. Oder er hat schon vor Messbeginn einen Weg s_0 zurückgelegt, der zum Gesamtweg addiert werden soll.
Berücksichtigt man diese Anfangsbedingungen, so erhält man die **allgemeinen Bewegungsgesetze** für gleichmäßig beschleunigte Bewegungen.

Für eine gleichmäßig beschleunigte Bewegung eines Körpers gilt allgemein:

$$a = \text{konstant}$$
$$v = a \cdot t + v_0$$
$$s = \frac{a}{2} \cdot t^2 + v_0 \cdot t + s_0$$

Betrachten wir als Beispiel eine Phase konstanter Beschleunigung während eines Formel-1-Rennens, zu deren Beginn der Fahrer bereits eine Strecke s_0 zurückgelegt hat und eine Geschwindigkeit von v_0 besitzt. Es wurden folgende Werte gemessen:

Zeit t in s	Weg s in m	Geschwindigkeit v in km/h
0	200 (s_0)	180 (v_0)
1	253	198
2	310	216
3	373	234
4	440	252
5	513	270

Stellt man den Zusammenhang zwischen Zeit und Ort (Abb. 1) bzw. zwischen Zeit und Geschwindigkeit grafisch dar, so ergibt sich als Graph eine Kurve, die nicht durch den Koordinatenursprung verläuft.

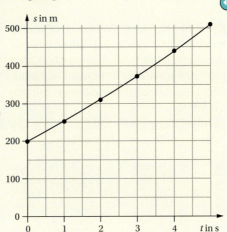

1 ▶ Zeit-Ort-Diagramm für die Bewegung mit Anfangsweg und Anfangsgeschwindigkeit. Der Graph ist keine Gerade.

Aus dem gesamten Geschwindigkeitszuwachs $\Delta v = 90\,\text{km/h} = 25\,\text{m/s}$ sowie der dafür benötigten Zeit von 5 s lässt sich mithilfe der Gleichung $a = \Delta v/\Delta t$ die mittlere Beschleunigung von 5 m/s² berechnen.
Die Strecke, die der Rennwagen nach der Beschleunigungsphase zurücklegt hat, kann man so berechnen:
Eine Strecke von 200 m wurde ja bereits vor Beginn der Beschleunigung zurückgelegt. Wegen der Anfangsgeschwindigkeit von 180 km/h = 50 m/s würde der Rennwagen während der 5 Sekunden dauernden Messzeit auch ohne Beschleunigung eine Strecke von $s = v_0 \cdot t = 250\,\text{m}$ zurücklegen. Addiert man den Beschleunigungsweg noch hinzu, so ergibt das:

$$s = s_0 + v_0 \cdot t + \frac{a}{2} \cdot t^2$$
$$s = 200\,\text{m} + 250\,\text{m} + 62{,}5\,\text{m} = 513\,\text{m}.$$

Das entspricht dem gemessenen Wert. Das Beispiel zeigt auch: Häufig kann man solche zusammengesetzten Bewegungen auf Teilbewegungen zurückführen.
Durch eine geschickte Wahl des Bezugssystems kann man Bewegungen mit Anfangsweg und Anfangsgeschwindigkeit häufig auf solche mit $v_0 = 0$ und $s_0 = 0$ zurückführen.

Experimentelle Überprüfung von Bewegungsgesetzen

Das Zeit-Ort-Gesetz für die gleichmäßig beschleunigte Bewegung wurde theoretisch hergeleitet. Solche Gesetze bedürfen der experimentellen Prüfung. Dazu kann man eine Versuchsanordnung nutzen, wie sie Abb. 1 zeigt.
Für die Massen $M = 150$ g und $m = 10$ g (Abb. 1) erhält man folgende Werte:

Die Beschleunigung erfolgt durch die Gewichtskraft der Masse m.

Ort s in m	0	0,30	0,60	0,90	1,20
Zeit t in s	0	0,98	1,41	1,71	1,98
$\frac{s}{t^2}$ in $\frac{m}{s^2}$	–	0,31	0,30	0,31	0,31

Wenn das Zeit-Ort-Gesetz gilt, kann man daraus folgern, dass bei konstanter beschleunigender Kraft der Quotient

$$\frac{s}{t^2} = \frac{a}{2}$$

konstant sein muss. Prüft man das für die experimentell bestimmten Werte nach, dann zeigt sich: Der Quotient $\frac{s}{t^2}$ ist näherungsweise konstant.
Die Abweichungen kommen durch die unvermeidlichen Messfehler zustande. Auch durch viele weitere Experimente wurde das Zeit-Ort-Gesetz bestätigt.

Statt computergestützt können die Messungen auch mithilfe von Lichtschranken durchgeführt werden.

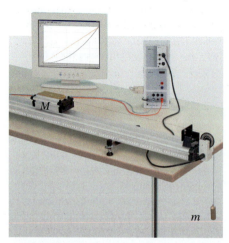

1 ▸ Experimentieranordnung zur Untersuchung des Zusammenhangs zwischen Ort und Zeit

Methode

Die galileische Methode

Der italienische Naturforscher GALILEO GALILEI (1564–1642) war nicht nur ein bedeutender Forscher – er formulierte die Gesetze für den freien Fall von Körpern und entdeckte die vier hellsten Monde des Planeten Jupiter. Er gilt auch als Begründer der modernen Naturwissenschaften, weil er theoretische Überlegungen und experimentelle Untersuchungen eng miteinander verband und somit eine Herangehensweise entwickelte, die heute als **experimentelle** oder **galileische Methode** bezeichnet wird. Sie ist nicht die einzige, aber eine wichtige und häufig genutzte Methode.
Auf der Grundlage bisheriger Erkenntnisse, aber auch durch Beobachtungen oder Experimente kann man begründete Vermutungen ableiten. In der Physik spricht man von einer **Hypothese.** Eine solche Hypothese ist z. B.: Bei einer gleichmäßig beschleunigten Bewegung wächst der Weg mit dem Quadrat der Zeit.

Hypothesen müssen geprüft werden. Eine solche Prüfung kann experimentell oder auf der Grundlage bisheriger Erkenntnisse erfolgen. Die Übersicht zeigt das typische Herangehen.

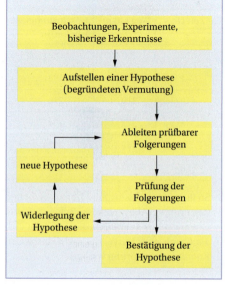

Gewichtskraft und freier Fall

Alle Körper ziehen sich aufgrund ihrer Masse gegenseitig an. Insbesondere werden Körper auf der Erde von dieser angezogen. Die Ursache dafür ist die Massenanziehung (Gravitation) zwischen Erde und Körper. In der Physik wird die Gravitationskraft der Erde, die auf alle Körper auf der Erdoberfläche und in Erdnähe wirkt, als **Gewichtskraft** bezeichnet. Die Gewichtskraft verändert sich mit der Höhe über der Erdoberfläche. Mit zunehmender Höhe wird sie kleiner.

Aus dem bisherigen Physikunterricht weißt du bereits:

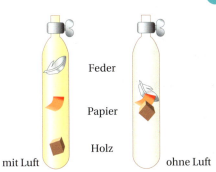

2 ▸ Im Vakuum fallen alle Körper gleich schnell.

> Die Gewichtskraft ist das Produkt aus Masse und Fallbeschleunigung.
>
> $F_G = m \cdot g$
>
> m Masse des Körpers
> g Fallbeschleunigung

Der Wert der Fallbeschleunigung ist ortsabhängig und beträgt auf der Erdoberfläche im Durchschnitt:

$$g = 9{,}81 \frac{m}{s^2} \approx 10 \frac{m}{s^2}$$

Lässt man einen Körper los, so fällt er aufgrund seiner Gewichtskraft senkrecht nach unten. Die Fallbewegung kann aber sehr unterschiedlich verlaufen. Ein Fallschirmspringer mit geöffnetem Schirm oder Regentropfen in der Nähe der Erdoberfläche fallen näherungsweise gleichförmig. Ein herabfallender Stein bewegt sich dagegen beschleunigt.

Die Ursache dafür ist die Luftwiderstandskraft.

Eine Fallbewegung, die nicht durch den Luftwiderstand behindert wird, nennt man **freien Fall**. Der freie Fall ist eine gleichmäßig beschleunigte geradlinige Bewegung. Deshalb gelten für den freien Fall auch dieselben Gesetze wie für alle anderen gleichmäßig beschleunigten Bewegungen. Dass das für beliebige Körper gilt, kann man experimentell nachweisen:

Die konstante beschleunigende Kraft ist die Gewichtskraft.

Pumpt man aus einer Glasröhre die Luft heraus und lässt in dieser Röhre z. B. einen Holzwürfel, ein Stück Papier und eine Feder fallen, so bewegen sich alle gleich schnell (Abb. 2). Die Fallbeschleunigung ist also beim freien Fall nicht von der Masse des fallenden Körpers abhängig.

1 ▸ Die anfängliche Bewegung eines Fallschirmspringers mit geschlossenem Schirm kann näherungsweise als freier Fall angesehen werden.

> Für den freien Fall eines Körpers gelten die folgenden Bewegungsgesetze:
>
> $g = $ konstant $v = g \cdot t$ $s = \frac{g}{2} \cdot t^2$

g Fallbeschleunigung
v Geschwindigkeit
t Zeit
s Weg

Physik in Natur und Technik

Abstand halten!

Um Auffahrunfälle zu vermeiden, gibt es für den Abstand von Fahrzeugen folgende Faustregel: Der Abstand sollte mindestens gleich der Hälfte der Anzeige am Tachometer sein (Geschwindigkeit in km/h, Abstand in m). Wenn ein Auto z. B. mit 80 km/h fährt, sollte sein Sicherheitsabstand zum vorausfahrenden Fahrzeug also mindestens 40 m betragen.
Berechne für einen Pkw mit dieser Geschwindigkeit unter Berücksichtigung der Schrecksekunde den Anhalteweg bei einer Vollbremsung, wenn die Bremsverzögerung auf trockener Straße 7 m/s² beträgt! Beurteile auf der Grundlage dieses Ergebnisses den Sinn der obigen Faustregel!

Analyse:
Für die Berechnungen wird angenommen, dass der Bremsvorgang eine gleichmäßig verzögerte Bewegung ist. Während der „Schrecksekunde" bewegt sich der Pkw gleichförmig mit der Geschwindigkeit von 80 km/h weiter.

Der Anhalteweg setzt sich zusammen aus dem Weg während der gleichförmigen Bewegung und dem Weg während der gleichmäßig verzögerten Bewegung bis zum Stillstand. Wir bezeichnen diese Wege mit s_1 und s_2.

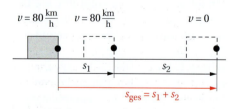

Lösung:
Der Anhalteweg ergibt sich als Summe der Wege für beide Bewegungen:

$$s_{ges} = s_1 + s_2$$

Den Weg während der „Schrecksekunde" erhält man mit:

$$s_1 = v \cdot t_1$$

$$s_1 = 22 \frac{m}{s} \cdot 1 \, s$$

$$\underline{s_1 = 22 \, m}$$

Den Weg und die Zeit für das Bremsen kann man berechnen mit:

$$s_2 = \frac{a}{2} \cdot t_2^2 \text{ und } v = a \cdot t_2 \longrightarrow t_2 = \frac{v}{a}$$

Dieses Gleichungssystem aus zwei Gleichungen mit zwei unbekannten Größen (s_2 und t_2) kann man lösen:

$$s_2 = \frac{a}{2} \left(\frac{v^2}{a^2} \right)$$

$$s_2 = \frac{v^2}{2a}$$

$$s_2 = \frac{22^2 \, m^2 \cdot s^2}{2 \cdot 7 \, m \cdot s^2}$$

$$\underline{s_2 = 35 \, m}$$

Damit erhält man für den Gesamtweg:

$$s_{ges} = 22 \, m + 35 \, m$$

$$\underline{s_{ges} = 57 \, m}$$

Ergebnis:
Der Anhalteweg bei einer Vollbremsung auf trockener Straße mit einer Anfangsgeschwindigkeit von 80 km/h beträgt unter Berücksichtigung der Schrecksekunde etwa 57 m. Das ist mehr als der Mindestabstand, der nach der Faustregel gefordert wird. Da jedoch das vorausfahrende Fahrzeug in der Regel nicht plötzlich zum Stillstand kommt, sondern erst nach einem gewissen Bremsweg, könnte ein Auffahrunfall gerade noch vermieden werden. Achtung! Bei nasser oder gar vereister Fahrbahn ist der Bremsweg wesentlich größer, sodass der Sicherheitsabstand größer sein muss und die Faustregel nicht mehr gilt.

Ein Gurt ist Pflicht

Bei Fahrten im Pkw müssen alle Insassen mit einem Sicherheitsgurt angeschnallt sein (Abb. 1). Dies ist mitunter zwar lästig, aber bei Unfällen oft lebensrettend.
Wie groß ist die Bremsverzögerung bei einem Aufprall auf ein Hindernis, wenn ein Fahrzeug mit einer Geschwindigkeit von zunächst 30 km/h in einer Sekunde zum Stehen kommt?

1 ▸ Die Gurtpflicht besteht bei jeder Fahrt.

Analyse:
Der Aufprall auf ein Hindernis wird als gleichmäßig verzögerte Bewegung eines Körpers bis zum Stillstand angesehen.

Gesucht: a
Gegeben: $v = 30\,\frac{km}{h} = 30 \cdot \frac{1\,m}{3{,}6\,s} = 8{,}3\,\frac{m}{s}$
$t = 1\,s$

Lösung:
Die Beschleunigung für eine gleichmäßig verzögerte Bewegung kann man mit der folgenden Gleichung berechnen:

$$a = \frac{\Delta v}{\Delta t}$$

$$a = -\frac{8{,}3\,m}{1\,s \cdot s}$$

$$a = -8{,}3\,\frac{m}{s^2}$$

Ergebnis:
Die Bremsbeschleunigung bei einem Aufprall auf ein Hindernis mit einer Anfangsgeschwindigkeit von 30 km/h beträgt $-8{,}3\,m/s^2$ und hat damit einen etwas kleineren Betrag als die Fallbeschleunigung. Ein solcher Auffahrunfall ist vergleichbar mit einem Sprung aus 3,5 m Höhe auf ein hartes Hindernis. Es ist deshalb unbedingt erforderlich, bei jeder Fahrt der Verpflichtung zum Angurten im Pkw nachzukommen. Bedenke dabei, dass bei einem Frontalzusammenstoß mit einem entgegenkommenden Fahrzeug die Summe der Geschwindigkeiten beider Fahrzeuge zur Wirkung kommt.

Methode

Lösen physikalisch-mathematischer Aufgaben

Beim Lösen physikalischer Aufgaben mit mathematischen Mitteln solltest du folgendermaßen vorgehen:
1. Versuche, dir den Sachverhalt der Aufgabe vorzustellen!
2. Vereinfache den Sachverhalt aus der Sicht der Physik! Lasse Unwesentliches weg! Fertige eine Skizze zum Sachverhalt an!
3. Stelle die gesuchten und die gegebenen Größen der Aufgabe zusammen!
4. Versuche, Zusammenhänge und Gesetze im Sachverhalt zu erkennen! Gib Gleichungen für gesuchte und gegebene Größen an, die unter den gegebenen Bedingungen gelten!
5. Mitunter wird der Sachverhalt mit mehreren Gleichungen und mehreren Variablen (unbekannten Größen) beschrieben. Löse das Gleichungssystem, indem du die Gleichungen miteinander kombinierst!
6. Setze die Werte für die gegebenen Größen in die Endgleichung ein und berechne die gesuchten Größen!
7. Formuliere das Ergebnis der Aufgabe! Beantworte dabei die Fragen im Aufgabentext!

Mit Weitsicht überholen

Gerade beim Überholen kann es zu Frontalzusammenstößen kommen, die besonders schwerwiegende Folgen haben können.

Überholsituationen treten im Straßenverkehr häufig auf. Leider ereignen sich dabei auch viele Unfälle, die oft auf Fehleinschätzungen der überholenden Fahrer zurückzuführen sind.
Wie weit muss man als Fahrer mindestens sehen können, damit ein sicheres Überholen möglich ist?

Gehen wir von einer Standardsituation aus: Der Fahrer eines Pkw möchte einen Lkw überholen, der mit konstanter Geschwindigkeit auf der Landstraße fährt.

Geschwindigkeit des Lkw	$v_L = 80 \frac{km}{h}$
Länge des Lkw	$L = 12$ m
Länge des Pkw	$l = 4$ m
Sicherheitsabstand (jeweils vor und nach dem Einscheren)	$d = 40$ m
Beschleunigung des Pkw	$a = 2 \frac{m}{s^2}$
Maximalgeschwindigkeit des Pkw	$v_{max} = 100 \frac{km}{h}$

Als Sicherheitsabstand wird der halbe Tachometerwert in m genommen.

Zur Berechnung der gesamten Überholstrecke ist es hilfreich, den Überholvorgang abwechselnd als außenstehender Beobachter und aus Sicht des Lkw-Fahrers, also in verschiedenen Bezugssystemen, zu betrachten.

Aus der Sicht des Lkw-Fahrers legt der Pkw-Fahrer insgesamt die Strecke

$$s_P = L + l + 2d \qquad (1)$$

zurück (s. Skizze).

Dabei beschleunigt er aus Sicht des Lkw-Fahrers gleichmäßig von 0 auf $v = 20 \frac{km}{h}$ $= 5{,}6 \frac{m}{s}$ und fährt den Rest der Strecke mit dieser Geschwindigkeit. Es gilt also:

$$s_P = s_B + s_K$$

Dabei ist s_B der bei der beschleunigten Bewegung zurückgelegte Weg, s_K der Weg bei konstanter Geschwindigkeit.

$$s_P = \frac{a}{2} \cdot t_B^2 + v \cdot t_K$$

Mit $t_B = \frac{v}{a}$ erhält man

$$s_P = \frac{1}{2} \cdot \frac{v^2}{a} + v \cdot t_K \qquad (2)$$

Durch Gleichsetzen der Gleichungen (1) und (2) erhält man die Zeit t_K, die der Pkw-Fahrer während des Überholvorgangs mit konstanter Geschwindigkeit fährt.

$$t_K = \frac{1}{v} \cdot \left(L + l + 2d - \frac{v^2}{2a}\right)$$

$$t_K = \frac{1}{5{,}6 \frac{m}{s}} \left(12\text{ m} + 4\text{ m} + 80\text{ m} - \frac{(5{,}6 \frac{m}{s})^2}{2 \cdot 2 \frac{m}{s^2}}\right)$$

$$t_K = 16\text{ s}$$

Für die Beschleunigung benötigt der Pkw die Zeit:

$$t_B = \frac{v}{a} = \frac{5{,}6 \frac{m}{s}}{2 \frac{m}{s^2}} = 2{,}8\text{ s}$$

Der gesamte Überholvorgang dauert somit $t = t_K + t_B = 19$ s.

Während dieser Zeit legt der langsame Lkw die Strecke

$$s_L = v_L \cdot t = 22{,}2 \tfrac{m}{s} \cdot 19\text{ s} = 420\text{ m}$$

zurück.
Unter Einbeziehung der Gleichung (1) beträgt daher der gesamte Überholweg:

$$s = s_L + s_P = 420\text{ m} + 96\text{ m} = 520\text{ m}$$

Folgerung: Da auch entgegenkommende Fahrzeuge etwa diese Strecke zurücklegen, muss die Straße zu Beginn auf etwa 1 km einsehbar sein.

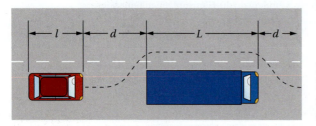

Kräfte bei Verkehrsunfällen sind gewaltig

Um die Folgen eines Verkehrsunfalls für die Fahrzeuginsassen zu mindern, besitzen moderne Pkw eine Reihe von Einrichtungen wie Sicherheitsgurt, Airbag und Knautschzone. Trotzdem sind die wirkenden Kräfte auf die Insassen noch gewaltig.

Ein Pkw fährt beispielsweise mit einer Geschwindigkeit von $50\,\frac{\text{km}}{\text{h}}$ auf ein Hindernis. Dabei wird die Knautschzone des Fahrzeugs um 1,20 m zusammengedrückt und der Fahrer bewegt sich im Sicherheitsgurt noch einmal 20 cm nach vorn, bevor er zum Stillstand kommt.
*Welche Bremsbeschleunigung erfährt der Kraftfahrer beim Unfall? Vergleiche diese mit der Fallbeschleunigung!
Mit welcher Kraft wird ein Kraftfahrer der Masse 85 kg bei diesem Unfall abgebremst?
Wie beeinflusst die Knautschzone eines Pkw die Unfallfolgen?*

1 ▸ Crashtest mit einem Pkw

Analyse:
Beim Unfall wird der Pkw mit dem Kraftfahrer aus der Bewegung bis zum Stillstand abgebremst. Dabei legt er noch einen Weg zurück, der sich aus dem Zusammendrücken der Knautschzone und dem Weg im Sicherheitsgurt ergibt.

Gesucht: a in $\frac{\text{m}}{\text{s}^2}$
     F in N

Gegeben: $v = 50\,\frac{\text{km}}{\text{h}} = 13{,}9\,\frac{\text{m}}{\text{s}}$
     $s_1 = 1{,}20$ m
     $s_2 = 20$ cm $= 0{,}2$ m
     $m = 85$ kg
     $g = 9{,}81\,\frac{\text{m}}{\text{s}^2}$

Lösung:
Es wird eine gleichmäßig verzögerte Bewegung angenommen. Die Beschleunigung kann man aus der Geschwindigkeitsänderung und dem Weg berechnen. Der Weg ergibt sich als Summe aus den beiden Teilwegen (s_1 und s_2).

Für die Bremsbeschleunigung ergibt sich:

$$a = \frac{v^2}{2s}$$

$$a = \frac{13{,}9^2\,\text{m}^2}{2 \cdot 1{,}4\,\text{m} \cdot \text{s}^2}$$

$$\underline{a = 69\,\frac{\text{m}}{\text{s}^2}}$$

Aus $a = \frac{v}{t}$ *und* $s = \frac{a}{2}t^2$ *ergibt sich* $s = \frac{a}{2} \cdot \frac{v^2}{a^2}$ *und durch Umstellen* $a = \frac{v^2}{2s}$

Die Bremsbeschleunigung ist ca. siebenmal so groß wie die Fallbeschleunigung. Mit dem **newtonschen Grundgesetz** kann die Bremskraft auf den Kraftfahrer berechnet werden.

$$F = m \cdot a$$
$$F = 85\,\text{kg} \cdot 69\,\frac{\text{m}}{\text{s}^2}$$
$$\underline{F = 5\,900\,\text{N}}$$

Ergebnis:
Die Bremskraft beträgt fast 6 000 N. Aufgrund des **Wechselwirkungsgesetzes** wirkt der Kraftfahrer beim Unfall mit dieser Kraft auf den Sicherheitsgurt und wird durch diesen abgebremst.

Durch die Knautschzone wird der Bremsweg und damit die Bremszeit für den Kraftfahrer verlängert. Würde es diese Knautschzone nicht geben, so wäre aufgrund des newtonschen Grundgesetzes die Bremsbeschleunigung und damit auch die Bremskraft auf den Fahrer noch größer. Die Unfallfolgen könnten noch schlimmer sein.

Die Bremskraft entspricht der Gewichtskraft eines Körpers mit einer Masse von 600 kg.

Die Fallbeschleunigung

Die Fallbeschleunigung ist eine wichtige Naturkonstante.
Bestimme experimentell die Fallbeschleunigung!

Vorbereitung:
Für den freien Fall gilt das Zeit-Ort-Gesetz der gleichmäßig beschleunigten Bewegung:

$$s = \frac{g}{2} \cdot t^2$$

Mithilfe dieses Gesetzes kann der Wert für die Fallbeschleunigung experimentell bestimmt werden:

$$g = \frac{2s}{t^2}$$

Der zurückgelegte Weg und die dafür benötigte Zeit müssen gemessen werden, um anschließend die Fallbeschleunigung berechnen zu können. Um einen möglichst genauen Wert für g zu erhalten, sollte die zu messende Fallzeit nicht zu klein sein. Deshalb ist ein möglichst großer Fallweg zu wählen.

Die Fallzeit wird mehrmals gemessen und anschließend ein Mittelwert berechnet. Die Messwerte können auch mit einem Computer erfasst werden. Die Auslösung des freien Falls erfolgt mit einem Magnetschalter, die Zeitmessung mit einer damit gekoppelten elektronischen Uhr. Der fallende Körper muss so gewählt werden, dass der Luftwiderstand möglichst gering ist.

Durchführung:
Der Fallweg beträgt $s = 0{,}96$ m. Die Fallzeit wird 10-mal elektronisch gemessen.

Messung Nr.	Zeit t in s
1	0,43
2	0,42
3	0,46
4	0,44
5	0,45
6	0,42
7	0,44
8	0,43
9	0,46
10	0,45

Auswertung:
Aus der Messreihe für die Zeit kann folgender Mittelwert berechnet werden:

$$\overline{t} = \frac{4{,}4 \text{ s}}{10} = 0{,}44 \text{ s}$$

Für die Fallbeschleunigung errechnet man damit:

$$g = \frac{2 \cdot 0{,}96 \text{ m}}{(0{,}44)^2 \cdot \text{s}^2}$$

$$g = 9{,}9 \, \tfrac{\text{m}}{\text{s}^2}$$

Der experimentell ermittelte Wert stimmt sehr gut mit dem Tabellenwert von $9{,}81 \, \tfrac{\text{m}}{\text{s}^2}$ überein.

Diese Gleichung erhält man so:

$s = \frac{g}{2} \cdot t^2 \quad |\cdot 2$
$2s = g \cdot t^2 \quad |:t^2$
$g = \frac{2s}{t^2}$

1 ▸ Experimentieranordnung zur Bestimmung der Fallbeschleunigung

Methode

Hinweise für die Arbeit in Projekten

Beim **Bearbeiten von Projekten** geht es darum, eigene Ideen zum Thema zu entwickeln und sich eigene Aufgaben zu stellen, die die jeweilige Gruppe möglichst selbstständig bearbeitet. Dabei wird das Thema von unterschiedlichen Seiten aus betrachtet.

Schritt 1
Ideenmarkt
Am besten veranstaltet man zuerst einmal einen Markt der Ideen und wählt daraus die Themenbereiche (s. unten) aus, die die jeweilige Gruppe bearbeiten möchte.

Schritt 2
Arbeitsplan
Die Gruppe erstellt einen Arbeitsplan. Die Punkte, die unbedingt geklärt werden sollten, sind auf der Pinnwand unten zu finden.

Schritt 3
Arbeit am Projekt
Es erfolgt die Umsetzung des Arbeitsplans. Treten Fragen auf, kann man sich an den Lehrer wenden.

Schritt 4
Präsentation der Ergebnisse vor den Mitschülern
Nach Beendigung der Gruppenarbeit werden die Ergebnisse präsentiert. Dabei muss man beachten, dass sich die Mitschüler meistens mit anderen Fragestellungen beschäftigt haben.
Die Art der Darstellung muss also in kurzer und logischer Form erfolgen, sodass alle Mitschüler die Versuche und Ergebnisse verstehen und die gewonnenen Erkenntnisse nachvollziehen können. Hilfreich sind **Power-Point-Präsentationen**.

Schritt 5
Präsentation der Ergebnisse im Schulhaus oder in der Öffentlichkeit
Abschließend kann ein Poster angefertigt werden, das einen Gesamtüberblick über die Arbeit der Klasse gibt. Dieses wird an gut sichtbarer Stelle im Schulhaus ausgehängt. Möglich ist auch eine Präsentation im Internet, die mit speziellen Programmen gestaltet werden kann.
Hinweise zum Anfertigen eines Posters findest du auf der S. 88.

- Welche Fragen sollen in der Gruppe zum ausgewählten Themenbereich beantwortet werden?
- Welche Materialien und Medien sollen genutzt werden?
- Wie sollen die Ergebnisse dargestellt werden?
- Welche Experimente möchte die Gruppe durchführen?
- Welcher zeitliche Rahmen steht zur Verfügung?
- Wer ist für welchen Bereich bzw. für welche Frage zuständig?
- Welche Methoden sollen bei der Informationsbeschaffung angewendet werden?

Projekt: Gefahren im Straßenverkehr bei Bremsvorgängen

Mögliche Themenbereiche:
- Der Bremsweg – häufig unterschätzt
- Bremsweg und Reaktionszeit
- Bremsweg und Faustregeln
- Bremsweg und Reibung
- Bremskraft und Trägheit

Projekt

Gefahren im Straßenverkehr bei Bremsvorgängen

Der Bremsweg – häufig unterschätzt

Auch mit ABS, Breitreifen, tiefergelegten Autos oder verbesserten Bremsen lassen sich physikalische Gesetze nicht überlisten. Die Gesetze müssen bewusst oder unbewusst beachtet werden, wenn man nicht andere und sich selbst gefährden will.

Geschwindigkeitsbegrenzungen, z. B. auf 30 km/h in der Nähe von Schulen, sollen Unfälle vermeiden helfen. Wie hängen **Anfangsgeschwindigkeit** und **Bremsweg** eines Fahrzeugs zusammen?

Ein Mopedfahrer ignoriert die Geschwindigkeitsbegrenzung und fährt mit einer Geschwindigkeit von 36 km/h auf einer trockenen Asphaltstraße. Plötzlich muss er bremsen. Angenommen, er bremst möglichst stark und gleichmäßig und kommt nach 3,3 Sekunden zum Stehen (Abb. 1). Seine Bremsverzögerung beträgt dann $-3 \, m/s^2$. Das bedeutet: Die Geschwindigkeit des Mopeds nimmt je Sekunde um 3 m/s ab. Der Bremsweg beträgt dann fast 17 m.

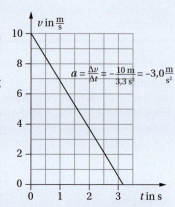

1 ▶ Bremsvorgang beim Moped

Beim Bremsen nimmt die Geschwindigkeit eines Fahrrads im Mittel in 1 s um $2{,}5 \frac{m}{s}$ ab.

1. *Allgemein gilt: Der Bremsweg wächst mit dem Quadrat der ursprünglichen Geschwindigkeit. Leite die Gleichung für den Bremsweg her! Um wie viel kürzer wäre der Bremsweg gewesen, wenn sich der Mopedfahrer an die Geschwindigkeitsbegrenzung gehalten hätte? Bewerte das Verhalten des Mopedfahrers!*

2. *Stelle die Bremswege für das Moped in Abhängigkeit von verschiedenen Anfangsgeschwindigkeiten grafisch dar! Variiere die Geschwindigkeiten in Schritten von 5 m/s!*

3. *Die maximale Bremsverzögerung für ein Fahrrad beträgt etwa $-2{,}5 \, m/s^2$, für einen Pkw $-7 \, m/s^2$. Stelle die Bremswege für ein Fahrrad und einen Pkw in Abhängigkeit von der ursprünglichen Geschwindigkeit grafisch dar! Vergleiche die Bremswege bei einer Geschwindigkeit von 30 km/h! Ziehe Schlussfolgerungen!*

4. *Versetze dich in die Rolle eines Fahrschullehrers! Wie würdest du den Fahrschülern die Notwendigkeit verdeutlichen, bei ihrem Fahrverhalten unbedingt den Zusammenhang zwischen ursprünglicher Geschwindigkeit und Bremsweg zu berücksichtigen?*

Projekt

Bremsweg und Reibung

Nässe bzw. schnee- oder eisbedeckte Fahrbahnen verringern die Reibung zwischen Fahrzeug und Straße erheblich und vergrößern damit den Bremsweg. Fahrräder und andere Zweiradfahrzeuge sollten bei Schnee und Eis gar nicht erst benutzt werden!

Auch die Art des Straßenbelags beeinflusst die Reibung. Besonders vorsichtig muss man auf nassem Kopfsteinpflaster und auf sandigen Wegen fahren.

1. *Vor allem im Herbst und Winter hört man im Anschluss an den Wetterbericht häufig den Hinweis: Stellen Sie sich mit ihrem Fahrverhalten auf die veränderten Fahrbahnverhältnisse ein! Dieser Hinweis gilt für alle Verkehrsteilnehmer. Was bedeuten veränderte Fahrbahnverhältnisse aus physikalischer Sicht? Welche Schlussfolgerungen ergeben sich für dein Verhalten im Straßenverkehr?*

2. *Wie ändert sich die durchschnittliche Bremsverzögerung von Pkws in Abhängigkeit von der Fahrbahn und den Witterungsverhältnissen? Recherchiere im Internet!*

3. *Welche Auswirkungen auf den Bremsweg eines Pkw, der bei 30 km/h eine Vollbremsung beginnt, hätte eine nasse Asphaltstraße im Vergleich zu einer trockenen Straße?*

4. *Analysiere den Einfluss von Reibung auf den Bremsweg mithilfe von Computersimulationen!*

5. *Stelle Verhaltensregeln für Fahrzeugführer bei Regen, Schnee und Glatteis auf!*

Ist die Haftreibung zwischen Reifen und Straße zu klein, dann blockieren die Räder beim Bremsen. Beim Anfahren drehen die Räder durch. Bei modernen Autos sorgt eine **Antischlupfregelung** dafür, dass die Räder nicht durchdrehen. Beim Bremsen wird ein **Antiblockiersystem** (ABS) genutzt. Besonders gefährlich ist es, wenn bei nasser Fahrbahn die Vorderräder keine Haftung mehr mit der Fahrbahn haben. Man spricht von **Aquaplaning,** das das Lenken des Fahrzeugs verhindert.

Antiblockiersystem: Die Räder blockieren nicht. Das Fahrzeug bleibt auch bei einer Vollbremsung lenkbar. Das ABS wird nur dann wirksam, wenn ein Blockieren der Räder droht.

6. *Erkunde, wie eine Antischlupfregelung in modernen Pkws funktioniert! Nutze das Internet oder Nachschlagewerke!*

7. *Wie entsteht das Aquaplaning auf nassen Fahrbahnen? Welchen Einfluss haben Reifenprofil und Geschwindigkeit auf das Entstehen von Aquaplaning?*

Projekt

Bremsweg und Reaktionszeit

Man spricht zwar von einer „Schrecksekunde", aber oft vergeht mehr als eine Sekunde, bevor man handelt, wenn man eine Gefahr erkannt hat. Einflüsse wie Müdigkeit und Alkoholgenuss oder Ablenkungen wie das Verändern der Lautstärke des Radios beeinflussen die Reaktionszeit. Während der **Reaktionszeit** legt das Fahrzeug ungebremst einen entsprechenden Weg zurück, den **Reaktionsweg.** Zusammen mit dem Bremsweg ergibt er den Anhalteweg.

1. *Ermittelt eure Reaktionszeit in Partnerarbeit! Nutzt dabei die Gesetze des freien Falls, indem für einen Fallweg die Fallzeit ermittelt wird!*
   Vorbereitung:
   Interpretiere die Fallgesetze! Stelle die Gleichung für den Fallweg nach der Zeit um!
   Durchführung:
   a) *Der linke Schüler hält im Abstand von mindestens 20 cm ein Lineal oder eine Latte mit der Unterkante in Höhe der Hand des rechten Schülers (s. Abb. links)!*
   b) *Der linke Schüler lässt das Lineal ohne Ankündigung fallen. Der rechte Schüler ergreift es möglichst schnell.*
   c) *An der Oberkante der Hand des rechten Schülers wird der Fallweg abgelesen bzw. gemessen.*
   Auswertung:
   a) *Berechnet aus dem Fallweg die Fallzeit. Sie ist gleich der Reaktionszeit.*
   b) *Wie weit wärst du bei der ermittelten Reaktionszeit mit einem Moped gefahren, wenn du bei einer Geschwindigkeit von 36 km/h eine Gefahr bemerkt hättest?*
   c) *Wie groß wäre dein Anhalteweg insgesamt auf einer trockenen Asphaltstraße?*

2. *Überlege dir einen Versuch, mit dem du Reaktionszeiten ermitteln kannst, wenn du abgelenkt wirst!*

Bremsweg und Faustregeln

*In starker Vereinfachung kann man die **Faustregel** auch so formulieren:*

Abstand = halbe Tachoanzeige

Faustregeln sollen das Einhalten von Sicherheitsabständen erleichtern. Sie können in verschiedener Weise formuliert werden.
Eine der Faustregeln besagt, dass der Abstand in Metern zum vorausfahrenden Fahrzeug mindestens die Hälfte der Anzeige der Geschwindigkeit am Tachometer in Kilometern je Stunde sein sollte.

Darstellung von Bewegungsabläufen mithilfe von Gleichungen

Projekt

1. Erläutere diese Regel und leite Schlussfolgerungen für dein Verhalten im Straßenverkehr ab!

2. Erkunde weitere Faustregeln! Vergleiche die Ergebnisse, wenn ein Pkw mit einer Geschwindigkeit von 30 km/h bzw. von 80 km/h fährt! Ziehe Schlussfolgerungen!

Bremskraft und Trägheit

Im Straßenverkehr macht sich die Trägheit von Körpern besonders bei schnellen Geschwindigkeitsänderungen bemerkbar, wie beim scharfen Bremsen oder beim Aufprall auf ein Hindernis. Um schwere Verletzungen zu vermeiden, ist es vorgeschrieben, auf allen Sitzen Sicherheitsgurte anzulegen. Zusätzlichen Schutz bieten Airbags (Abb. 1). Kopfstützen verhindern ein Zurückschnellen des Kopfes.

Die Bremsbeschleunigung, die ein Kraftfahrer bei einem Unfall erfährt, kann kurzzeitig ein Vielfaches der Fallbeschleunigung betragen. Dabei wurden die Wirkungen der Knautschzone des Fahrzeugs und des Sicherheitsgurts bereits einbezogen.

1. Beschreibe und erkläre die Wirkungsweise von Sicherheitsgurt und Airbag in einem Pkw!

2. In vielen modernen Pkw befinden sich Gurtstraffer, die bei extremen Verzögerungen wirksam werden. Welchen Sinn haben solche Gurtstraffer? Recherchiere im Internet!

Nach Messungen des **T**echnischen **Ü**berwachungs**v**ereins (TÜV) treten je nach Fahrzeugtyp bei einem Frontalaufprall auf ein festes Hindernis mit 48 km/h kurzzeitig Verzögerungen zwischen 35 g und 55 g auf, wobei g die Fallbeschleunigung ist. Die Folgen können schwerwiegend sein.

3. Welche Kraft wirkt bei einer Verzögerung von 50 g auf einen 1,4 kg schweren Atlas, der auf der hinteren Ablage liegt? Vergleiche diese Kraft mit deiner Gewichtskraft!

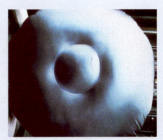

1 ▸ Das Füllen eines Airbags mit Gas dauert etwa 50 ms. Unfallfolgen werden durch ihn gemindert.

Physik-Klick

Verarbeiten von Messwerten mit einem Computer

Wege und Zeiten bei der gleichförmigen Bewegung

Für zwei Radfahrer 1 und 2 wurde gemessen, welchen Weg sie in verschiedenen Zeiten zurückgelegt haben.

t in s	0	2	4	6	8	10
s_1 in m	0	5,9	12,2	17,7	23,8	29,7
s_2 in m	0	11,8	23,9	35,7	48,3	60,4

Um zu erkennen, ob eine gleichförmige Bewegung vorliegt, gibt es zwei Möglichkeiten:

a) Es wird der Quotient $\frac{s}{t}$ berechnet. Ist dieser Quotient konstant, so liegt eine gleichförmige Bewegung vor.
b) Es wird das t-s-Diagramm gezeichnet. Ist der Graph eine Gerade, die durch den Koordinatenursprung verläuft, so ist die Bewegung gleichförmig.

Beide Möglichkeiten kannst du mit einem Computer in einem **Tabellenkalkulationsprogramm** realisieren.

Berechnen des Quotienten

Dazu kannst du in folgenden Schritten vorgehen:
1. Öffne das Tabellenkalkulationsprogramm!
2. Trage in die erste Zeile den Kopf der Tabelle ein! Der Tabellenkopf kann farbig, die Schrift fett gestaltet werden. Dazu musst du die jeweiligen Zellen markieren und im Menü „Format" die entsprechenden Einstellungen vornehmen.
3. Gib die Messwerte für die Zeiten und Wege des Radfahrers 1 ein!
4. Speichere die Daten!
5. Wenn du die Berechnung der Quotienten aus s und t vornehmen willst, kannst du so vorgehen:
   - Markiere das Feld C3!

Beachte!
Mithilfe von **Tabellenkalkulationsprogrammen** kann man Daten in Tabellen ordnen, in Diagrammen veranschaulichen und auch Berechnungen durchführen. Für die dargestellten Beispiele eignet sich jedes gängige Tabellenkalkulationsprogramm.

Der Quotient aus dem **Weg s** und der **Zeit t** ist die **Geschwindigkeit v**:
$v = \frac{s}{t}$

Bei einer gleichförmigen Bewegung ist die Geschwindigkeit immer gleich groß:
v = konstant

So kann man die Messwerte im Tabellenkalkulationsprogramm darstellen und den Quotienten aus Weg und Zeit berechnen.

	A	B	C	D
1	Zeit t in s	Weg s in m	Geschwindigkeit v in m/s	
2	0	0		
3	2	5,9	2,95	
4	4	12,2	3,05	
5	6	17,7	2,95	
6				
7				

- Klicke im Menü auf das Gleichheitszeichen und gib die Rechenoperation B3/A3 ein! Drücke „Enter"!
- Bei den anderen Zeilen wird analog vorgegangen.

Du erhältst die Tabelle, die auf S. 146 links dargestellt ist.

	A	B	C
1	Zeit t in s	Weg s1 in m	Weg s2 in m
2		Radfahrer 1	Radfahrer 2
3	0	0	0
4	2	5,9	11,8
5	4	12,2	23,9
6	6	17,7	35,7
7	8	23,8	48,3
8	10	29,7	60,4

Darstellen der Messwerte in einem *t-s*-Diagramm

Die Messwerte können auch in einem Diagramm dargestellt werden, wenn man ein Tabellenkalkulationsprogramm nutzt. Dabei kann man jeweils den Graphen für einen Radfahrer oder auch für beide darstellen:

1. Trage die Messwerte so in die Tabelle ein, wie es rechts oben dargestellt ist.
2. Markiere die Zellen Radfahrer 1 und Radfahrer 2 und die Messwerte für die Wege der beiden Fahrer!
3. Rufe den Diagramm-Assistenten durch Klicken auf das entsprechende Symbol in der Menüleiste auf! Wähle ein **Liniendiagramm mit Datenpunkten** aus! Drücke dann auf die Schaltfläche „Weiter"!
4. Gehe zum Bereich Reihe! Setze den Cursor in die Beschriftung der Rubrikenachse (X)! Markiere die Messwerte für die Zeit in der Tabelle! Mit „Weiter" kommst du zum nächsten Schritt.
5. Nun kannst du das Diagramm und die Achsen beschriften und das Diagramm fertig stellen.
6. Die Graphen verlaufen manchmal nicht durch den Punkt (0;0). Um das zu ändern, bewege den Mauszeiger in die Nähe der Längenachse. Wenn das Wort „Rubrikenachse" erscheint, öffnet sich durch Doppelklick ein Menü. Öffne „Skalierung" und entferne bei der Größenachse das Häkchen. Damit erhältst du das nebenstehend abgebildete *t-s*-Diagramm.

Der Diagramm-Assistent hat das Symbol

Die Farben der Graphen und der Flächen kannst du beliebig ändern!

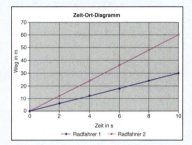

Aus dem Diagramm ist erkennbar:
Die Graphen sind näherungsweise Geraden, die durch den Koordinatenursprung verlaufen. Das bedeutet: Beide Radfahrer bewegen sich näherungsweise gleichförmig. Radfahrer 2 ist schneller als Radfahrer 1, weil er in derselben Zeit jeweils den längeren Weg zurücklegt.

Experimente

Untersuchung von Bewegungsabläufen

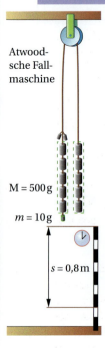

Atwoodsche Fallmaschine

M = 500 g
m = 10 g
s = 0,8 m

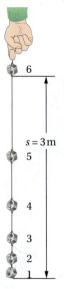

s = 3 m

Experiment 1
Der Physiker GEORGE ATWOOD (1745–1807) entwickelte 1784 eine nach ihm benannte Fallmaschine (s. Abb. links). Ermittle mit dieser Maschine die Beschleunigung eines Körpers!

Vorbereitung:
a) Stelle das Zeit-Ort-Gesetz der gleichmäßig beschleunigten Bewegung nach der Beschleunigung um!
b) Welches ist in der Abbildung die Kraft, die die Anordnung beschleunigt? Wie groß ist die Masse, die beschleunigt wird?

Durchführung:
a) Befestige auf jeder Seite einer gut gelagerten Rolle die gleiche Anzahl von Hakenkörpern der Masse 500 g (s. Abb.)!
b) Erteile den rechten Hakenkörpern einen kleinen Impuls nach oben! Warum kommt die Anordnung nach einer kurzen Strecke zur Ruhe?
c) Kompensiere die Reibung! Hänge kleine Hakenkörper nacheinander in die linke obere Fadenöse, bis sich die Anordnung beim Anstoßen mit konstanter Geschwindigkeit bewegt!
d) Beschleunige die Anordnung nacheinander mit der Gewichtskraft eines Hakenkörpers der Masse 10 g, 20 g und 30 g!
e) Miss jeweils die Zeit für eine Strecke von 0,8 m! Trage die Messwerte in eine Messwertetabelle ein!

m	F in N	s in m	t in s	a in m/s²
10 g				
...				

Auswertung:
a) Ermittle jeweils die Beschleunigung, die die Anordnung erfährt!
b) In welchem Zusammenhang stehen die Beschleunigung und die beschleunigende Kraft?

Experiment 2
Bestimme experimentell unter Nutzung der Bewegungsgesetze die Beschleunigung eines Körpers, der eine schiefe Ebene hinabrollt! Führe diese Bestimmung für zwei verschiedene Neigungen durch!

Vorbereitung:
Skizziere den Versuchsaufbau! Welche Größen muss man messen?

Durchführung:
Nimm die erforderlichen Messwerte auf! Führe jede Messung mehrmals durch!

Auswertung:
Bestimme die Beschleunigungen (Mittelwertbildung)! Führe eine Fehlerbetrachtung durch!

Experiment 3
Fallschnüre nutzt man, um Zusammenhänge bei Fallbewegungen darzustellen. Führe Untersuchungen mit selbst gebauten Fallschnüren durch!

Vorbereitung:
Formuliere den Zusammenhang zwischen Fallwegen und Fallzeiten in Worten und als Proportionalität!

Durchführung:
a) Fertige eine Fallschnur an, indem du an einer über 3 m langen Schnur sechs Schraubenmuttern befestigst (s. Abb. links)! Die Abstände der fünf Schraubenmuttern von Schraubenmutter 1 betragen:

Nr.	2	3	4	5	6
s in m	0,12	0,48	1,08	1,92	3,00

b) Lass die Schnur frei herabhängen, sodass die erste Schraubenmutter den Boden gerade berührt! Nimm eine Leiter zu Hilfe oder führe das Experiment in einem Treppenhaus durch!
c) Lass die Schnur los und beobachte! Nutze eine Unterlage, auf der der Aufprall gut zu hören ist! Wiederhole den Versuch!

Auswertung:
Beschreibe und erkläre deine Beobachtungen! Führe die analoge Untersuchung mit einer Fallschnur durch, bei der die Schraubenmuttern den gleichen Abstand voneinander haben!

Aufgaben

1. Ein Sprinter beschleunigt nach dem Start 3 s lang gleichmäßig mit 2,5 m/s².
   a) Welchen Weg legt er während dieser Beschleunigungsphase zurück?
   b) Welche Geschwindigkeit hat er am Ende erreicht?

2. Tom fährt auf seinem Fahrrad mit einer Geschwindigkeit von 15 km/h. Innerhalb von 4 Sekunden beschleunigt er gleichmäßig auf 25 km/h.
   a) Wie groß ist seine Beschleunigung?
   *b) Welchen Weg hat er während der Beschleunigung zurückgelegt?

3. Rudi Rennfahrer beschleunigt beim Start auf der Rennstrecke auf den ersten 200 Metern auf 190 km/h.
   Wie groß ist seine durchschnittliche Beschleunigung?

4. Eine Schnecke kriecht mit einer Geschwindigkeit von 5 m/h über die Straße. Als sie am Randstein ankommt, bremst sie innerhalb von 3 Sekunden vollständig ab. Wie groß war ihre Bremsverzögerung?

5. Auf der Autobahn fahren ein roter und ein blauer Pkw mit 100 km/h eine Weile nebeneinander her. Dann beschleunigen beide gleichzeitig. Der rote Pkw braucht 10 s, um auf 150 km/h zu beschleunigen. Der blaue Pkw legt bei der Beschleunigung auf die gleiche Endgeschwindigkeit eine Strecke von 300 m zurück. Welcher Pkw beschleunigt im Schnitt stärker?

6. Ein Bus bremst aus einer Geschwindigkeit von 50 km/h bis zum Stillstand in 6 s ab.
   a) In welcher Richtung wirken dabei auf Personen im Bus Kräfte?
   b) Mit welcher Kraft muss sich eine Person mit einer Masse von 80 kg dabei festhalten?

7. Erkunde, welche Beschleunigungen bei Fahrzeugen (Zug, Pkw, Flugzeug, Rakete) auftreten! Was ergibt sich daraus für die Kräfte, die auf Personen wirken?

8. Bei einem Experiment mit einer atwoodschen Fallmaschine (s. S. 148) wurden folgende Messwertepaare aufgenommen:

s in m	0,80	0,80	0,80
M in kg	0,635	0,835	1,035
t in s	2,27	2,61	2,89

   a) Entwirf eine Skizze für den Versuch! Orientiere dich dabei an Experiment 1 auf S. 148!
   b) Ermittle die jeweiligen Beschleunigungen!
   c) Ermittle die Kraft, mit der die Massen jeweils beschleunigt wurden! Woraus könnten sich Abweichungen ergeben haben?

9. In Wohngebieten sind Tempo-30-Zonen eingerichtet. Kraftfahrer können dadurch besser auf spielende Kinder reagieren.
   a) Welchen Weg legt ein Pkw in der „Schrecksekunde" bei 30 km/h zurück?
   b) Um wie viel wäre der Weg länger, wenn der Pkw mit einer Geschwindigkeit von 50 km/h fahren würde?

10. Gute Fußballer verleihen dem Ball beim Abschuss eine Geschwindigkeit von 90 km/h. Die Wechselwirkung mit dem Ball beim Abschuss dauert 0,02 s. Der Ball hat eine Masse von 700 g.
    a) Wie groß ist die Beschleunigung des Balls?
    b) Mit welcher Kraft muss der Fußballer gegen den Ball treten?

11. Bei einem Crashtest treten ähnlich wie bei Unfällen große Beschleunigungen auf. Dadurch wirken auf Körper erhebliche Kräfte. Welche Kraft wirkt auf einen Fahrer mit einer Masse von 70 kg, wenn die Beschleunigung 75 m/s² beträgt? Das Wievielfache der Gewichtskraft ist das?

12. Bei einem Experiment zur Untersuchung des Zusammenhangs zwischen der Beschleunigung eines Körpers und der beschleunigenden Kraft wurden folgende Messwertepaare aufgenommen:

F in N	0	1,0	2,0	3,0	4,0
a in m/s²	0	0,30	0,59	0,91	1,20

a) Zeichne das F-a-Diagramm!
b) Interpretiere das Diagramm!
c) Ermittle aus den Messwerten die Masse des Körpers!

13. Die Motoren eines ICE können eine maximale Antriebskraft von 270 kN aufbringen. Die Masse des ICE beträgt 500 t.
a) Wie groß ist die maximale Beschleunigung des ICE beim Anfahren?
b) In welcher Zeit könnte der ICE mit dieser Beschleunigung eine Geschwindigkeit von 100 km/h erreichen?
c) Warum dauert der Beschleunigungsvorgang in der Praxis länger?

14. Ein Verkehrsflugzeug hat eine Gesamtmasse von 330 t. Mit seinen vier Strahltriebwerken wird das Flugzeug auf der Startbahn bis zu einer Geschwindigkeit von 300 km/h beschleunigt, bis es abheben kann. Jedes Triebwerk entwickelt eine maximale Schubkraft von 200 kN.
a) Wie groß ist die Beschleunigung des Flugzeugs während der Startphase?
b) Wie lang muss die Startbahn mindestens sein?

15. Nach einem Unfall ermittelt die Verkehrspolizei für die Vollbremsung eines Motorrads einen Bremsweg von 26 m. Für den Straßenbelag kann man eine Bremsverzögerung von 6,8 m/s² annehmen. Mit welcher Geschwindigkeit ist das Motorrad gefahren? Hat sich der Fahrer innerhalb einer geschlossenen Ortschaft damit vorschriftsmäßig verhalten?

16. Ein Pkw fährt mit einer Geschwindigkeit von 80 km/h auf einer nassen Landstraße. Plötzlich sieht der Fahrer etwa 100 m vor dem Fahrzeug ein Reh auf die Fahrbahn laufen.
Kann das Fahrzeug noch vor dem Reh zum Stehen gebracht werden, wenn für diesen Fall eine Bremsverzögerung von 4,2 m/s² angenommen wird und der Fahrer eine Reaktionszeit von 0,9 s hat?

17. In einem Bus steht auf einer Ablagefläche ein voller Becher mit Wasser.
a) Was passiert, wenn der Bus plötzlich abbremsen muss? Begründe!
b) Welche Kraft wirkt auf eine Person (65 kg), wenn der Bus innerhalb von 4 s von 90 $\frac{km}{h}$ auf 40 $\frac{km}{h}$ abbremst?

*18. In einem Fernsehbericht hieß es: Beim Start von einem Flugzeugträger werden die Flugzeuge auf der 90 m langen Beschleunigungsstrecke in einer Sekunde auf die Startgeschwindigkeit von 220 km/h katapultiert.
Diskutiere, ob diese Angaben realistisch sein können!

*19. Die Anziehungskraft der Erde beträgt etwa das Sechsfache der Anziehungskraft des Monds. Ein Astronaut (m = 70 kg) rutscht beim Hinabsteigen von der Leiter einer Mondfähre aus und fällt aus 3 m Höhe mit seiner 84 kg schweren Ausrüstung auf die Mondoberfläche.

a) Wie groß war die potenzielle Energie des Astronauten gegenüber der Mondoberfläche vor dem Fall?
b) Wie lange dauert der Fall des Astronauten?
c) Welche maximale Geschwindigkeit erreicht der Astronaut beim Fallen?

20. Eine Kugel der Masse 100 g wird gegen eine waagerecht liegende Spiralfeder (D = 10 N/m) gedrückt, sodass diese um 6 cm gestaucht wird. Anschließend wird die Kugel losgelassen.
a) Welche Kraft übt die Feder auf die Kugel aus, bevor sie losgelassen wird?
b) Welche mittlere Beschleunigung erfährt die Kugel durch die Feder?
c) Auf welche Geschwindigkeit wird die Kugel beschleunigt? Du kannst die Geschwindigkeit der Kugel auf unterschiedliche Art berechnen.

21. Ein Lkw-Fahrer fährt eine halbe Stunde lang mit einer Geschwindigkeit von 70 km/h. Anschließend bremst er innerhalb einer Minute bis zum Stillstand ab. Welche Strecke hat er insgesamt zurückgelegt?

22. Im Vergleich zu einem Regentropfen schwebt eine Schneeflocke viel langsamer herab. Erkläre diesen Unterschied!

23. Gib für folgende Vorgänge an, ob man die Bewegungen mit den Gesetzen des freien Falls beschreiben kann oder nicht! Begründe!
a) Schweben der Samen von Pusteblumen
b) Fallschirmspringer
c) Fall eines Dachziegels vom Dach
d) Fall eines Apfels vom Baum
e) Fall von Hagelkörnern

24. Ein Stein löst sich von einem Felsen, fällt frei und schlägt nach 8 s auf dem Boden auf. In welcher Höhe über der Auftreffstelle hat sich der Stein gelöst?

25. Um die Tiefe eines Brunnens zu ermitteln, wird ein Stein vom Brunnenrand aus fallen gelassen. Nach drei Sekunden hört man, wie der Stein aufschlägt.
Wie tief ist der Brunnen?

26. Ein Fallschirmspringer lässt sich zunächst mit nicht geöffnetem Fallschirm fallen. Seine Bewegung wird durch das folgende t-v-Diagramm beschrieben.

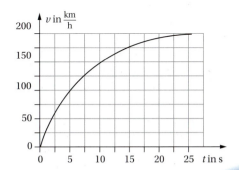

a) Interpretiere dieses Diagramm!
b) Gib die maximale Geschwindigkeit in km/h und in m/s an!

Das Wichtigste auf einen Blick

Darstellung von Bewegungsabläufen mithilfe von Gleichungen

Wirkt auf einen Körper eine konstante beschleunigende Kraft, so führt er eine gleichmäßig beschleunigte Bewegung aus. Die konstante Beschleunigung des Körpers der Masse m ergibt sich aus dem newtonschen Grundgesetz $F = m \cdot a$ zu:

$$a = \frac{F}{m} = \text{konstant}$$

Gleichmäßig beschleunigte Bewegungen können mit **Bewegungsgesetzen** beschrieben werden. Für Bewegungen aus dem Stillstand gilt:

Zeit-Geschwindigkeit-Gesetz	Zeit-Ort-Gesetz	Geschwindigkeit-Ort-Gesetz
$v = a \cdot t$	$s = \frac{a}{2} \cdot t^2$	$s = \frac{v^2}{2a}$

Beim freien Fall von Körpern (Fallbewegung unter Vernachlässigung des Luftwiderstands) wirkt als beschleunigende Kraft die konstante Gewichtskraft $F_G = m \cdot g$. Mit $a = g$ erhält man als Bewegungsgesetze für den freien Fall:

$g = \text{konstant}$	$v = g \cdot t$	$s = \frac{g}{2} \cdot t^2$

Fasst man die Bewegungsgesetze als Funktionen einer Größe in Abhängigkeit von der Zeit auf, so führt das zu **Bewegungsfunktionen.**

$a(t) = a = \text{konstant}$	$v(t) = a \cdot t$	$s(t) = \frac{a}{2} \cdot t^2$
Der Graph dieser Funktion ist eine Gerade parallel zur t-Achse.	Der Graph dieser Funktion ist eine Gerade mit der Steigung a.	Der Graph dieser Funktion ist Teil einer Parabel.

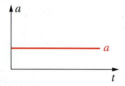 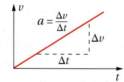 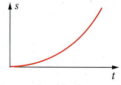

t-a-Diagramm t-v-Diagramm t-s-Diagramm

4
Profilbereich NTG

4.1 Elektrotechnik

Windkraftanlagen – von Windmühlen abgeschaut

Seit Jahrtausenden nutzt der Mensch die Energie des Windes. **Windmühlen** verbreiteten sich ab dem 10. Jahrhundert von Persien aus.

Seit etwa 1935 werden Windkraftanlagen zur Gewinnung von elektrischer Energie gebaut. Die Anzahl der installierten Anlagen hat sich in Deutschland, insbesondere in den letzten Jahren, deutlich erhöht.

Die heute am häufigsten anzutreffenden Windkraftanlagen nutzen **Rotoren**, bei denen die Achse **waagerecht** angeordnet ist. Diese prinzipielle Anordnung wurde bereits vor über 1000 Jahren beim Bau von Windmühlen verwendet.

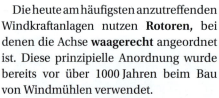

Eine Bockwindmühle: Auf einem steinernen Gebäude dreht sich die Dachkappe mit dem Windrad.

1. *Es gibt viele verschiedene Arten von Windmühlen. Informiere dich über prinzipielle Unterschiede zwischen Bockwindmühlen und Holländerwindmühlen! Wofür wurden Windmühlen im Laufe der Geschichte verwendet?*

In modernen Windkraftanlagen wird über eine Welle und ein Getriebe die Drehung des Rotors direkt auf einen Generator übertragen, der elektrischen Strom erzeugt (Abb. 1). Im Unterschied zu Windmühlen mit vielen Rotorblättern haben Windkraftanlagen heute nur ein bis drei Rotorblätter. Der Anstellwinkel der Rotorblätter kann computergesteuert in Abhängigkeit von der Windgeschwindigkeit verändert werden, um die Drehzahl des Rotors auf einen konstanten Wert zu regeln. Erst bei mittleren Windgeschwindigkeiten von 4 m/s bis 5 m/s (Windstärke 3) arbeiten die Anlagen wirtschaftlich. Bei Windstärke 10 (etwa 25 m/s) müssen die Rotorblätter abgebremst bzw. verriegelt werden.

2. *Erkunde, welche maximalen Leistungen Windkraftwerke abgeben!*

Neben Windkraftanlagen mit waagerechter Rotorachse gibt es auch solche mit **senkrechter Achse**, wie den DARRIEUS-Rotor und den SAVONIUS-Rotor. Bei beiden Rotorarten wird die Windenergie in eine Rotation um eine senkrechte Achse umgesetzt. Dadurch sind sie unabhängig von der Windrichtung.

3. *Wodurch unterscheiden sich Rotoren, die nach ihren Erfindern, dem Franzosen GEORGES DARRIEUS und dem Finnen SIGURD SAVONIUS, benannt wurden?*

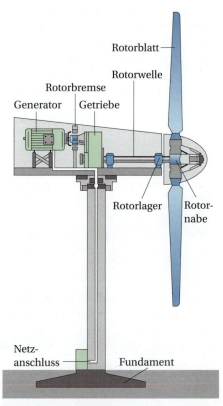

1 ▸ Aufbau einer Windkraftanlage mit waagerecht angeordneter Rotorwelle

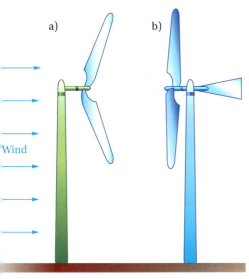

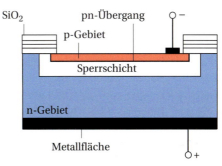

2 ▸ Aufbau einer Solarzelle

1 ▸ Bei Leeläufern (a) befinden sich die Rotorblätter auf der windabgewandten Seite des Turms, bei Luvläufern (b) auf der windzugewandten Seite.

4. Windkraftanlagen mit Luvläufern benötigen im Unterschied zu Leeläufern eine Vorrichtung, die die Rotorwelle in Windrichtung ausrichtet (Abb. 1). Begründe, warum diese Vorrichtung erforderlich ist! Warum sind Luvläufer trotzdem stärker verbreitet als Leeläufer?

5. Stelle in einer Präsentation den prinzipiellen Aufbau von Windkraftanlagen vor! Gehe auf die Vorteile und Nachteile von Anlagen ein, die die Windenergie in eine waagerechte bzw. senkrechte Rotation um eine Achse umsetzen!

6. Warum muss der Rotor einer Windkraftanlage abgebremst werden können?

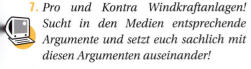
7. Pro und Kontra Windkraftanlagen! Sucht in den Medien entsprechende Argumente und setzt euch sachlich mit diesen Argumenten auseinander!

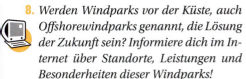
8. Werden Windparks vor der Küste, auch Offshorewindparks genannt, die Lösung der Zukunft sein? Informiere dich im Internet über Standorte, Leistungen und Besonderheiten dieser Windparks!

Fotovoltaik

Die direkte Umwandlung von Strahlungsenergie der Sonne in elektrische Energie mithilfe von Solarzellen wird als **Fotovoltaik** bezeichnet. **Solarzellen** sind spezielle Halbleiterdioden, die bei Lichteinfall eine Spannung erzeugen.

Prinzipiell ist die Solarzelle eine großflächige Ausführung einer Fotodiode. Die Energieumwandlung findet in der Grenzschicht zwischen der p-leitenden und der n-leitenden Siliciumschicht statt (Abb. 2). Die durch das Licht gebildeten Elektronen im pn-Übergang wandern zum positiv geladenen Bereich der Grenzschicht, die Löcher zum negativ geladenen Teil. Dadurch entsteht zwischen dem p- und dem n-Anschluss eine elektrische Spannung von bis zu 0,5 V.
Insgesamt wirkt die Solarzelle dann wie eine Spannungsquelle.

Solarzellen sind meist aus Silicium aufgebaut und haben heute einen Wirkungsgrad von etwa 15 %.

9. Nach Art der Herstellung unterscheidet man zwischen monokristallinen, polykristallinen und amorphen Solarzellen. Worin unterscheiden sie sich?

10. Untersuche die Abhängigkeit der elektrischen Leistung einer Solarzelle von der Beleuchtungsstärke, dem Einfallswinkel des Lichts und von der Temperatur! Stelle zunächst Vermutungen auf, die dann experimentell geprüft werden!

Kraftwerke im Vergleich

Die Physik ist eine wichtige Grundlage der Technik und damit unseres täglichen Lebens. Dabei werden physikalische Erkenntnisse bewusst genutzt, um Geräte und Anlagen zu bauen, um Energie zweckmäßig zu verwenden, um unser Leben sicherer und angenehmer zu machen.

Stelle dir einmal ein Leben ohne Strom und elektrisches Licht vor. Was würde da alles nicht funktionieren?

Die überall notwendige Elektroenergie wird vor allem durch Kraftwerke bereitgestellt.

11. Stelle in einer Übersicht die wichtigsten Arten von Kraftwerken zusammen! Erkunde, welchen Wirkungsgrad sie haben!

Wesentliche Kriterien zur Beurteilung von Kraftwerken sind neben dem Wirkungsgrad die Kosten, die Risiken, die Umweltbelastung und die Verfügbarkeit der Primärenergieträger.

12. Gib für das in Abb. 1 dargestellte Wärmekraftwerk die Energieumwandlungen an, ausgehend vom Primärenergieträger Kohle!

2 ▸ Modernes Kohlekraftwerk

13. Erkunde, welche Vorteile und welche Nachteile die verschiedenen Arten von Kraftwerken haben! Stelle Vor- und Nachteile übersichtlich zusammen! Bereite zu dem Thema eine Präsentation vor!

Die meisten Kraftwerke in Deutschland sind Wärmekraftwerke. Die Primärenergieträger können dabei unterschiedlich sein.

14. Welche Primärenergieträger können in Wärmekraftwerken eingesetzt werden?

Zum Antrieb der Turbinen wird heißer Dampf genutzt, der in großen Dampfkesseln erzeugt wird.

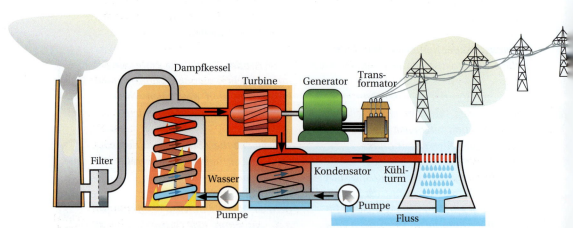

1 ▸ Aufbau eines Wärmekraftwerks mit seinen wichtigsten Komponenten

Elektrotechnik

1 ▶ Montage einer Dampfturbine für einen Kraftwerksblock

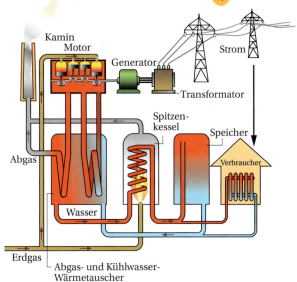

2 ▶ Blockheizkraftwerk mit Kraft-Wärme-Kopplung für Spitzenbelastungszeiten

15. *Erkunde, mit welchen Temperaturen und Drücken dabei gearbeitet wird! Welcher Zusammenhang besteht zwischen der Temperatur und der inneren Energie des Dampfs?*

Eine Dampfturbine dient als Antrieb für einen Generator und ist über eine Welle unmittelbar mit ihm verbunden. An der Entwicklung solcher Dampfturbinen waren viele Techniker beteiligt, u. a. der Schwede GUSTAV DE LAVAL (1845–1913), der Franzose AUGUSTE RATEAU (1863 bis 1930) und der Amerikaner GLENN CURTIS (1878–1930).

16. *Beschreibe den Aufbau und erkläre die Wirkungsweise einer modernen Dampfturbine! Gehe insbesondere darauf ein, warum es unterschiedlich große Schaufeln gibt (Abb. 1)! Mit welchen Drehzahlen wird gearbeitet?*

Im Generator wird kinetische Energie (Rotationsenergie) in elektrische Energie umgewandelt.

17. *Wie groß ist die elektrische Leistung von Generatoren in großen Kraftwerken?*

18. *Die von einem Kraftwerksgenerator erzeugte Spannung liegt meist in einer Größenordnung von 20 kV.*
  a) *Wie groß ist dann die Stromstärke bei einer Leistung von 300 MW?*
  b) *Bei der Fernleitung von Elektroenergie sollte die Stromstärke möglichst klein sein. Warum?*
  c) *Entwirf eine Schaltung, mit der man die in Teilaufgabe a) berechnete Stromstärke auf 1/10 ihres Betrags verringern könnte! Was geschieht dann mit der Spannung? Um welchen Faktor würde man damit die Energieverluste bei der Fernübertragung reduzieren?*

19. *Worin unterscheidet sich ein Kraftwerk mit Kraft-Wärme-Kopplung von einem ohne Kraft-Wärme-Kopplung?*

Beim Verbrennen fossiler Brennstoffe entstehen Staub, Stickoxide (NO, NO_2), Schwefeldioxid (SO_2) und Kohlenstoffoxide (CO, CO_2).

20. *Erkunde, durch welche Maßnahmen die Umweltbelastungen durch ein Kraftwerk reduziert werden können!*

Elektrische Geräte im Haushalt

Du weißt: Viele Haushaltsgeräte sind Energiewandler: Elektrische Energie wird in andere Energieformen umgewandelt. Trotzdem spricht man häufig davon, dass Elektrogeräte Energie verbrauchen oder der Energieverbrauch zu hoch ist.

21. *Setze dich mit dem Begriff „Energieverbrauch" auseinander! Was bedeutet er aus physikalischer Sicht?*

22. *Stelle eine Übersicht über elektrische Geräte zusammen, die du im Haushalt nutzt! Gib jeweils an, in welche Energieform die elektrische Energie umgewandelt wird!*

Elektrischer Herd

Eines der wichtigsten elektrischen Geräte im Haushalt ist der Kochherd. Er ist in den meisten Haushalten mit der Waschmaschine zusammen der größte „Energieverbraucher".

23. *Informiere dich darüber, welche Arten von Kochherden es gibt!*

24. *Beschreibe für eine Art eines Kochherds den Aufbau und erkläre die Wirkungsweise!*

Bei allen Arten von Elektroherden kann man die Heizleistung der drei oder vier Kochfelder stufenweise verändern.

1 ▸ Elektroherd mit Ceran-Kochfeldern

Das kann in unterschiedlicher Weise geschehen

25. *Entwickle eine Schaltung, mit der man die von einer Heizspirale abgegebene Wärme in 6 Stufen verändern kann!*

Zu jedem elektrischen Gerät gibt es beim Kauf eine Gebrauchsanleitung. Diese enthält wesentliche Angaben zur sicheren Nutzung des Geräts und dessen technische Daten.

26. *Erkunde, welche Angaben zu eurem Herd zu Hause in der Gebrauchsanleitung gemacht werden. Wie groß ist die Leistung des Elektroherds, wenn alle Kochfelder auf volle Leistung geschaltet sind?*

27. *Warum werden die Stromkreise von Waschmaschine und Kochherd im Haushalt extra abgesichert?*

Tauchsieder

Bei Tauchsiedern wird wie bei den meisten Elektroherden mit Heizwendeln die Wärmewirkung des elektrischen Stroms genutzt.

28. *Welche Leistungen haben Tauchsieder, die man im Handel kaufen kann? Wie groß sind dann die Stromstärken bei Netzspannung?*

29. *Als Modell für einen Tauchsieder kann man eine Heizspirale ansehen, die mit geringer Spannung betrieben werden kann. Bestimme den Wirkungsgrad einer solchen Heizspirale beim Erwärmen von Wasser!*
  Vorbereitung:
  a) *Was versteht man unter dem Wirkungsgrad eines Geräts?*
  b) *Wie kann man die der Heizspirale zugeführte elektrische Energie bestimmen?*

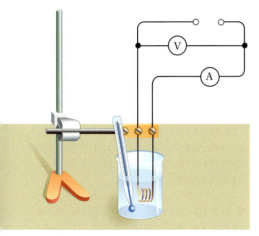

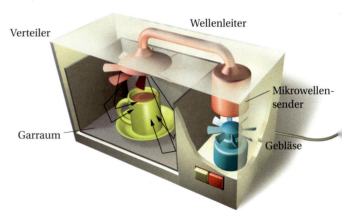

1 ▶ Experimentieranordnung zur Bestimmung des Wirkungsgrads einer Heizwendel

3 ▶ Aufbau eines Mikrowellenherds: Die Mikrowellen werden von einem Sender erzeugt.

c) Wie kann man die einer bestimmten Wassermenge zugeführte Wärme ermitteln?
Leite eine Gleichung zur Berechnung des Wirkungsgrads her!

Durchführung:
Baue die Versuchsanordnung entsprechend der Skizze auf! Achte dabei auf einen standsicheren Aufbau!
Rühre vor jeder Temperaturmessung gut um!
Miss die Temperatur des Wassers im Ausgangszustand und dann 5-mal im Minutenabstand!

Auswertung:
Bestimme für jede Zeit den Wirkungsgrad der Heizspirale! Bilde den Mittelwert!
Welche Messfehler können das Ergebnis beeinflussen?

2 ▶ Moderner Mikrowellenherd

Mikrowellenherd

Der Mikrowellenherd wurde 1946 von PERCY SPENCER bei der Firma Raytheon erfunden. Eher zufällig entdeckte er bei Experimenten mit einer Radaranlage, dass ein Schokoriegel in seiner Tasche zu schmelzen begann. Sehr schnell erkannte er, dass die Schokolade durch die Mikrowellenstrahlung geschmolzen wurde.

30. Was sind Mikrowellen? Welche Eigenschaften haben sie?
Stelle dazu ein Referat zusammen!

Die Firma Raytheon ließ sich 1946 den Mikrowellenherd patentieren. Das erste Exemplar von 1947 war fast 1,80 m hoch, wog 340 kg und hatte 3 000 W Leistung.

31. Wie ist ein Mikrowellenherd aufgebaut? Wie funktioniert er? Nutze Abb. 3!

32. Erläutere, worauf man bei der Benutzung eines Mikrowellenherdes achten muss! Warum darf nur spezielles Geschirr verwendet werden?

33. Ein Mikrowellenherd funktioniert nur, wenn die Tür geschlossen ist und das Gerät mit einem Schalter eingeschaltet wird. Entwirf eine Schaltung, mit der das realisiert werden kann!

Laser in CD-Playern

Mit der Entwicklung der ersten Laser durch den Amerikaner CHARLES H. TOWNES sowie den Russen NIKOLAI G. BASSOW und ALEXANDER M. PROCHOROW im Jahr 1958 hat sich die Laserphysik zu einer eigenständigen Disziplin der modernen Physik entwickelt. Aus dem alltäglichen Leben sind zahlreiche Anwendungen des Lasers kaum mehr wegzudenken, so z. B. aus dem Bereich der Materialverarbeitung, der Messtechnik oder auch der Chirurgie. Das verbreitetste Beispiel ist sicherlich das CD- oder DVD-Laufwerk bzw. der CD-Player.

34. *Erkunde, wie eine CD bzw. eine DVD aufgebaut ist! Wie groß sind die Speicherkapazitäten von CD und DVD?*

Im Gegensatz zur Schallplatte sind die Daten auf einer CD nicht analog, sondern in digitaler Form gespeichert, d.h. als eine Folge aus Nullen und Einsen. Dabei entspricht nicht ein Pit oder ein Land einer Eins, sondern der Übergang von Pit nach Land und umgekehrt. Die Länge eines Pits bzw. Lands gibt die Anzahl der Nullen oder Einsen an.

Zum Lesen der gespeicherten Informationen wird die rotierende CD mithilfe eines Halbleiterlasers von innen nach außen abgetastet.

35. *Wie ist ein Laser prinzipiell aufgebaut und wie funktioniert er?*

36. *Welche Eigenschaften hat Laserstrahlung?*

In vielen Bereichen werden Laser seit Beginn der 90er-Jahre des 20. Jahrhunderts angewendet. Zahlreiche Anwendungen des Lasers sind aus dem alltäglichen Leben kaum mehr wegzudenken.

37. *Stelle in einer Übersicht verschiedene Anwendungen von Lasern im Alltag zusammen!*

Bei einem CD-Player wird ein Laserstrahl von unten auf die CD gelenkt (Abb. links).
Um einen konstanten Datenstrom zu erhalten, muss die Bahngeschwindigkeit der Pits konstant gehalten werden. Für eine Audio-CD beträgt sie 1,3 m/s. Infolgedessen variiert die Drehzahl zwischen 200 (für Außenabtastung) und 500 (für Innenabtastung) Umdrehungen pro Minute.

38. *Erkunde, wie die gespeicherten Informationen gelesen werden!*

Abschließend erfolgt mithilfe eines sogenannten Digital-Analog-Wandlers (kurz: DA-Wandler) eine Übersetzung der digitalen in analoge Daten in Form eines elektrischen Stroms, der von einem Lautsprecher in Schall umgewandelt wird.

4.2 Halbleiter und Mikroelektronik

Elektronik in allen Lebensbereichen

Halbleiterbauelemente wie Thermistoren, Dioden, Transistoren oder integrierte Schaltkreise sind Grundelemente der meisten modernen technischen Geräte, Maschinen und Anlagen. In der Industrie werden sie zunehmend zur Automatisierung von Produktionsprozessen eingesetzt (Abb. 1). Auch in unserem Alltag und in der Freizeit sind elektronische Geräte nicht mehr wegzudenken (Abb. 2).
Die physikalischen Eigenschaften der Halbleiterbauelemente werden in der Elektronik technisch umgesetzt. So beruht die Entwicklung integrierter Schaltkreise auf Erkenntnissen der Halbleiterphysik. Der Trend der Entwicklung geht zu immer kleineren und leistungsfähigeren Bauelementen und Geräten. Es gibt heute kaum noch einen Lebensbereich, der von der Elektronik unberührt geblieben ist. Die breite technische Nutzung von Halbleitern begann erst nach der Entdeckung des Transistoreffekts im Jahre 1948. Sie war eng verbunden mit der Entwicklung von Technologien zur Herstellung von Halbleitermaterialien.

2 ▶ Superschnelle Computer und digitale Netzwerke ermöglichen virtuelle Erlebnisse.

Die ersten Personal Computer (PC) wurden ab den 80er-Jahren des vorigen Jahrhunderts produziert.

Der erste 1-Megabit-Chip ging 1986 in die Serienproduktion.

Virtual Reality ist das neue Zauberwort.

1 ▶ Industrieroboter in der Pkw-Produktion

Industrieroboter werden seit Mitte der 60er Jahre des 20. Jahrhunderts eingesetzt.

Leitung in Halbleitern

Von reinen Halbleitern spricht man, wenn auf mehr als 10^9 Siliciumatome ein Fremdatom oder ein Gitterfehler kommt.

Halbleiter sind Stoffe, deren elektrische Leitfähigkeit zwischen der von Leitern und Isolatoren liegt. Diese Leitfähigkeit ist bei reinen Halbleitern wie Silicium, Germanium und Selen nur gering.

Im Unterschied zu Metallen sind bei einem reinen Halbleiter bei **Zimmertemperatur** alle **Elektronen** im Gitter in einer **Elektronenpaarbindung** fest gebunden (Abb. 2). Einzelne Elektronen können aber diese Bindung verlassen. Dabei entsteht jeweils eine Fehlstelle, ein **Loch.** Man spricht auch von **Defektelektronen.**

Diese Löcher oder Defektelektronen werden teilweise wieder durch Elektronen besetzt. Im Mittel sind aber immer ein paar freie Elektronen und Löcher vorhanden und stehen als frei bewegliche Ladungsträger für den Leitungsvorgang zur Verfügung. Wird an einen solchen reinen Halbleiter eine Spannung angelegt, dann gehen parallel zueinander folgende Vorgänge vor sich:

- Die wenigen freien Elektronen bewegen sich in Richtung Pluspol der elektrischen Quelle.
- In die Löcher springen benachbarte, ursprünglich gebundene Elektronen.

Die Eigenleitung ist technisch kaum nutzbar.

Dadurch erfolgt insgesamt eine Bewegung von Elektronen in der einen Richtung und gleichzeitig von Löchern in der entgegengesetzten Richtung (Abb. 1). Dieser Leitungsmechanismus wird als **Eigenleitung** bezeichnet.

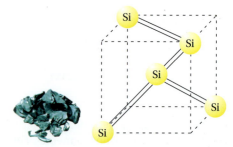

2 ▸ Silicium (links) und räumliche Darstellung eines Siliciumkristalls (rechts): Die Außenelektronen gehen mit ihren Nachbarn eine Elektronenpaarbindung ein.

Die Leitfähigkeit eines Halbleiters kann gezielt erhöht werden, wenn man Atome anderer Elemente (Fremdatome) einbringt, die mehr oder weniger Außenelektronen haben als die Halbleiteratome. Man nennt diesen Vorgang **Dotieren.**

Beim Dotieren entstehen **Störstellen** mit freien Elektronen oder Löchern. Die darauf basierende Leitung wird **Störstellenleitung** genannt.

> In Halbleitern erfolgt der elektrische Leitungsvorgang durch Elektronen oder Löcher (Defektelektronen). Je nach der Dotierung unterscheidet man zwischen verschiedenen Halbleitern.

Die beiden grundsätzlichen Möglichkeiten des Dotierens sind auf S. 163 oben dargestellt.
Bewegen sich vorrangig negativ geladene Elektronen, so spricht man von **n-Leitung.** Erfolgt die Leitung vor allem durch Löcher, so wird von **p-Leitung** gesprochen.

⇨ freies Elektron
O Loch/Defektelektron

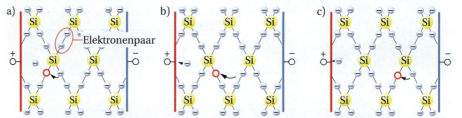

1 ▸ Eigenleitung in Silicium im elektrischen Leitungsmodell: Beim Anlegen einer Spannung bewegen sich die Elektronen in Richtung Pluspol und die Löcher in Richtung Minuspol.

Halbleiter und Mikroelektronik

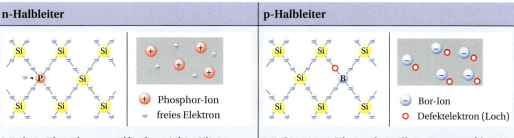

n-Halbleiter	p-Halbleiter
Wird ein Phosphoratom (fünfwertig) in Silicium dotiert, kann ein Außenelektron des Phosphors nicht gebunden werden und steht als freies Elektron für eine **n-Leitung** zur Verfügung.	Wird in einen Siliciumkristall ein Boratom (dreiwertig) dotiert, kann ein Außenelektron eines Silicium-atoms nicht gebunden werden. Es bleibt ein Loch, das für eine **p-Leitung** zur Verfügung steht.

Halbleiterwiderstände

Der elektrische Widerstand von Halbleitern ist ebenso veränderlich wie der von Metalldrähten. Durch äußere Einflüsse, wie Temperaturänderungen oder die Änderung der Stärke des einfallenden Lichts, kann der Widerstand eines Halbleiters stark beeinflusst werden. Temperaturabhängige Halbleiterwiderstände sind **Thermistoren**, wobei man zwischen Kaltleitern und Heißleitern unterscheidet.

Im Halbleiter wirken zwei gegensätzliche Vorgänge. Einerseits führen die Atome und Ionen des Halbleiterkristalls bei Temperaturerhöhung stärkere Schwingungen um ihre Ruhelage aus und behindern dadurch stärker die Bewegung der frei beweglichen Elektronen und der Löcher. Andererseits können sich bei einer höheren Temperatur mehr Außenelektronen aus ihren Bindungen lösen. Je nachdem, welcher dieser Vorgänge überwiegt, steigt oder sinkt der Widerstand eines Halbleiters bei Temperaturerhöhung (s. Abb. unten).

Bei **Fotowiderständen** (LDR) wird die Leitfähigkeit des Halbleiters durch die Stärke des einfallenden Lichts beeinflusst. Je stärker sie mit Licht beleuchtet werden, desto besser leiten sie den elektrischen Strom. Sobald sich also der Lichteinfall ändert, können Fotowiderstände ein elektrisches Signal erzeugen. Das Licht steuert den elektrischen Strom.

Das nutzt man z. B. in Fahrstühlen. Wird der Fotowiderstand beleuchtet, dann schließt die Fahrstuhltür. Unterbricht man den Lichteinfall, dann bleibt die Tür geöffnet.

LDR
Light
Dependent
Resistor

Thermistoren		Fotowiderstände (LDR)
Heißleiter (NTC-Widerstand)	**Kaltleiter (PTC-Widerstand)**	
Mit steigender Temperatur ϑ verkleinert sich der Widerstand.	Mit steigender Temperatur ϑ vergrößert sich der Widerstand.	Mit zunehmender Beleuchtungsstärke E verkleinert sich der Widerstand.

PTC
Positive
Temperature
Coefficient

NTC
Negative
Temperature
Coefficient

Experimente

Untersuchungen an Halbleiterwiderständen

Experiment 1
Untersuche die Abhängigkeit des Widerstands eines Heißleiters (NTC-Widerstand) von der Temperatur! Benutze dann den Heißleiter zur Bestimmung unbekannter Temperaturen!

Vorbereitung:
Geräte und Materialien: elektrische Quelle, NTC-Widerstand, Strommesser, Becherglas, Spannungsmesser, Bunsenbrenner, Thermometer, Lüsterklemme, Leitungswasser.

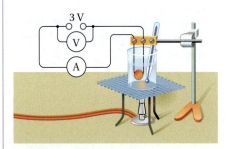

Durchführung:
a) Baue den Versuch auf (s. Abb.)!
b) Miss die Stromstärke in Abhängigkeit von der Temperatur des Wasserbads!

Auswertung:
a) Stelle die Messwertepaare grafisch dar!
b) Beschreibe, wie du mithilfe dieses experimentell gefundenen Zusammenhangs eine unbekannte Temperatur ermittelt hast!
c) Begründe, warum man Heißleiter als Temperaturfühler, z. B. in Kühlschränken, nutzt!

Experiment 2
Untersuche, wie sich die Drehzahl eines Motors ändert, der an eine Solarzelle angeschlossen wird (s. Abb. links)!

Durchführung:
a) Verändere die Beleuchtungsstärke, indem du die Solarzelle aus unterschiedlichen Entfernungen beleuchtest!
b) Verändere bei einer konstanten Entfernung den Einfallswinkel des Lichts, indem du die Solarzelle kippst!

Auswertung:
Beschreibe jeweils die Effekte!

Experiment 3
Kaltleiter (PTC-Widerstände) nutzt man z. B. zur Füllstandsmessung. Baue das Modell einer Füllstandsmessung! Zeige, dass bei einem Kaltleiter die Stromstärke in einem Stromkreis zunächst gering ist und dass sie ansteigt, wenn der Flüssigkeitsspiegel den Widerstand erreicht!

Durchführung:
a) Baue den Versuch auf (s. Abb.)!

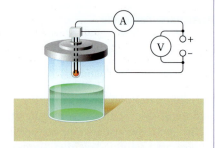

b) Miss Stromstärke und Spannung, wenn der Flüssigkeitsspiegel den Kaltleiter noch nicht erreicht und wenn er ihn erreicht hat!

Auswertung:
Vergleiche die Eigenschaften eines Kaltleiters und eines Heißleiters!

Experiment 4
Untersuche, wie sich die Stromstärke durch einen Fotowiderstand in Abhängigkeit von der Beleuchtung ändert!

Vorbereitung:
Entwirf einen Schaltplan und eine Messwertetabelle!

Durchführung:
a) Baue den Versuch entsprechend dem Schaltplan auf!
b) Miss die Stromstärke, wenn der Widerstand vollständig abgedunkelt ist!
c) Beleuchte den Widerstand mit einer Taschenlampe aus verschiedenen Entfernungen!

Auswertung:
a) Formuliere ein Ergebnis!
b) In welchen technischen Anwendungen nutzt man Fotowiderstände?

Elektronische Bauelemente im Überblick

Thermistor

Thermistoren sind stark temperaturabhängige Widerstände aus halbleitenden Metalloxiden. Ihr Widerstand vergrößert oder verkleinert sich mit steigender Temperatur.

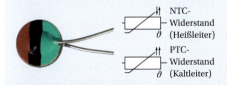

Fotowiderstand

Fotowiderstände sind beleuchtungsabhängige Widerstände, die auf ein Trägerplättchen aufgebracht sind. Ihr Widerstand verkleinert sich mit der Beleuchtungsstärke.

Gleichrichterdiode

Gleichrichterdioden sind Bauelemente mit einem pn-Übergang, die in Sperrrichtung einen großen und in Durchlassrichtung einen kleinen Widerstand haben.

Leuchtdiode (LED)

Leuchtdioden, z. B. aus GaAs, werden in Durchlassrichtung betrieben. Bei der Rekombination im pn-Übergang wird Energie frei, die in Form von Strahlung (Licht) abgegeben wird.

Fotodiode

Fotodioden werden in Sperrrichtung betrieben. Bei Beleuchtung des pn-Übergangs mit Licht entstehen Elektronen und Löcher. Die Stromstärke steigt an.

Fotoelement, Solarzelle

Solarzellen sind flächenhafte Anordnungen von Fotoelementen. Bei einem Fotoelement entsteht bei Lichteinstrahlung zwischen p- und n-Anschluss eine Spannung.

bipolarer Transistor

Bipolare Transistoren sind Bauelemente, bei denen ein Arbeitsstromkreis durch einen Steuerstromkreis beeinflusst wird. Sie werden als Schalter und Verstärker genutzt.

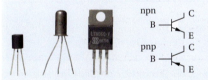

Feldeffektransistor

Feldeffektransistoren sind Bauelemente, bei denen durch ein elektrisches Feld ein Arbeitsstromkreis beeinflusst wird. Sie werden als Schalter und Verstärker genutzt.

1. Erläutere, wie der elektrische Leitungsvorgang in Halbleitern durch Wärme und Licht beeinflusst werden kann!

2. Das folgende Diagramm zeigt die Abhängigkeit der elektrischen Stromstärke von der Beleuchtungsstärke bei einem Fotowiderstand bei U = konstant.

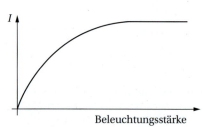

   a) Interpretiere dieses Diagramm!
   b) Erkläre, wodurch die dargestellte Abhängigkeit zustande kommt!

3. a) Wie verändert sich der Widerstand eines Heißleiters bei Temperaturerhöhung? Wie ist diese Veränderung zu erklären?
   b) Begründe, warum Heißleiter stets mit einem Vorwiderstand in Reihe geschaltet werden sollen!

4. Ein elektrisches Thermometer (s. Abb.) wird mit einer kleinen Knopfzelle betrieben, die für eine konstante Spannung sorgt. Bei diesem Thermometer dient ein Thermistor als Messfühler. Die Anzeige des Thermometers gehört eigentlich zu einem Strommesser, der auf die Temperatur geeicht wurde.
   a) Entwirf einen Schaltplan für ein solches Thermometer!
   b) Was für eine Art Thermistor (Kaltleiter, Heißleiter) kann für die Spitze des Thermometers verwendet werden? Begründe!
   c) Erkläre die Wirkungsweise dieses Thermometers!
   d) Wie groß ist die Messgenauigkeit digitaler Thermometer? Vergleiche sie mit der analoger Thermometer!

Halbleiterdioden

Eine **Halbleiterdiode** besteht aus zwei unterschiedlich dotierten Schichten desselben Grundmaterials, häufig Silicium.
In dem Bereich, in dem sich die unterschiedlich dotierten Schichten, der **p-Halbleiter** und der **n-Halbleiter,** berühren, geschieht Folgendes:
Die freien Elektronen, die sich ungeordnet bewegen, gelangen in den p-Halbleiter und besetzen dort die Löcher. Elektronen und Löcher **rekombinieren.** Dies führt dazu, dass in einem schmalen Bereich, dem **pn-Übergang,** keine frei beweglichen Ladungsträger vorhanden sind. Es entsteht eine **Grenzschicht,** die nicht leitend ist (Abb. 1, 2). Die Breite der Grenzschicht beträgt nur Bruchteile eines Millimeters.
Wird nun der n-Leiter einer Diode mit dem Minuspol und der p-Leiter mit dem Pluspol der elektrischen Quelle verbunden (Abb. 1, S. 167), so werden die freien Elektronen in die Grenzschicht gedrückt und können diese ab einer bestimmten Spannung überwinden.

5. Erkunde, wie groß diese Spannung bei Siliciumdioden und bei Germaniumdioden ist!

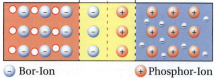

1 ▶ Aufbau einer Halbleiterdiode: Die großen Teilchen sind die ortsfesten Ionen der Dotierungsstoffe.

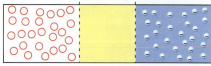

2 ▶ In der Grenzschicht der Diode gibt es keine frei beweglichen Ladungsträger.

Halbleiter und Mikroelektronik

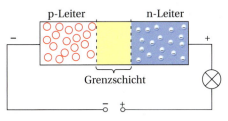

1 ▶ Diode in Durchlassrichtung: Der Pluspol der Spannungsquelle liegt am p-Leiter.

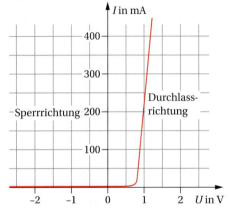

2 ▶ Diode in Sperrrichtung: Der Pluspol der Spannungsquelle liegt am n-Leiter.

Die Spannung, ab der durch eine Diode ein merklicher Strom zu fließen beginnt, nennt man **Schwellenspannung**. Ab dieser Schwellenspannung wird der Widerstand der Diode sehr klein. Die Diode lässt in dieser Richtung den Strom hindurch. Sie ist in **Durchlassrichtung** gepolt.

Bei umgekehrter Polung wandern die freien Elektronen in Richtung Pluspol (Abb. 2). Die Grenzschicht wird breiter und hat einen sehr großen elektrischen Widerstand. Die Diode lässt demzufolge in dieser Richtung keinen Strom hindurch. Sie ist in **Sperrrichtung** geschaltet.

3 ▶ U-I-Kennlinie einer Siliciumdiode

6. Untersuche, wie sich eine Halbleiterdiode beim Umpolen der Gleichspannungsquelle verhält!
   Durchführung:
   a) Baue die Schaltung nach dem Schaltplan auf (s. Abb.)!

   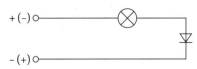

   b) Verändere die Polung der Diode!
   Auswertung:
   Formuliere eine Schlussfolgerung aus deinen Beobachtungen in Bezug auf die Eigenschaft der Halbleiterdiode!

7. Nimm die U-I-Kennlinie einer Germaniumdiode und einer Siliciumdiode auf!
   Vorbereitung:
   Bereite eine Messwertetabelle vor!
   Durchführung:
   a) Baue die Schaltung auf!

   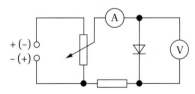

   b) Beachte: Zur Begrenzung der Stromstärke durch die Diode wird ein Widerstand in Reihe geschaltet.
   c) Beginne mit 0 V und erhöhe die Spannung schrittweise um 0,1 V!
   d) Beende die Messung, wenn ein merklicher Stromfluss durch die Diode einsetzt!
   e) Pole um und wiederhole die Messungen!
   Auswertung:
   a) Zeichne die U-I-Kennlinien beider Dioden in dasselbe Diagramm und interpretiere die Kennlinien!
   b) Welche Gemeinsamkeiten und Unterschiede erkennst du aus dem Diagramm?
   c) Unter welcher Bedingung werden die Dioden leitend?

Schaltzeichen einer Halbleiterdiode

Polung beachten!

Ring in Diode entspricht Strich im Schaltzeichen

Da eine Diode den Strom nur in einer Richtung hindurchlässt, kann sie zur Gleichrichtung von Wechselströmen genutzt werden. Die für diesem speziellen Zweck entwickelten Dioden werden als **Gleichrichterdioden** bezeichnet.

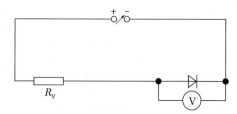

1 ▶ Schaltplan einer einfachen Konstantspannungsquelle

8. Die folgenden Abbildungen zeigen zwei einfache Gleichrichterschaltungen, die experimentell untersucht werden sollen.

a)

Diese Schaltung nennt man Einweggleichrichterschaltung.

b)

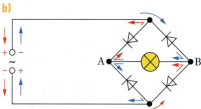

Diese Schaltung nennt man Zweiweggleichrichterschaltung.

Für den Betrieb vieler elektronischer Schaltungen benötigt man eine konstante Spannung. Man braucht also eine elektrische Quelle, die auch bei Netzschwankungen oder bei der Entladung von Batterien ihre Spannung kaum ändert. Dazu schaltet man Dioden in Durchlassrichtung über einen Vorwiderstand an eine elektrische Quelle und kann über den Dioden eine relativ konstante Spannung abgreifen (Abb. 1).

9. Erkläre, wie man mit der in Abb. 1 dargestellten Schaltung eine relativ konstante Spannung erhalten kann! Nutze zur Erklärung auch Abb. 2! Die Spannung U_S heißt Schwellenspannung.

10. Die Schwellenspannung beträgt für Siliciumdioden 0,7 V, für Germaniumdioden 0,35 V.
Entwirf Schaltungen, mit denen man eine konstante Spannung
a) von 2,1 V,
b) von etwa 6 V,
c) von 1,75 V
erhalten kann!

Vorbereitung:
Überlege dir zunächst, welche Vorgänge in den Dioden ablaufen, und beschreibe sie mithilfe des Modells des elektrischen Leitungsvorgangs!
Skizziere den Verlauf der Spannung zwischen den Punkten A und B für jede der beiden Schaltungen!

Durchführung:
a) Baue die Schaltungen nacheinander auf!
b) Schließe die Abgreifpunkte A und B an ein Oszilloskop an! Skizziere das entstehende Bild!

Auswertung:
a) Beschreibe die jeweils auftretenden Effekte!
b) Begründe, warum man von Einweg- und Zweiweggleichrichterschaltung spricht!
c) Wo werden Gleichrichter eingesetzt?

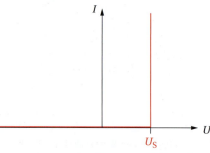

2 ▶ Vereinfachte Kennlinie einer Gleichrichterdiode

Leuchtdioden

Leuchtdioden, auch **Lumineszenzdioden, Lichtemitterdioden** oder **LED** (abgeleitet vom englischen **l**ight **e**mitting **d**iode) genannt, sind spezielle Halbleiterdioden, die beim Betrieb in Durchlassrichtung Licht in einer bestimmten Farbe aussenden.
Die Farbe hängt von dem verwendeten Halbleitermaterial ab. Genutzt wird u. a. Gallium-Arsenid, Gallium-Arsenid-Phosphid oder Gallium-Phosphid.

2 ▶ Leuchtdioden, die unsichtbares infrarotes Licht aussenden, nutzt man bei Fernbedienungen.

Schaltzeichen für eine Leuchtdiode:

11. Wie sind Leuchtdioden aufgebaut und wie funktionieren sie?

12. Informiere dich über Einsatzmöglichkeiten von Leuchtdioden!

13. Welche Vorteile haben Leuchtdioden gegenüber Glühlämpchen?

14. Interpretiere die in Abb. 1 angegebenen Kennlinien!

15. Untersuche analog zur Kennlinie einer Gleichrichterdiode (s. S. 167) selbst die Kennlinie einer gegebenen Leuchtdiode!
    Vorbereitung:
    a) Entwirf einen Schaltplan! Beachte dabei, dass die in Durchlassrichtung betriebene Leuchtdiode mit einem Widerstand in Reihe zu schalten ist.
    b) Wie kann man den erforderlichen Widerstand R berechnen, wenn U, U_S und I bekannt sind?
    Durchführung:
    Baue die Schaltung auf und führe die erforderlichen Messungen durch!
    Auswertung:
    Stelle die Kennlinie dar! Vergleiche sie mit den Kennlinien in Abb. 1!

16. Mithilfe von Leuchtdioden kann man eine Füllstandsmessung bei einer leitenden Flüssigkeit durchführen (Abb. 3).
    a) Erkläre die Funktionsweise einer solchen Anordnung, wie sie in Abb. 3 dargestellt ist!
    b) Baue eine solche Anordnung auf! Probiere sie aus!

Als Flüssigkeit eignet sich Salzwasser.

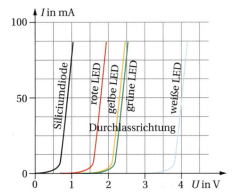

1 ▶ Kennlinien von verschiedenfarbigen LEDs im Vergleich mit einer Siliciumdiode

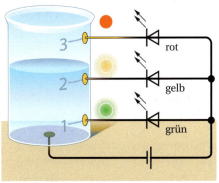

3 ▶ Aufbau einer einfachen Füllstandsanzeige: Die grüne und die gelbe LED leuchten.

Transistoren

Transistoren sind Halbleiterbauelemente, die aus drei unterschiedlich dotierten Schichten desselben Grundmaterials, meistens Silicium, bestehen (Abb. 1). Je nach Dotierung unterscheidet man **npn-Transistoren** und **pnp-Transistoren**. An den Leitungsvorgängen sind sowohl Elektronen als auch Defektelektronen beteiligt. Man nennt diese Art von Transistoren **bipolare Transistoren**.

17. *Erkunde, woher die Bezeichnung „Transistor" kommt! Wann und von wem wurden die ersten Transistoren entwickelt?*

18. *Beschreibe anhand von Abb. 1 den Aufbau eines npn-Transistors!*

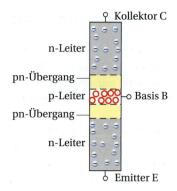

1 ▸ Aufbau eines npn-Transistors mit zwei pn-Übergängen

Schaltzeichen eines npn-Transistors

Schaltzeichen eines pnp-Transistors

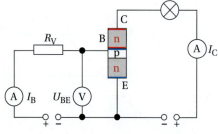

2 ▸ Schaltung eines npn-Transistors: Mit dem Basisstrom kann die Größe des Kollektorstroms beeinflusst werden.

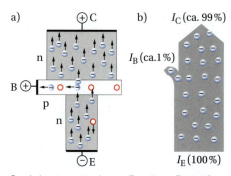

3 ▸ Leitungsvorgang im npn-Transistor: Der größte Teil des Stroms fließt vom Emitter zum Kollektor, nur etwa 1 % erreicht den seitlichen Basisanschluss.

Liegt nur eine Spannung zwischen Emitter und Kollektor an, so ist einer der pn-Übergänge in Sperrrichtung geschaltet. Es fließt kein Kollektorstrom. Beim zusätzlichen Anlegen einer Basis-Emitter-Spannung kann dieser pn-Übergang bei entsprechender Polung in Durchlassrichtung geschaltet werden. Dann fließt ein Basisstrom (Abb. 3).

Im Modell kann man das so deuten (Abb. 3a): Die Elektronen aus dem Emitter bewegen sich in die nur schwach dotierte Basis. Da diese sehr dünn ist und der Kollektor wesentlich breiter als der Emitter ist und damit eine größere Berührungsfläche mit der Basis hat, wird die Basis regelrecht mit Elektronen überschwemmt. Nur etwa 1 % der Elektronen erreicht den seitlichen Basisanschluss (Abb. 3b).

Der Großteil der Elektronen wird vom positiv gepolten Kollektor angezogen und überwindet den vorher gesperrten pn-Übergang von Kollektor und Basis. Es fließt ein Kollektorstrom (Abb. 3). Der Effekt, dass bei einem kleinen Basisstrom ein wesentlich größerer Kollektorstrom fließt und kleine Änderungen der Basisstromstärke große Änderungen der Kollektorstromstärke hervorrufen, wird als **Transistoreffekt** bezeichnet.

19. *Untersuche, unter welchen Bedingungen in einem Transistor Ströme fließen!*

Vorbereitung:
Übernimm den Schaltplan in das Protokoll!

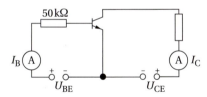

Kennzeichne im Schaltplan den Basis- und Kollektorstromkreis mit zwei unterschiedlichen Farben! Benenne im Schaltzeichen Basis, Emitter und Kollektor!

Durchführung:
a) Baue die Experimentieranordnung auf!
b) Miss jeweils I_B und I_C unter den Bedingungen, wie sie in der Tabelle vorgegeben sind!

Bedingungen		I_B in mA	I_C in mA
$U_{BE} = 0$	$U_{CE} = 10\,V$		
$U_{BE} = 1,5\,V$	$U_{CE} = 0\,V$		
$U_{BE} = 1,5\,V$	$U_{CE} = 10\,V$		

Auswertung:
a) Welche Abhängigkeit besteht zwischen dem Fließen eines Kollektorstroms und dem Fließen eines Basisstroms?
b) Vergleiche Kollektor- und Basisstromstärke im letzten Teilversuch und formuliere ein Ergebnis!

20. Nimm die I_B-I_C-Kennlinie eines Transistors auf!
Vorbereitung:
a) Übernimm den rechts oben dargestellten Schaltplan in das Protokoll! Zeichne den Basis- und Kollektorstromkreis mit zwei verschiedenen Farben nach!
b) Entwirf eine Messwertetabelle!

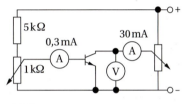

Durchführung:
a) Baue die Schaltung nach dem gegebenen Schaltplan auf!
b) Miss für $U_{CE} = 1,5\,V$ mindestens 10 Messwertepaare für I_C und I_B! Achtung! Um den Transistor nicht zu überlasten, gilt $I_C \leq 30\,mA$. Wiederhole die Messungen für $U_{CE} = 4\,V$!

Auswertung:
a) Stelle die Kennlinie in einem Diagramm dar!
b) Interpretiere das Diagamm! Beachte dazu die Hinweise zum Interpretieren auf S. 117!

Beachte, dass U_{CE} konstant bleibt! Regle gegebenenfalls mit dem anderen Potenziometer nach!

Aus der experimentellen Untersuchung ergibt sich:
- Es fließt nur dann ein Kollektorstrom, wenn auch ein Basisstrom fließt. Mit dem Basisstromkreis kann also der Kollektorstromkreis ein- bzw. ausgeschaltet werden. Der Transistor kann als **elektronischer Schalter** dienen.
- Eine kleine Änderung der Basisstromstärke kann eine große Änderung der Kollektorstromstärke bewirken. Damit kann ein Transistor als **Verstärker** genutzt werden.

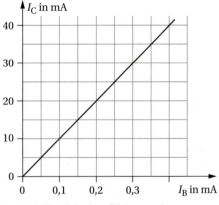

1 ▶ I_B-I_C-Kennlinie eines Siliciumtransistors

Die Stromverstärkung
$$B = \frac{\Delta I_C}{\Delta I_B}$$
hängt vom jeweiligen Transistor ab.

Hier beträgt sie
$B = \frac{40\,mA}{0,4\,mA}$
$B = 100$

Statt mit sichtbarem Licht wird meist mit nicht sichtbarem infrarotem Licht gearbeitet.

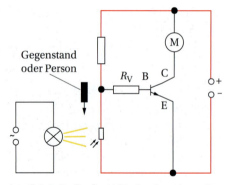

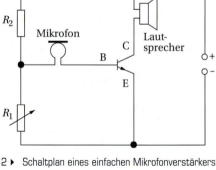

1 ▶ Schaltplan für eine Lichtschrankenanlage mit einem Transistor

2 ▶ Schaltplan eines einfachen Mikrofonverstärkers mit einem Transistor

Bei Lichtschranken an Rolltreppen und Fahrstuhltüren werden Transistoren als Schalter genutzt (Abb. 1). Geht eine Person durch die Lichtschranke, dann wird ein Lichtbündel unterbrochen. Dadurch setzt sich eine Rolltreppe in Bewegung oder bleibt eine Fahrstuhltür offen.

21. *Erläutere anhand von Abb. 1 die Wirkungsweise einer Lichtschranke! Baue eine solche Anordnung auf und probiere sie aus!*

In ähnlicher Weise funktioniert ein **Dämmerungsschalter,** mit dem die Straßenbeleuchtung automatisch ein- bzw. ausgeschaltet werden kann.

22. *Die Abbildung zeigt einen Schaltplan für eine Alarmanlage, mit der Schaufenster gesichert werden. Die rot gezeichnete Leitung wird als dünne Metallfolie um die Scheibe geklebt. Beim Zerreißen der Metallfolie wird Alarm ausgelöst.*

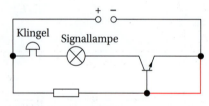

Erkläre die Wirkungsweise dieser Alarmschaltung!

Ein Transistor kann nicht nur als **elektronischer Schalter,** sondern auch als **Verstärker** genutzt werden. Ein Beispiel dafür ist ein einfacher Mikrofonverstärker (Abb. 2), mit dem die schwachen elektrischen Signale eines Mikrofons verstärkt und über einen Lautsprecher hörbar gemacht werden.

23. *Beschreibe anhand von Abb. 2 den Aufbau und erkläre die Wirkungsweise eines einfachen Mikrofonverstärkers!*

24. *Suche eine weitere Anwendung des Transistors als Schalter oder Verstärker! Bereite dazu eine Präsentation vor!*

25. *Seit etwa 1960 begann man Chips herzustellen. Heute können sich auf Chips Millionen Bauelemente befinden. Die Fotos zeigen solche komplexen Bauelemente. Bereite zum Thema „Entwicklung der Halbleiterelektronik" ein Referat vor! Nutze Nachschlagewerke und das Internet!*

Sensoren

Mithilfe von **Sinnesorganen** und **Sinneszellen** (Rezeptoren) kann der Mensch unterschiedliche Informationen wahrnehmen.

Auch technische Einrichtungen können Reize aus unserer Umwelt wahrnehmen. Das geschieht mithilfe von **Sensoren.** Sie registrieren nichtelektrische Größen und wandeln sie in elektrische Signale um. Das wird zur Messung nichtelektrischer Größen oder zur Steuerung von Robotern genutzt (s. Übersicht unten).

1 Fahrradcomputer und montierter Sensor

26. *Nenne Beispiele für die Verwendung von Sensoren im Alltag!*

Ein Beispiel für die Nutzung von Sensoren sind Fahrradcomputer, mit denen man nicht nur die Momentangeschwindigkeit, sondern auch den zurückgelegten Weg und andere Größen bestimmen kann.

Als Sensor für die Bestimmung der Geschwindigkeit nutzt man eine an der Radgabel befestigte Spule. An ihr läuft ein an einer Speiche befestigter kleiner Magnet vorbei (Abb. 1).

27. *Erläutere, wie man mit einer solchen Anordnung die Momentangeschwindigkeit ermitteln kann! Warum ist es wichtig, die Radgröße einzugeben?*

Personenwaagen, Küchenwaagen oder Obst- und Gemüsewaagen in Supermärkten sind heute meist elektronische Waagen mit digitaler Anzeige.
Ein weit verbreiteter Sensor zur elektrischen Messung der nichtelektrischen Größe Masse ist der **Folien-Dehnungsmessstreifen** (Folien-DMS).

28. *Erkunde, wie ein solcher DMS aufgebaut ist und wie er funktioniert! Welche Messgrößenwandlung erfolgt?*

Sinne	Gehörsinn	Gesichtssinn	Temperatursinn	Druck-, Berührsinn
Reizart	Schall (akustischer Reiz)	Licht (optischer Reiz)	Wärme, Kälte (Temperaturreiz)	Druck, Berührung (mechanischer Reiz)
Messgerät	Schallpegelmesser	Beleuchtungsmesser	Thermometer	Barometer
Sensor	Mikrofon	Fotodiode	Thermistor	Dehnungsmessstreifen

4.3 Medizintechnik und Neurobiologie

Messung des Pulses

Die Registrierung von Körpereigenschaften, wie Blutdruck, Temperatur oder Puls, sind unabdingbar für die Diagnose, im Rahmen von Therapien, bei Operationen oder auch bei der Überwachung auf Intensivstationen.
Dabei werden teilweise subjektive Methoden genutzt, z. B. die Bestimmung der Pulsfrequenz durch Zählen der Pulsschläge in einer bestimmten Zeit.

1 Einfache Pulsmessung

1. Wie entsteht ein Pulsschlag? An welchen Stellen des Körpers kann man den Puls messen?

Die Anzahl der Pulsschläge je Minute nennt man Pulsfrequenz.

2. Bestimme die Anzahl der Pulsschläge je Minute bei dir selbst an verschiedenen Stellen und bei unterschiedlicher Belastung!

Der normale Ruhepuls von Jugendlichen und Erwachsenen liegt zwischen 60 und 80 Schlägen je Minute. Er ist individuell verschieden und z. B. erheblich vom Trainingszustand abhängig.

3. Erkunde, welche Maximalwerte nicht überschritten werden sollten und in welchen Bereichen der optimale Puls bei sportlichen Tätigkeiten liegt!
Nutze dazu z. B. das Internet!

Je nach körperlicher Belastung und dem Zustand des Allgemeinbefindens kann sich der Puls ändern. Er gibt deshalb einem Arzt auch Hinweise über das Allgemeinbefinden eines Patienten.
Auf Intensivstationen muss der Puls kontinuierlich überwacht und aufgezeichnet werden. Hierzu werden sogenannte Wandler eingesetzt, die es in unterschiedlichen Bauformen gibt.

4. Informiere dich im Internet, welche Wandlerarten es zur Pulsmessung gibt und wie diese funktionieren!

Besonders einfach ist die fotoelektrische Pulsmessung mit dem Durchstrahlungsverfahren.

5. Bestimme die Pulsfrequenz verschiedener Personen nach diesem Verfahren!
   Vorbereitung:
   a) *Erkunde, wie das Durchstrahlungsverfahren funktioniert!*
   b) *Für die Durchführung benötigst du:*
   2 Flachbatterien 6 V, eine Glühlampe 6 V/5 W, Fotowiderstand, Widerstand 1 kΩ, Oszillograf, Verbindungskabel
   Durchführung und Auswertung:
   Baue die Schaltung nach dem angegebenen Schaltplan auf!
   Führe die Messung bei verschiedenen Personen durch!

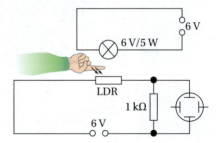

Messung des Blutdrucks

Zur Messung des Blutdrucks werden heute häufig digitale Blutdruckmesser verwendet (Abb. 1). Als Wandler nutzt man dabei meist einen Folien-Dehnungsmessstreifen (Folien-DMS). Er besteht aus einem dünnen Draht, der schleifenförmig auf einem verformbaren Träger aufgebracht ist (s. Abb.).

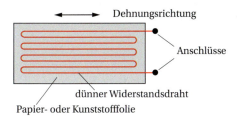

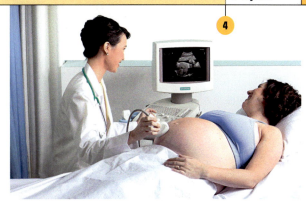

2 ▶ Untersuchung mit Ultraschall

Eine mit der Druckänderung verbundene Verformung führt bei konstanter Spannung zu einer Änderung der Stromstärke, da sich mit der Verformung der Widerstand des Drahts verändert.

6. Was bedeutet ein Blutdruck von 120/80? Was versteht man unter dem systolischen und dem diastolischen Druck? Welche Blutdruckwerte gelten als normal?

7. Beschreibe die prinzipielle Wirkungsweise eines digitalen Blutdruckmessgeräts, das mit einem Folien-DMS als Wandler arbeitet!

8. Miss deinen Blutdruck! Was ist beim Messen zu beachten, damit die tatsächlichen Werte angezeigt werden?

1 ▶ Für digitale Blutdruckmesser werden Folien-DMS verwendet.

Ultraschalldiagnostik

Schall mit einer Frequenz von über 20 kHz bezeichnet man als Ultraschall. Die Erzeugung von Ultraschall erfolgt meist mithilfe von piezoelektrischen oder magnetostriktiven Schallgebern.

Für die Einheiten gilt:

$1\ Hz = 1\ s^{-1}$

20 kHz bedeuten 20 000 Schwingungen je Sekunde.

9. Erkunde, wie solche Schallgeber aufgebaut sind und wie sie arbeiten!

10. Welche Eigenschaften hat Ultraschall? Welche davon sind für Untersuchungen des menschlichen Körpers von Bedeutung?

Ziel der Ultraschalldiagnostik ist die Erzeugung von Bildern über das Körperinnere, ohne dabei in den Körper eindringen zu müssen. Die Untersuchungen sind schmerzfrei und ohne jegliche Nebenwirkungen.

Ausbreitungsgeschwindigkeit von Ultraschall		
Stoff	ϑ in °C	v in $\frac{m}{s}$
Luft	0	332
	+20	344
	+30	350
Wasser	5	1 400
	25	1 457
Muskel	37	1 570
Fettgewebe	37	1 470
Knochen	37	3 600

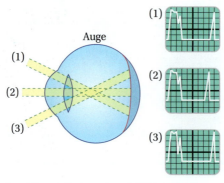 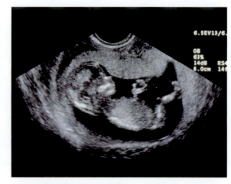

1 ▶ Ultraschalluntersuchung bei Netzhautablösung (Echolotverfahren)

3 Ultraschallbild eines Fötus, erzeugt mithilfe von B-scope

Sender und Empfänger sind zumeist in einem Ultraschallkopf vereinigt, wobei man bei Anwendungen oft mit Ultraschallimpulsen mit einer Impulsdauer von 1 bis 2 ms und einer Impulsfolge in einem Bereich von 0,3 bis 10 kHz arbeitet.

Für medizinische Anwendungen wird mit Frequenzen von einigen Megahertz gearbeitet. In der Ultraschalldiagnostik wendet man zwei unterschiedliche Verfahren an.

Mit dem aus der Schifffahrt bekannten Echolotverfahren (A-scope) kann man Laufzeitmessungen durchführen und z. B. feststellen, ob die Netzhaut im Auge abgelöst ist oder nicht.

A stammt vom Wort Amplitude (= größte Schwingungsweite).

gramme dargestellt, die man auf einem Bildschirm erhält.

Um ein zweidimensionales Schnittbild einer Körperebene zu erhalten, wendet man das **B-scope** (B von brightness = Helligkeit) an. Dabei wird der Schallkopf über die Körperoberfläche geführt. Je nach durchlaufenem Material verändert sich die Stärke des reflektierten Signals (Helligkeit des Bildpunkts), weil das Signal unterschiedlich stark absorbiert wird.

Aus der Laufzeit und der Stärke des reflektierten Signals kann man so auf das durchlaufene Material rückschließen. Der Computer kann daraus ein zweidimensionales Bild des Körperinnern erzeugen (Abb. 3).

11. *Erläutere anhand von Abb. 1 das A-scope! (1), (2) und (3) sind verschiedene Positionen des Ultraschallkopfes. Rechts sind die zugehörigen Echo-*

12. *Erläutere anhand von Abb. 2 das B-scope! Erkunde, wozu es in der Diagnostik genutzt wird!*

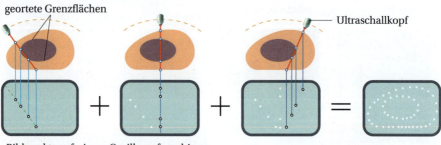

2 ▶ Entstehung eines zweidimensionalen Schnittbilds mithilfe von Ultraschall und Computer

Medizintechnik und Neurobiologie — Physik 177

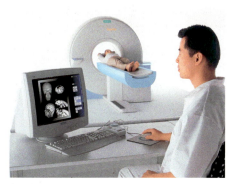

1 ▶ Kernspintomograf: Es wird mit starken Magnetfeldern gearbeitet.

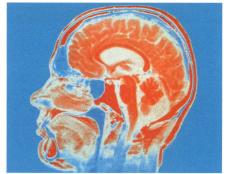

3 ▶ Aufnahme eines menschlichen Kopfs mit einem Kernspintomografen

Kernspintomografie

Die **Kernspintomografie**, auch Magnetresonanztomografie (MRT) genannt, ist ein modernes Schnittbildverfahren, das erst in den Siebzigerjahren des vorigen Jahrhunderts entwickelt wurde und seit etwa 1990 in der klinischen Praxis genutzt wird. Der amerikanische Forscher PAUL C. LAUTERBUR (*1929) und der Engländer PETER MANSFIELD (*1933) erhielten dafür 2003 den Nobelpreis für Medizin.

Bei der Kernspintomografie wird weder mit Röntgenstrahlen noch mit radioaktiver Strahlung gearbeitet. Die entscheidende Rolle spielen starke Magnetfelder und Radiowellen.

* **13.** Beschreibe den Aufbau eines Kernspintomografen! Nutze dazu neben dem Internet die Abb. 1 und 2!

* **14.** Wie funktioniert ein Kernspintomograf? Bereite dazu einen Kurzvortrag vor! Umfangreiche Informationen findest du im Internet.

15. Wozu wird die Kernspintomografie hauptsächlich eingesetzt?

16. Welche Vorteile und welche Nachteile hat die Kernspintomografie gegenüber anderen Diagnoseverfahren?

17. Herz-Kreislauf-Erkrankungen sind in Deutschland die häufigste Todesursache. Verschaffe dir einen Überblick über Diagnoseverfahren in der Kardiologie (Lehre vom Herzen)! Bereite dazu eine Präsentation vor!

Die genannten Verfahren sind ein kleiner Ausschnitt aus den vielfältigen Möglichkeiten moderner Medizintechnik.

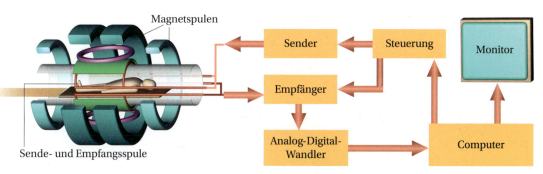

2 Aufbau einer Anlage für Kernspintomografie

Dein Grundwissen im Überblick

Geschwindigkeit v	$v = \frac{\Delta s}{\Delta t}$	Δs Δt	Weg in m Zeit in s	$1 \frac{m}{s} = 3{,}6 \frac{km}{h}$
Beschleunigung a	$a = \frac{\Delta v}{\Delta t}$	Δv Δt	Geschwindigkeitsänderung in $\frac{m}{s}$ Zeit in s	$1 \frac{m}{s^2}$
Dichte ϱ	$\varrho = \frac{m}{V}$	m V	Masse in g Volumen in cm^3	$1 \frac{g}{cm^3} = 1\,000 \frac{kg}{m^3}$
Newtonsches Grundgesetz	$F = m \cdot a$	a m	Beschleunigung in $\frac{m}{s^2}$ Masse in kg	$1\,N = 1 \frac{kg \cdot m}{s^2}$
Hookesches Gesetz	$F = D \cdot s$	D s	Federkonstante in $\frac{N}{m}$ Verformung in m	$1\,N = 1 \frac{kg \cdot m}{s^2}$
Gewichtskraft F_G	$F_G = m \cdot g$	g m	Fallbeschleunigung in $\frac{m}{s^2}$ Masse in kg	$1\,N = 1 \frac{kg \cdot m}{s^2}$
Mechanische Arbeit W	$W = \Delta E$ $W = F \cdot s$ $(F \parallel s, F = konst.)$	ΔE F s	Energieänderung in J Kraft in N Weg in m	$1\,Nm = 1\,J$ $1\,J = \frac{1\,kg \cdot m^2}{s^2}$
Mechanische Leistung P	$P = \frac{W}{t}$	W t	mechanische Arbeit in Nm Zeit in s	$1\,W = 1 \frac{Nm}{s} = 1 \frac{J}{s}$
Wirkungsgrad η	$\eta = \frac{E_{nutz}}{E_{zu}}$	E_{nutz} E_{zu}	nutzbringende Energie in J zugeführte Energie in J	Angabe meist in %

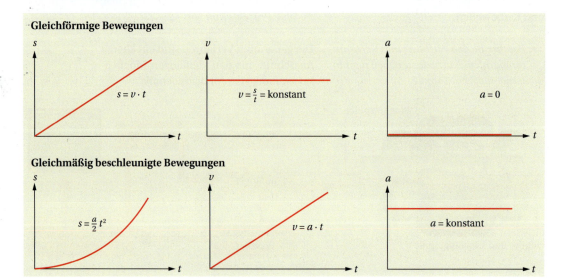

Dein Grundwissen im Überblick

Energie E	Mit Energie können Körper bewegt, verformt, erwärmt oder zur Aussendung von Strahlung gebracht werden. Energie kann - in verschiedenen Energieformen vorliegen - von einer Energieform in andere umgewandelt werden - von einem Körper auf andere übertragen und gespeichert werden		$1\,\text{J} = 1\,\text{Nm}$ $1\,\text{J} = \frac{1\,\text{kg}\cdot\text{m}^2}{\text{s}^2}$
Energieerhaltungssatz	$E_{\text{ges}} = E_1 + E_2 + \ldots$ $\Delta E_{\text{ges}} = 0$	$E_1, E_2, \ldots$ verschiedene Energieformen	$1\,\text{J} = \frac{1\,\text{kg}\cdot\text{m}^2}{\text{s}^2}$
Höhenenergie (potenzielle Energie) E_H	$E_H = F_G \cdot h$ $E_H = m \cdot g \cdot h$	F_G Gewichtskraft in N h Höhe in m $\quad m$ Masse in kg g Fallbeschleunigung in $\frac{\text{m}}{\text{s}^2}$	$1\,\text{J} = \frac{1\,\text{kg}\cdot\text{m}^2}{\text{s}^2}$
Kinetische Energie E_{kin}	$E_{\text{kin}} = \frac{m}{2} \cdot v^2$	m Masse in kg v Geschwindigkeit in $\frac{\text{m}}{\text{s}}$	$1\,\text{J} = \frac{1\,\text{kg}\cdot\text{m}^2}{\text{s}^2}$
Spannungsenergie einer Feder E_{Sp}	$E_{\text{Sp}} = \frac{D}{2} \cdot s^2$	D Federkonstante in $\frac{\text{N}}{\text{m}}$ s Verformung in m	$1\,\text{J} = \frac{1\,\text{kg}\cdot\text{m}^2}{\text{s}^2}$
Energieerhaltungssatz der Mechanik	$E_{\text{ges}} = E_H + E_{\text{kin}} + E_{\text{Sp}} = \text{konstant}$ (für ein abgeschlossenes mechanisches System)		E in J
Temperatur ϑ absolute Temperatur T	$\frac{T}{\text{K}} = \frac{\vartheta}{°\text{C}} + 273$	Ein Temperaturunterschied von $\Delta\vartheta = 1\,°\text{C}$ entspricht einem Temperaturunterschied von $\Delta T = 1\,\text{K}$	$0\,\text{K} = -273\,°\text{C}$
Wärme Q	$Q = \Delta E_i$	ΔE_i Änderung der inneren Energie in J	$1\,\text{J} = \frac{1\,\text{kg}\cdot\text{m}^2}{\text{s}^2}$
1. Hauptsatz der Wärmelehre	$\Delta E_i = W + Q$	ΔE_i Änderung der inneren Energie in J W Arbeit in J Q Wärme in J	$1\,\text{J} = 1\,\text{Nm}$ $1\,\text{J} = \frac{1\,\text{kg}\cdot\text{m}^2}{\text{s}^2}$
Grundgleichung der Wärmelehre	$Q = c \cdot m \cdot \Delta T$ $Q = c \cdot m \cdot \Delta\vartheta$	c spezifische Wärmekapazität m Masse in kg $\Delta T, \Delta\vartheta$ Temperaturdifferenz in K, °C	c in $\frac{\text{kJ}}{\text{kg}\cdot\text{K}}$
Längenänderung Δl fester Stoffe	$\Delta l = \alpha \cdot l_0 \cdot \Delta T$ $\Delta l = \alpha \cdot l_0 \cdot \Delta\vartheta$	α Längenausdehnungskoeffizient l_0 Ausgangslänge in m $\Delta T, \Delta\vartheta$ Temperaturdifferenz in K, °C	α in $\frac{1}{\text{K}}$
Volumenänderung ΔV von festen Körpern und Flüssigkeiten	$\Delta V = \gamma \cdot V_0 \cdot \Delta T$ $\Delta V = \gamma \cdot V_0 \cdot \Delta\vartheta$	γ Volumenausdehnungskoeffizient V_0 Ausgangsvolumen in m³ $\Delta T, \Delta\vartheta$ Temperaturdifferenz in K, °C	γ in $\frac{1}{\text{K}}$

Dein Grundwissen im Überblick

Elektrische Stromstärke I	$I = \frac{Q}{t}$	Q t	Ladung in C Zeit in s	$1\,\text{A} = 1\,\frac{\text{C}}{\text{s}}$
Elektrische Spannung U	$U = \frac{\Delta E}{Q}$	ΔE Q	Energieänderung in J Ladung in C	$1\,\text{V} = 1\,\frac{\text{J}}{\text{C}}$
Elektrischer Widerstand R	$R = \frac{U}{I}$	U I	Spannung in V Stromstärke in A	$1\,\Omega = 1\,\frac{\text{V}}{\text{A}}$
Ohmsches Gesetz	$U \sim I$ $\frac{U}{I} = \text{konstant}$	U I	Spannung in V Stromstärke in A	
Elektrische Leistung P	$P = U \cdot I$	U I	Spannung in V Stromstärke in A	$1\,\text{W} = 1\,\text{VA}$
Elektrische Energie E	$E = P \cdot t$	P t	Leistung in W Zeit in s	$1\,\text{J} = 1\,\text{Ws} = 1\,\frac{1\,\text{kg} \cdot \text{m}^2}{\text{s}^2}$ $1\,\text{eV} = 1{,}602 \cdot 10^{-19}\,\text{J}$

Unverzweigter Stromkreis

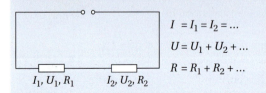

$I = I_1 = I_2 = \ldots$
$U = U_1 + U_2 + \ldots$
$R = R_1 + R_2 + \ldots$

Verzweigter Stromkreis

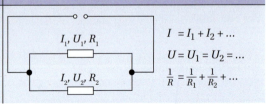

$I = I_1 + I_2 + \ldots$
$U = U_1 = U_2 = \ldots$
$\frac{1}{R} = \frac{1}{R_1} + \frac{1}{R_2} + \ldots$

Magnetisches Feld

existiert um Magnete und stromdurchflossene Leiter.

Auf stromdurchflossene Leiter oder einen bewegten Ladungsträger wirkt im Magnetfeld eine Kraft. Die Richtung der Kraft ergibt sich aus der Rechte-Hand-Regel (UVW-Regel).

Elektrisches Feld

existiert um elektrisch geladene Körper.

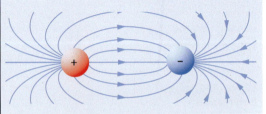

Auf Ladungsträger wirkt im elektrischen Feld eine Kraft in Richtung der elektrischen Feldlinien. Sie kann eine Beschleunigung oder eine Ablenkung der Ladungsträger bewirken.

Dein Grundwissen im Überblick

Reflexionsgesetz	$\alpha = \alpha'$	α Einfallswinkel α' Reflexionswinkel		
Brechungsgesetz	Trifft Licht schräg von Luft auf Wasser oder Glas, so wird es an der Grenzfläche zum Lot hin gebrochen (s. Skizze). Trifft Licht schräg von Wasser oder Glas auf Luft, so wird es an der Grenzfläche vom Lot weg gebrochen.			

Bilder am ebenen Spiegel

Bilder an Sammellinsen

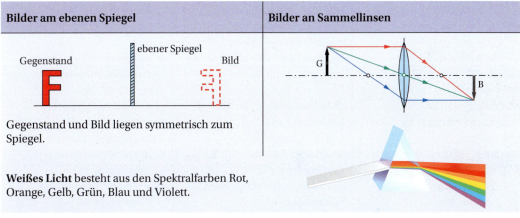

Gegenstand und Bild liegen symmetrisch zum Spiegel.

Weißes Licht besteht aus den Spektralfarben Rot, Orange, Gelb, Grün, Blau und Violett.

Massenzahl A	$A = N + Z$	N Neutronenzahl Z Protonenzahl	Z ist zugleich die Ordnungszahl im PSE.	
Zerfallsgesetz	$N = N_0 \cdot \left(\frac{1}{2}\right)^{\frac{t}{t_H}}$	N Anzahl der nicht zerfallenen Atomkerne N_0 Anzahl der bei $t = 0$ vorhandenen Atomkerne t Zeit in s $\quad t_H$ Halbwertszeit in s		
Energiedosis D	$D = \frac{E}{m}$	E aufgenommene Energie in J m Masse in kg	1 Gray (1 Gy) = $1\,\frac{J}{kg}$	
Äquivalentdosis H	$H = q \cdot D$	q Bewertungsfaktor (Einheit 1) D Energiedosis in Gy	1 Sievert (1 Sv) = $1\,\frac{J}{kg}$	

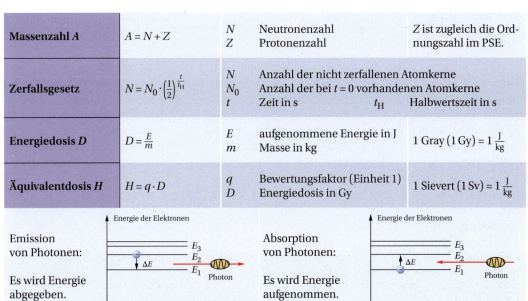

Emission von Photonen:
Es wird Energie abgegeben.

Absorption von Photonen:
Es wird Energie aufgenommen.

A

Absorption 75
Absorptionsspektrum 68
Absorptionsvermögen 79
Alphastrahlung 77
AMPÈRE, ANDRÉ MARIE 36
Anfangsgeschwindigkeit 142
Antischlupfregelung 143
Äquivalentdosis 83, 93
Atom 16
- hülle 16, 59
- kern 16, 58, 59
Atommodell 56
- bohrsches 67
- quantenmechanisches 68
- rutherfordsches 59

B

B-scope 176
BECQUEREL, HENRI 77, 78
Beschleunigung 127
Bestrahlungsverfahren 86
Betastrahlung 77
Bewegung 110
- geradlinige 110, 130
- gleichförmige 110
- gleichmäßig beschleunigte 116
- ungleichförmige 110
Bewegungsfunktion 132, 152
Bewegungsgesetz 131, 152
Bezugskörper 110
Bezugssystem 110
Bindungsenergie 98
bipolarer Transistor 165, 170
Blutdruckmessung 175
BOHR, NIELS 67
braunsche Röhre 21
Bremsbeschleunigung 131
Bremsstrahlung 69
Bremsweg 142
Brennstoffstäbe 103
BUNSEN, ROBERT WILHELM 71

C

C-14-Methode 89
CANNON, ANNIE JUMP 72
CHADWICK, JAMES 58

COULOMB, CHARLES AUGUSTIN DE 16
CURIE, MARIE 77
CURIE, PIERRE 77

D

Dämmerungsschalter 172
DARRIEUS, GEORGES 154
Dauermagnet 10
Defektelektronen 162
Dotieren 162
DRAPER, HENRY 72
Durchdringungsfähigkeit 79
Durchlassrichtung 167
Durchschnittsbeschleunigung 115
Durchschnittsgeschwindigkeit 113
Durchstrahlungsverfahren 87
dynamische Gesetze 82

E

Effektivwerte 39
Eigenleitung 162
EINSTEIN, ALBERT 98
elektrisches Feld 17
Elektromagnete 12
elektromagnetische Induktion 33
Elektromotor 19
elektromotorisches Prinzip 14
Elektronen 16, 58, 162
- mangel 16
- überschuss 16
Elektronenpaarbindung 162
elektronischer Schalter 171, 172
Elektroskop 16
Emission 75
Energiedosis 83
Energieerhaltungssatz 68
Experiment – eine Frage an die Natur 47
experimentelle Methode 134

F

Fahrraddynamo 37, 38
FARADAY, MICHAEL 34, 36
Feldlinienbild 11, 17
Feldmagnet 19
FERMI, ENRICO 96
Fernsehbildröhre 22

Filmdosimeter 80
Folien-Dehnungsmessstreifen 173
Fotodiode 165
Fotoelement 165
Fotovoltaik 155
Fotowiderstand 163, 165
FRAUNHOFER, JOSEPH VON 66
fraunhofersche Linien 66
freier Fall 135

G

GALILEI, GALILEO 134
galileische Methode 134
GALVANI, LUIGI 36
Gammastrahlung 77
Gefahren von Kernkraftwerken 104
GEIGER, HANS 80
GELL-MANN, MURRAY 62
Generator 37, 53
geradlinige Bewegung 110
Geschwindigkeit 127
Geschwindigkeits-Ort-Gesetz 131
Gesetz für die Spannungsübersetzung 41
Gesetz für die Stromstärkeübersetzung 41
Gewichtskraft 135
gleichförmige Bewegungen 127
gleichmäßig beschleunigte Bewegungen 127
Gleichrichterdiode 165, 168
Gleichspannung 39
Gleichstrom 39
GRAY, LOUIS HAROLD 83
Grenzschicht 166
Grundgleichung der Mechanik 129

H

HAHN, OTTO 96
Halbleiter 162
Halbleiterdiode 166
Halbwertszeit 81
Höchstgeschwindigkeit 113

I

Induktionsgesetz 34, 53
Induktionsspannung 33, 34

Induktionsstrom 35, 53
ionisierende Strahlung 82

J

JOLIOT-CURIE, FREDERIC 86, 96
JOLIOT-CURIE, IRENE 86, 96

K

Kernbindungsenergie 98
Kernfusion 107
Kernspaltung 95, 107
Kernumwandlung 95
Kernzerfälle 95, 107
Kettenreaktion 95, 103
- gesteuert 95
- ungesteuert 95
KIRCHHOFF, GUSTAV ROBERT 71
Kommutator 19
Kreisbewegung 110
kritische Masse 103
Kurzschluss 41

L

Ladung
- elektrische 16
Leerlauf 40
LENARD, PHILIPP 61
LENZ, HEINRICH FRIEDRICH EMIL 35
lenzsche Regel 35
Leuchtdiode 165
Linearbeschleuniger 24
Linienspektrum 71
Loch 162
Lorentzkraft 15

M

Magnet 10
Magnetbänder 46
Magnetfeld 11, 31
- homogenes 11
- inhomogenes 11
Magnetplatten 46
Markierungsverfahren 87
Massendefekt 98
Massenzahl 59, 60, 64
Maximalwerte 39
MEITNER, LISE 96

Methode
- experimentelle 134
- galileische 134
Mikrofon, dynamisches 41
Modell 13, 17
Moderatoren 103, 104
Moleküle 16
MÜLLER, WALTHER 80

N

n-Halbleiter 163
n-Leitung 162, 163
Nebelkammer 80
Neutronen 58, 59
NEWTON, ISAAC 129
newtonsches Grundgesetz 129, 139
Nordpol 10
npn-Transistoren 170
Nukleonen 59
Nulleffekt 85
Nutzen von Kernkraftwerken 104

O

Oszillografenbildröhre 21

P

p-Halbleiter 163
p-Leitung 162
Periodensystem der Elemente 59
Permanentmagnet 10
Photonen 75
PICKERING, EDWARD CHARLES 72
pn-Übergang 166
pnp-Transistoren 170
Primärspule 40
Primärstromkreis 40
Protonen 58, 59

Q

Quarks 61

R

radioaktive Strahlung 93
Radioaktivität 77
- künstliche 78
- natürliche 77
Radionuklide 77, 107
Reaktionsweg 144

Reaktionszeit 144
Rechte-Hand-Regel 14
Regelstäbe 104
Reichweite 79
RÖNTGEN, WILHELM CONRAD 69
Röntgendiagnostik 73
Röntgenstrahlung 69, 70, 75
Rotor 37, 154
Rutherford, Ernest 58

S

SAVONIUS, SIGURD 154
Schleifringe 37
Schwingung 110
Sekundärspule 40
Sekundärstromkreis 40
Sensoren 173
Sinnesorgane 173
Sinneszellen 173
sinusförmiger Verlauf 38
Solarzellen 155, 165
spaltbares Material 103
Spannung 53
Spektralanalyse 71
Spektralfarben 66
Spektrum 66
Sperrrichtung 167
statistisches Gesetz 81, 82
Sternspektren 72
Störstellen 162
Störstellenleitung 162
Strahlenkrankheit 82
Strahlenschutz 70
STRASSMANN, FRITZ 96
Südpol 10
Symbolschreibweise 60
Synchrotrone 24

T

Teilchenbeschleuniger 64
Teilchenmodell 13
Thermistoren 163, 165
Transformator 40, 53
- belasteter 40
- idealer 41
- unbelasteter 40
Transistor 170
Transistoreffekt 170

U
unipolarer Transistor 165
Uran-Blei-Methode 89

V
Verstärker 171, 172
Verzögerung 131
VOLTA, ALESSANDRO 36

W
Wechselspannung 38, 39
Wechselstrom 39
Wechselstromgenerator 37
Wechselwirkungsgesetz 139
weißes Licht 181
Windmühlen 154
Wirbelstrom 35

Z
Zählrohr 80
Zeit-Beschleunigungs-Diagramme 127
Zeit-Geschwindigkeits-Diagramme 127
Zeit-Geschwindigkeits-Gesetz 131
Zeit-Ort-Diagramme 127
Zeit-Ort-Gesetz 131
Zerfallsgesetz 81
Zerfallsreihen 77
Zimmertemperatur 162
Zyklotrone 24

Bildquellenverzeichnis

ABB Transformatoren GmbH: 43/3; AEG Alotherm Remscheid: 50/01; BAM Berlin: 104/1; Aus: Bergmann-Schaefer: Lehrbuch der Experimentalphysik, Bd. III, Optik, Walter de Gruyter & Co., 1987: 56/1; W. E. Celnik: 72/1; Cern: 62/2, 77/1; Corel Photos Inc.: 5/2, 7/3, 65/1, 94/4, 109/2, 109/4, 110/03, 128/2, 128/4, 129/2, 149/1, 151/2; Cornelsen Experimenta: 12/1, 21/2, 23/3, 26/01, 26/04, 27/01, 32/3, 76/3, 76/5, 84/1, 116/2, 140/1, 164/01, 166/01, 173/03, 173/04; DaimlerChrysler AG: 161/1; DB AG/Klarner: 119/2; DB AG/Reiche: 124/1; DESY Hamburg: 24/0, 62/1; DUDEN PAETEC GmbH: 5/1, 10/0, 23/2, 36/1, 36/2, 58/0, 61/0, 72/01, 72/02, 76/2, 78/2, 80/03, 94/2, 95/0, 96/1, 96/01, 96/02, 97/1, 98/01, 109/1, 119/01; Fa. Ciclosport, Krailling: 109/3, 173/1b; Fa. Streußel: 174/1; Hemera Photo Objects: 22/0, 25/0, 89/0, 128/5, 169/01, 169/2; HEW: 94/1; Informationszentrale der Elektrizitätswirtschaft: 106/1; JET: 100/1; Kilian, C., Berlin: 141/01; Kyocera: 8/1, 165/06; Lau, H.-G., Ahrensburg: 173/01, 173/02; G. Liesenberg, Berlin: 3/2, 32/2, 46/2, 110/02, 155/01; M. Liesenberg: 128/3, 136/01; LD Didactic: 7/1, 14/1, 29/01, 47/1, 65/3, 71/1, 112/1, 114/1, 134/1; H. Mahler, Fotograf, Berlin: 9/5, 10/2, 26/03, 91/1; Lothar Meyer: 3/1, 5/2, 6/2, 9/2, 11/1, 14/0, 19/2, 27/03, 27/04, 28/01, 32/1, 33/3, 40/3, 42/1, 42/01, 80/01, 84/01, 92/1, 110/1, 115/1, 121/1, 143/01, 165/01, 165/02, 165/03, 165/04 165/05, 165/07, 165/8, 170/01, 173/1a, 175/1a; Motorola GmbH: 172/01; NASA/JPL: 65/2, 94/5, 101/0, 151/1; NTL Austria: 9/1, 9/3, 11/2, 20/2, 26/02, 28/02, 35/3; ÖAMTC: 128/1, 139/1, 150/1; OMRON Medizintechnik Handelsgesellschaft mbH: 175/1b; Adam Opel AG: 118/2, 145/1a-c; Photo Disc Inc.: 76/1, 89/2, 135/1; PHYWE SYSTEME GmbH & Co KG, Göttingen: 32/4, 38/2, 40/2, 80/02; picture-alliance/dpa/dpaweb: 20/4, 54/1, 89/1; picture-alliance/ZB: 161/2; ProTime Hamm und Heiken GbR: 115/2; Raake, S., Berlin: 43/2; rebelpeddler Chocolate Cards: 70/2, 71/01, 71/02; RWE Energie AG: 156/2; M. Scharffenberg, Birkenstein: 108/1; Uwe Schmidt, Bad Lausick: 122/2; Siemens AG/München: 4/1, 4/2, 6/1, 6/3, 32/5, 37/3, 65/4, 73/1, 73/2, 73/3, 76/4, 86/1, 103/2, 110/01, 153/1, 157/1, 158/1, 159/2, 175/2, 176/3, 177/1, 177/3; Axel Strunge: 154/01; Technorama, Schweiz, www.technorama.ch: 7/2, 17/0; Thiem, F., Mühlberg: 27/02; Vogt, Patrik, Landau: 12/2, 44/1a-b, 45/2, 51/01, 51/02, 52/01; Volkswagen AG: 109/5, 137/1.

Nuklidkarte (Ausschnitt)

	120	121	122	123	124	125	126							
92								U 238,029		U 222 1 μs α: 8,78	U 223 18 μs α: 8,47	U 224 0,7 ms α: 7,88	U 225 95 ms α: 7,57 γ: 0,247	U 226 0,2 s α: 7,17	U 227 1,1 min ε, α: 6,86
91		Pa 231,036	Pa 213 5,3 ms α: 8,24	Pa 214 17 ms α: 8,12	Pa 215 14 s α: 8,09	Pa 216 0,2 s α: 7,87	Pa 217 4,9 ms α: 8,33	Pa 218 0,12 ms α: 9,61	Pa 219 53 ns α: 9,90	Pa 220 0,78 μs α: 9,65	Pa 221 5,9 μs α: 9,08	Pa 222 4,3 ms α: 8,21	Pa 223 6,5 ms α: 8,01	Pa 224 0,95 s α: 7,555	Pa 225 1,8 s α: 7,25	Pa 226 1,8 min α: 6,86
90	Th 232,038	Th 211 37 ms α: 7,79	Th 212 30 ms α: 7,80	Th 213 0,14 s α: 7,69	Th 214 0,10 s α: 7,68	Th 215 1,2 s α: 7,39	Th 216 28 ms α: 7,92	Th 217 252 μs α: 9,25	Th 218 0,1 μs α: 9,67	Th 219 1,05 μs α: 9,34	Th 220 9,7 μs α: 8,79	Th 221 1,68 ms α: 8,15	Th 222 2,2 ms α: 7,98	Th 223 0,66 s γ: 0,140	Th 224 1,04 s γ: 0,177	Th 225 8,72 min ε, γ: 0,321 α: 6,482
89	Ac 209 90 ms α: 7,59	Ac 210 0,35 s α: 7,46	Ac 211 0,25 s α: 7,481	Ac 212 0,93 s α: 7,38	Ac 213 0,80 s α: 7,36	Ac 214 8,2 s α: 7,214	Ac 215 0,17 s α: 7,604	Ac 216 0,33 ms α: 9,028	Ac 217 0,069 μs α: 9,65	Ac 218 1,1 μs α: 9,205	Ac 219 11,8 μs α: 8,664	Ac 220 26 ms γ: 0,134 α: 7,85	Ac 221 52 ms α: 7,65	Ac 222 5,0 s α: 7,009	Ac 223 2,10 min α: 6,647	Ac 224 2,9 h ε, γ: 0,216 α: 6,142
88	Ra 208 1,3 s α: 7,133	Ra 209 4,6 s α: 7,010	Ra 210 3,7 s α: 7,019	Ra 211 13 s α: 6,911	Ra 212 13 s α: 6,9006	Ra 213 2,74 min ε, γ: 0,110 α: 6,624	Ra 214 2,46 s α: 7,136	Ra 215 1,6 s α: 8,699	Ra 216 0,18 μs α: 9,349	Ra 217 1,6 μs α: 8,99	Ra 218 25,6 μs α: 8,39	Ra 219 10 ms γ: 0,316 α: 7,679	Ra 220 23 ms γ: 0,465 α: 7,46	Ra 221 28 s γ: 0,149 α: 6,613	Ra 222 38 s γ: 0,324 α: 6,559	Ra 223 11,43 d γ: 0,269 α: 5,7162
87	Fr 207 14,8 s ε: 6,767	Fr 208 58,6 s γ: 0,636 α: 6,636	Fr 209 50,0 s α: 6,648	Fr 210 3,18 min γ: 0,644 α: 6,543	Fr 211 3,10 min γ: 0,540 α: 6,535	Fr 212 20,0 min ε, γ: 1,274 α: 6,262	Fr 213 34,6 s α: 6,775	Fr 214 5,0 ms α: 8,426	Fr 215 0,09 μs α: 9,36	Fr 216 0,70 μs α: 9,01	Fr 217 16 μs α: 8,315	Fr 218 22 ms α: 7,615	Fr 219 21 ms α: 7,312	Fr 220 27,4 s γ: 0,045 α: 6,68	Fr 221 4,9 min γ: 0,218 α: 6,341	Fr 222 14,2 min γ: 0,206 β⁻: 1,15
86	Rn 206 5,67 min γ: 0,498 α: 6,260	Rn 207 9,3 min γ: 0,345 α: 6,133	Rn 208 24,4 min γ: 0,427 α: 6,139	Rn 209 28,5 min γ: 0,408 α: 6,039	Rn 210 2,4 h γ: 0,458 α: 6,039	Rn 211 14,6 h γ: 0,674 α: 5,783	Rn 212 24 min γ α: 6,264	Rn 213 25 ms α: 8,09	Rn 214 0,27 μs α: 9,037	Rn 215 2,3 μs α: 8,67	Rn 216 45 μs α: 8,05	Rn 217 0,54 ms α: 7,740	Rn 218 35 ms γ: 7,133	Rn 219 3,96 s γ: 0,271 α: 6,819	Rn 220 55,6 s γ α: 6,288	Rn 221 25 min γ: 0,186
85	At 205 26,2 min γ: 0,701 α: 5,092	At 206 29,4 min ε: 0,701 β⁺: 3,1	At 207 1,8 h γ: 0,815 β⁺	At 208 1,63 h γ: 0,686 α: 5,640	At 209 5,4 h γ: 0,545 α: 5,647	At 210 8,3 h γ: 1,181 α: 5,524	At 211 7,22 h γ α: 5,867	At 212 314 ms γ: 0,063 α: 7,68	At 213 0,11 μs α: 9,08	At 214 0,76 μs α: 8,782	At 215 0,1 ms α: 8,026	At 216 0,3 ms α: 7,804	At 217 32,3 ms γ: 7,069	At 218 2 ms β⁻, γ: 6,694	At 219 0,9 min α: 6,27	135
84	Po 204 3,53 h ε, γ: 0,884 α: 5,22	Po 205 1,66 h γ: 0,872 α: 5,1152	Po 206 8,8 d γ: 1,032 α: 5,116	Po 207 5,84 h γ: 0,992 α: 4,881	Po 208 2,898 a α: 5,115	Po 209 102 a α: 4,881	Po 210 138,38 d γ: 0,570 α: 5,3044	Po 211 25,2 ms γ: 2,615 α: 7,275	Po 212 45,1 s α: 11,65	Po 213 4,2 μs α: 8,376	Po 214 164 μs α: 7,6869	Po 215 1,78 ms γ α: 6,7783	Po 216 0,15 s β⁻ α: 6,0024	Po 217 <10 s	Po 218 3,05 min	
83	Bi 203 11,7 h ε, γ: 0,820 β⁺: 1,4	Bi 204 11,22 h ε, γ: 0,899 α: 0,899	Bi 205 15,31 d γ: 1,764 β⁺	Bi 206 6,24 h β⁺	Bi 207 31,55 a γ: 0,570 β⁺	Bi 208 3,68·10⁵ a γ: 2,615	Bi 209 100	Bi 210 5,013 d γ β⁻: 1,2	Bi 211 2,17 min γ: 0,351 α: 6,623	Bi 212 25 min β⁻, γ: 6,34	Bi 213 45,59 min γ: 0,440 α: 1,4	Bi 214 19,9 min γ: 0,609 α: 1,3	Bi 215 7,6 min γ: 0,294 β⁻	Bi 216 3,6 min γ: 0,550	134	
82	Pb 202 5,25·10⁴ a ε	Pb 203 51,9 h ε γ: 0,279	Pb 204 1,4	Pb 205 1,5·10⁷ a ε	Pb 206 24,1	Pb 207 22,1	Pb 208 52,4	Pb 209 3,253 h β⁻: 0,6	Pb 210 22,3 a γ: 0,047 β⁻: 0,02	Pb 211 36,1 min γ: 0,405 β⁻	Pb 212 10,64 h γ: 0,239 β⁻	Pb 213 10,2 min γ: 0,3 β⁻	Pb 214 26,8 min γ: 0,352 β⁻: 0,7	133		
81	Tl 201 73,1 h ε γ: 0,167	Tl 202 12,23 d ε γ: 0,440	Tl 203 29,524	Tl 204 3,78 a ε β⁻: 0,8	Tl 205 70,476	Tl 206 4,2 min β⁻: 1,5	Tl 207 4,77 min β⁻: 1,4	Tl 208 3,05 min γ: 0,2615 β⁻: 1,8	Tl 209 2,16 min γ: 1,567 β⁻: 1,8	Tl 210 1,30 min γ: 0,800 β⁻: 1,9	130	131	132			
80	Hg 200 23,10	Hg 201 13,81	Hg 202 29,86	Hg 203 46,59 d γ: 0,279 β⁻: 0,2	Hg 204 6,87	Hg 205 5,2 min γ: 0,204 β⁻: 1,5	Hg 206 8,15 min γ: 0,305 β⁻: 1,3	Hg 207 2,9 min γ: 0,351 β⁻: 1,8	Hg 208 42 min γ: 0,474 β⁻	129						
79	Au 199 3,139 d γ: 0,158 β⁻: 0,3	Au 200 48,4 min γ: 0,368 β⁻: 2,3	Au 201 26,4 min γ: 0,543 β⁻: 1,3	Au 202 28 s γ: 0,440 β⁻: 3,5	Au 203 60 s γ: 0,218 β⁻: 2,0	Au 204 39,8 s γ: 0,437 β⁻	Au 205 31 s γ: 0,379 β⁻	127	128							

Element

Pa 231,036 — Symbol
— Atommasse in u

stabiles Nuklid

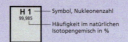

H 1 99,985 — Symbol, Nukleonenzahl
— Häufigkeit im natürlichen Isotopengemisch in %

instabiles Nuklid

Fr 224 3,3 min γ: 0,216 β⁻: 2,6 — Symbol, Nukleonenzahl
— Halbwertszeit $T_{1/2}$
— Energie der Strahlung in MeV (nur häufigste Werte)

Häufigkeit der Zerfallsart

U 229 58 min ε, γ: 0,123 α: 6,362

α-Zerfall öfter als 50 % (gelb)
ε-Elektroneneinfang weniger als 50 % (grün)

Nuklid

Th 232 100 1,41·10¹⁰ a

mit der Erde entstandenes radioaktives Nuklid

Farben und Zerfallsarten

stabil	β⁺-Zerfall ε Elektroneneinfang durch den Kern	β⁻-Zerfall	α-Zerfall	Kern kann spontan in leichtere Kerne zerfallen

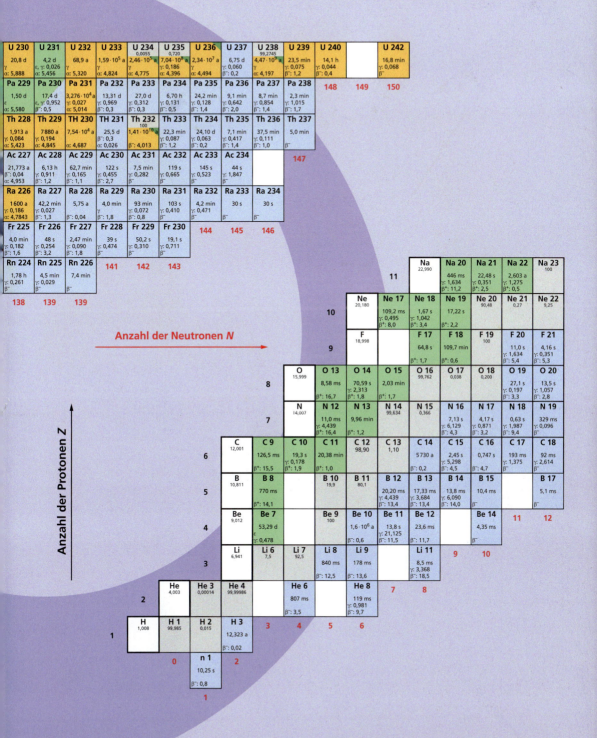